해외 플랜트 프로젝트 성공사례집

〈해외 플랜트 프로젝트 성공사례집〉을 발간하며

우리나라 플랜트 산업은 꾸준히 성장하여 2010년 이후 5년간 연 600억 불 이상의 해외 수주고를 보이며 맹위를 떨쳤습니다. 우리나라의 대표적인 수출 산업인 자동차, 반도체 수출에 버금가는 실적이었습니다. 하지만 2014년 하반기에 시작된 유가 하락과 경기 침체에 따른 프로젝트 발주 감소 등으로 2015년 이후 해외 플랜트 수주는 매우 부진한 실적을 보이고 있습니다.

최근 들어 유가가 조금씩 반등하고 있는 모양새를 보여주고 있어 다소 기대를 가지게 합니다. 하지만 국제유가 상승이 플랜트 발주로 이어지기까지는 시차가 존재할 수밖에 없습니다. 더욱이 최근 미국과 중국 간 무역 분쟁은 세계 경제의 불확실성과 변수를 한층 고조시키고 있는 추세입니다.

여기에 미국의 對이란 제재가 재개되면서, 우리 플랜트 기업의 해외 진출 환경은 더욱 어렵게 변화하고 있습니다. 이러한 현실을 감안할 때 국내 기업들의 해외 플랜트 수주는 당분간 저 성장세를 유지할 전망입니다.

이렇게 어려운 시기일수록 우리 플랜트 산업의 재도약을 위한 내부 정비와 학습이 절실히 필요합니다. 그간 많은 프로젝트를 수주하겠다는 생각으로 정신없이 앞만 보며 달려오던 걸음을 잠시 멈추게 된 지금, '지피지기(知彼知己)'에 더하여 '타산지석(他山之石)'의 심정으로 전략을 짜야 합니다. 다소간의 숨 고르기를 하는 이 시기에 천천히, 그리고 면밀하게 그간 우리의 성적을 살펴보고 멀리 보고 길게 갈 경쟁력을 가다듬어야 합니다.

우리 플랜트 기업 간 정보 공유가 부족한 현실에서, 이번 〈해외 플랜트 프로젝트 성공사례집〉이 훌륭한 Lesson Learned의 자료로서 플랜트 산업에 몸담고자 하는 청년들에게는 필독서가 되고, 플랜트 기업은 프로젝트 성공적 수행을 위한 지침서로 활용되어, 고난도의 장치산업이자 정치·경제 등 복합적 리스크가 수반된 플랜트 산업의 경쟁력 확보에 조금이라도 보탬이 되었으면 합니다.

아울러 그간 중동, 아프리카, 중앙아시아 등 어려운 환경 속에서 묵묵히 땀 흘리며, 외화 획득의 전사로서 달려온, 우리 플랜트인의 노고와 플랜트 산업의 중요성을 국민들에게 알리는 좋은 기회가 되었으면 하는 바람입니다.

앞으로 우리 플랜트 기업이 경쟁보다는 서로의 장점을 살려 '팀 코리아'를 이루고 위기에서 강해지는 한국인의 근성으로 함께 나아간다면, 대한민국은 분명 플랜트 산업의 강국으로 거듭나리라 확신합니다.

우리 협회는 업계 및 정부와 더욱 협력하여 플랜트 산업이 국가 경제를 견인하는 주력 산업으로 위상을 이어나갈 수 있도록 최선을 다해 매진해 나가겠습니다. 제2의 힘찬 도약을 위한 우리 플랜트 업계 여러분들의 노력에 아낌없는 성원과 격려를 부탁드립니다.

감사합니다.

2018.11

한국플랜트산업협회장 **최 광 철**

해외 플랜트 산업이
수출 1조 불 달성과 일자리 창출 주력산업으로
우뚝 서기를 기원합니다.

2000년대 해외 플랜트 수주는 반도체, 자동차, 조선 등과 어깨를 나란히 하는 효자 산업이자 대한민국의 新성장동력으로 각광을 받았습니다. 수출과 일자리 창출은 물론 대기업과 중소중견 기업의 해외 동반 진출 등 파급효과를 통해 우리 경제발전에 많은 기여를 한 바 있습니다.

그간 우리 플랜트 산업이 유럽, 미국, 일본 등의 유수한 기업과 수주 경쟁에서 손색없이 어깨를 나란히 할 수 있었던 것은 우리 플랜트 업계의 부단한 도전과 노력이 만들어 낸 결실이자 쾌거라 할 수 있습니다.

그러나 저유가 등으로 인한 개도국의 프로젝트 발주 감소, 업계 간 경쟁 과열 등 시장여건 변화로 우리 플랜트 업계가 어려운 상황에 직면해 있는 것으로 알고 있습니다. 이러한 수주 불황을 타개하기 위하여 플랜트 산업에 종사하는 모든 분들이 한 마음으로 새로운 시장 환경에 대응하고 수주 회복을 위해 많은 고민을 하고 있을 것입니다.

그간 우리 플랜트 업계는 해외 프로젝트 수주를 위해 앞만 보고 달려왔지만, 이제 과거를 한번 돌아보면서 현재 위치를 냉정히 인식하고 앞으로 나아갈 방향을 정해야 하는 시점이 아닐까 하는 생각도 해봅니다. 그런 의미에서 한국플랜트산업협회가 그동안 우리기업이 수주한 해외 프로젝트의 성공사례를 집대성하는 〈해외 플랜트 프로젝트 성공사례집〉 발간은 시의적절하고 의미가 크다고 생각합니다.

사례집에 실린 많은 프로젝트의 수주 노하우, 전략, 성과 등은 개인과 기업을 떠나 대한민국 플랜트人으로서의 자긍심을 일깨워 줄 뿐만 아니라, 더 멀리 내다볼 수 있는 혜안과 어려운 시기를 이겨낼 수 있는 지혜를 줄 수 있을 거라 믿습니다. 이를 통해 우리 플랜트 업계가 현재의 어려운 시기를 넘어 글로벌 시장에서 한발 더 도약할 수 있는 기회를 만들어 가시기를 기대합니다.

정부도 우리 플랜트 업계가 글로벌 시장에서 마음 놓고 수주활동을 전개할 수 있도록 정부 간 협력채널 등을 적극 가동하여 프로젝트 개발과 사업수행에 있어 든든한 지원군이 될 것임을 약속드리겠습니다. 특히, 성장 잠재력이 큰 新남방, 新북방 등 유망 시장의 프로젝트 개발에 많은 노력을 기울일 계획이며 MDB(다자개발은행)와의 협조융자 확대 등 협력을 강화하여 우리기업이 초기단계부터 경쟁국 대비 우위를 선점할 수 있도록 정책적 노력을 강화해 나가겠습니다.

2018년 우리 무역은 역대 최단 기간에 1조 불을 돌파하였고 수출도 사상 처음으로 6,000억 불 시대를 열 것으로 기대됩니다. 앞으로 해외 플랜트가 수출 1조 불 달성을 위한 핵심 산업으로 발전할 수 있도록 노력해주실 것을 당부드립니다.

지금 이 순간에도 중동, 아시아, 아프리카 등 머나먼 타향의 오지에서 불철주야 해외 플랜트 산업을 위해 헌신하시는 모든 분들의 건승을 기원합니다.

2018.11

산업통상자원부 차관 **정 승 일**

플랜트 산업 미래에
이정표가 되기를 기대합니다

한국플랜트산업협회의 〈해외 플랜트 프로젝트 성공사례집〉 발간을 축하드리며, 우리 기업의 해외 플랜트 시장 진출을 위한 지원과 노력에도 감사의 말씀드립니다.

2000년대 초반 플랜트 산업이 본격적으로 태동한 이후, 우리 기업들과 산업통상자원부, 한국플랜트산업협회 등 민·관의 긴밀한 협력을 통해 플랜트 산업은 괄목할만한 성장을 이룩해 왔습니다.

이번 출간된 〈해외 플랜트 프로젝트 성공사례집〉은 그동안 우리 플랜트 기업의 경험과 도전의 발자취로, 플랜트 산업 성장의 역사를 돌아보고 앞으로 플랜트 산업이 나아갈 방향을 설정할 수 있는 이정표가 될 수 있기를 기대합니다.

중소·중견 기업의 해외시장 진출과 글로벌 일자리 창출을 선도하는 KOTRA는 플랜트 산업의 해외 진출을 지원하기 위해 산업통상자원부와 두바이, 상파울루, 모스크바, 하노이, 요하네스버그 등에 플랜트 수주지원센터를 설치하고 있습니다. 이와 함께 한국플랜트산업협회와 글로벌 프로젝트플라자, MDB 프로젝트플라자 등 발주처 방한 초청과 해외 프로젝트 수주사절단 파견 등 다양한 협력 사업을 수행하고 있습니다.

앞으로도 KOTRA는 산업통상자원부, 한국플랜트산업협회 등 관련 기관들과 함께 우리 플랜트 기업의 해외 시장 진출을 확대하고 다양한 프로젝트 수주가 가능하도록 기업에게 필요한 프로그램을 지속적으로 개발하여 플랜트 산업 해외시장 진출에 최선을 다하겠습니다.

다시 한번 〈해외 플랜트 프로젝트 성공사례집〉 발간을 축하드리며, 본 사례집이
해외시장에서 우리 플랜트 기업이 성장하는 데 기여할 수 있기를 바랍니다.

2018.11

KOTRA 사장 **권 평 오**

우리나라 플랜트 산업의
새로운 도약을 위하여

    2018년을 마무리하면서 한국플랜트산업협회가 〈해외 플랜트 프로젝트 성공사례집〉을 발간하게 된 것을 한국플랜트학회를 대표하여 진심으로 환영합니다. 20여 년 전 국제통화기금 사태 이후 無에서 有를 창조하였을 뿐만 아니라 단기간에 세계적 수준에 도달한 우리나라 플랜트 산업의 성취를 사례별로 정리한 뜻깊은 일이기 때문입니다. 특히 이 사례집은 다양한 기술과 경험을 기록하고 있으면서도, 석유화학과 발전 플랜트로부터 가스터미널과 송배전 설비에 이르기까지 여러 종류의 프로젝트를 총망라하였고, 주력 시장인 중동과 동남아시아는 물론 중남미에 걸쳐 세계 전역을 입지로 포함하였으며, EPC 계약자로 대기업과 중견기업을 균형 있게 소개하는 점에서 조화의 妙를 갖췄습니다. 플랜트 산업의 구성원은 물론 관련 있는 정책담당자나 연구자 그리고 예비 플랜트 엔지니어에게 기꺼이 一讀을 권유합니다.

    최근 조성되고 있는 외부의 기회와 그동안 다져온 내부의 역량이 상승작용을 하여 플랜트 산업이 새로이 도약하기 위해서는 보다 치열한 혁신 노력이 필요합니다. 선진국의 견제와 후발국의 추격, 발주국의 현지 참여(local contents) 강화, 금융 조달의 한계와 같은 수주난관을 극복하기 위해서는 개별 기업보다는 업계 전체에 걸친 전략수립과 역할분담이 실현돼야 합니다. 플랜트 프로젝트의 성패와 직결된 예산초과와 공기 지연을 근본적으로 개선하기 위해서는 생애주기 전반에 걸쳐 하나의 플랫폼 위에 완전한 디지털화를 구현하는 이른바 'Plant 4.0'으로의 전환을 가속해야 합니다. 새로운 개념의 浮游式 모바일 플랜트 제안, 모듈화와 사전제작 확대 등 우리나라 연관산업의 강점을 플랜트 EPC에 적극 접목하여 경쟁력을 倍加해야 합니다. 또한 치열한 경쟁 구도에서 더불어 생존하기 위해서는 업계가 성공사례를 넘어 실패사례까지 공유하고 실질적으로 협력할 수 있어야 합니다.

한국플랜트학회는 국내 유일의 플랜트 관련 학술단체로서 '한국 수출의 효자 플랜트 산업을 지원하는 학회'를 旗幟로 2003년에 창립됐습니다. 그동안 연구개발, 학술발표, 인력양성, 기술용역 및 자문, 신기술 소개, 정책제안, 플랜트 산업 홍보 등 학회 본연의 활동을 충실히 수행해왔습니다. 특히 업계의 애로사항을 다각적으로 수렴하여 관계기관에 전향적으로 전달하는 대리인을 自任하였고 플랜트 산업의 이해관계자들이 상호 소통하고 필요한 정보를 교환할 수 있는 만남의 장을 제공하는 데 힘써왔습니다. 향후에도 학회의 역할에 최선을 다함은 물론 유관기관과 협력하여 플랜트 산업의 새로운 도약을 위하여 최대한 기여할 것을 다짐합니다.

마지막으로, 이 사례집의 기획으로부터 자료수집, 정리, 편집 및 출판을 위해 노력한 한국플랜트산업협회 관계자들의 노고에 박수를 보냅니다. 귀중한 자료를 제공한 업계에는 플랜트학계의 일원으로서 사의를 표합니다. 여기 소개된 경험과 기술이 우리나라 플랜트 산업이 다시 도약하는 동기부여뿐만 아니라 지속가능한 성장의 자양분이 되기를 희망하면서 추천의 말에 갈음합니다.

2018.11

사단법인 한국플랜트학회 회장 **유 호 선**

우리 경제의 든든한 버팀목 해외 플랜트!
또 다른 역사를 써 나갑시다.

한국플랜트산업협회의 〈해외 플랜트 프로젝트 성공사례집〉 발간을 축하드립니다. 우리 기업의 첫 해외 진출 후 50여 년의 시간이 흘렀습니다. 그동안 플랜트 산업은 부침과 환희의 시간들을 견디며 발전에 발전을 거듭해 왔습니다. 〈해외 플랜트 프로젝트 성공사례집〉에는 전 세계 곳곳에 진출한 우리 기업의 성공사례와 노하우가 담겨 있습니다. 〈해외 플랜트 프로젝트 성공사례집〉이 앞으로 해외 진출을 모색하는 기업에게는 좋은 참고서가, 우리 국민들에게는 눈부신 플랜트 업계의 발전상을 엿볼 수 있는 안내서가 될 수 있으리라 확신합니다. 성공사례집의 발간이 과거의 50여 년을 거울삼아, 다시 한 번 도약하여 미래의 또 다른 역사를 써 나가는 계기가 되기를 바랍니다.

그동안 플랜트 산업은 우리의 경제발전을 주도하는 수출주력산업으로 우리 경제의 버팀목이 되어 왔습니다. 그러나 앞으로 우리 사회와 경제는 4차 산업혁명을 필두로 기술과 문화 등 모든 분야에서 급격한 변화가 나타날 것이라고 예상됩니다. 또 세계 곳곳에 사회·정치적 불안 요소들이 만연하여 각국 정부는 자국의 산업과 국민을 보호하기 위한 정책을 내세우고 있습니다. 이런 상황에서 국내가 아닌 해외를 무대로 사업을 추진하는 데 어려움도 많을 것이라고 생각합니다.

그러나 "바람과 파도는 항상 가장 유능한 항해자의 편에 선다"는 영국 역사가 에드워드 기번의 말처럼 현재의 어려움은 결국 우리가 가는 길의 좋은 안내자가 되리라고 확신합니다. 오늘도 이국의 낯선 땅에서 불철주야 일 하시는 플랜트 종사자들에게 찬사를 보냅니다.

한국무역협회도 7만 여 회원사와 무역인들이 직면한 어려움을 극복하기 위해 1946년 창립 후 지금까지 협회 차원에서 각종 수출지원 정책, 해외 진출 지원, 통상마찰 완화를 위한 노력을 경주하고 있습니다. 앞으로도 무역협회는 현장을 뛰는 중소 무역인들의 목소리를 경청하고 정부와 소통을 강화하여 '기업하기 좋은 대한민국'을 만들기 위해 최선을 다하겠습니다. 이 과정에 한국플랜트산업협회와 플랜트 산업 종사자 여러분들도 함께해 주시기를 바랍니다.

다시 한 번 한국플랜트산업협회의 〈해외 플랜트 프로젝트 성공사례집〉 발간을 축하드리며, 플랜트 산업 종사자들의 노고에 깊은 감사를 드립니다.

감사합니다.

2018.11

한국무역협회 부회장 **한 진 현**

사막과 오지에서 펼쳐진
한국 플랜트 기업의 모험과 도전정신

　우리나라 플랜트 산업이 해외에 진출한 지 45년이 되는 뜻깊은 해에 〈해외 플랜트 프로젝트 성공사례집〉 발간을 진심으로 축하드립니다.

　본 책자에서는 동남아와 중동은 물론 남미와 북미, 러시아와 아프리카의 불모지에서 펼쳐지는 우리나라의 대표 플랜트 기업 16개사의 끝없는 도전정신을 만날 수 있습니다. 짧게는 1년에서 길게는 10여 년의 공사 기간에 벌어진 생생한 현장의 이야기들로 가득 채워져 있습니다.

　대한민국 플랜트 기업의 가장 큰 애로는 현지 정보를 얻을 수 있는 루트가 없는 것이었고 현지의 관습을 알아야만 한다는 것입니다. 그럼에도 불구하고 낯선 땅을 사로잡은 비결은 '신뢰'와 '협력'이었으며 외국 기업과의 컨소시엄(Joint Venture)을 통해 노하우를 쌓고 위기를 기회로 만들기도 하였습니다. 공사 중에 맞닥뜨린 난관을 극복하기 위해서는 새로운 시공 아이디어를 짜내기도 하고, '팀워크'를 통해 해결하였습니다. 영하 40도까지 내려가 핸드폰 배터리가 방전되는 지역도 있었고 늑대와 곰이 출몰하는 곳에서도 살아 숨 쉬는 공장, 플랜트를 억척스레 만들었습니다.

　이러한 한국 플랜트 기업의 해외 프로젝트의 성공은 우리나라가 세계 10위권 경제 대국으로 성장하는 데 소중한 밑거름이 되었습니다. 지금도 플랜트 산업을 빼놓고는 우리 경제를 논하기 어려울 정도입니다.

　한국 플랜트 산업을 둘러싼 글로벌 경영 환경은 무역 전쟁이 격화되고 있어 우리나라 플랜트 기업들의 어려움도 더 커질 것으로 보입니다. 그러나 〈해외 플랜트 프로젝트 성공사례집〉에서 볼 수 있듯이 어려운 환경에서도 우리나라 플랜트 기업의 도전은 멈추지 않을 것입니다.

　우리나라 플랜트 기업이 해외에서 마음껏 누비며 수많은 프로젝트를 성공시킬 수 있도록 한국플랜트산업협회가 정보의 허브가 되어 주시기를 바랍니다. 대한상공회의소도 함께 응원하겠습니다.

2018.11

대한상공회의소 상근부회장 **김 준 동**

한국 플랜트 산업의 융성을 위하여

박중흠 한국플랜트산업협회 위원장

　한국의 플랜트 산업은 지난 10년간 롤러코스터와 같은 급격한 움직임을 보였다. 어느 EPC 기업은 6년 사이에 주가가 15배 뛰었다가 정점을 지나 6년 후 다시 15분의 1로 곤두박질하여 12년 전 수준으로 고스란히 되돌아왔는데, 이 숫자가 지난 12년간 플랜트 업계의 질곡을 한마디로 대변하고 있다.

　우리 업계가 정점에 있을 당시, 우리나라 대졸 신입생 중 최고의 인재들이 이 업계에 쏟아져 입사했다. 이들을 세계 최고의 인재로 키우기만 하면 한국 플랜트 업의 제2의 도약은 당연히 우리에게 다가올 것이다.

　이제 정상과 일상으로 돌아온 지금, 우리에게는 과거를 회고하고 실패는 실패대로 성공은 성공대로 평가하여 귀중한 경험들을 흘려버리지 말고 자산화하여 다음 세대에게 전해주어야 할 의무가 있다. 이에, 우리가 수주할 프로젝트들을 실패에서 성공으로 이끌기 위해 우리의 눈부신 성공 사례 외에 우리가 경험했던 아픈 기억과 그 배경을 더듬어보고자 한다.

1. 격변의 플랜트업 10년

　아래 신문 기사들은 지난 10년간 플랜트 업계의 상황을 고스란히 설명해주고 있다. 한국 EPC가 조 단위의 초대형 해외 프로젝트를 수주하며 엄청난 계약고를 올리고 약진을 하면서, 사회 각계에서 플랜트 산업에 환호를 보내던 시절이 있었다. 한국의 발전은 EPC를 통해서 될 거라는 찬사가 쏟아졌다. 넘치는 일거리에 급격한 인적 팽창이 불가피하게 되자 정년퇴직하여 쉬고 있던 베테랑들이 다시 기용되어 주요 플랜트

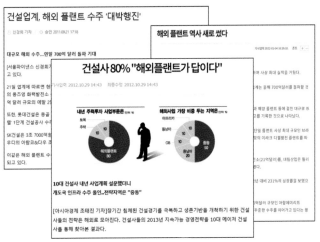

플랜트 산업을 극찬하는 언론 기사

프로젝트의 핵심 요직을 맡았으며, 이 기간 동안 토목/건축사업부(인프라)보다는 플랜트사업부가 회사 경영의 중심이 되면서 대다수 EPC사에서 플랜트 출신들이 CEO에 올랐을 정도였다.

그러나 다수의 프로젝트들이 진행되면서 EPC사들은 원가도 공정도 파악이 안 되는 깜깜한 암흑 속으로 빠져들어 가고 시계(Visibility)를 잃고 헤매기 시작하였다. 상황의 원인도 모르고 해결 방법도 찾지 못한 채, 하루는 '적자 수주가 원인'이라고 말했다가 다음 날은 '수행 능력 부족이 원인'이라고 말을 바꾸는 것이 일상화되었다. 적자 수주와 수행능력 부족은 동전의 양면 같아서 항상 붙어 다니는 것인데도 말이다.

결국 대형 적자가 자본잠식을 불러왔고 그나마 회생을 위한 최소한의 젖줄인 은행들마저도 대출을 회수해 가는 등, 일부 EPC 회사들의 존립은 한 치 앞을 알 수 없는 상황이 되어갔다. 원가 예측, 공기 예측을 보고한지 얼마 지나지 않아 또 악화된 숫자를 다시 보고하는 악순환이 이어지면서 프로젝트 리더와 경영진에 대한 신뢰도 급격히 무너졌다. 플랜트 건설업은 건축/토목 등 인프라와 달리 무서운 업종이구나 하는 공포감마저 심어준 과거 10년이 아니었나 생각한다.

이 당시 혼란의 와중에 일본에서 자국 기업에 대한 분석 기사가 보도된 적이 있다. 일본 'Engineering News'에서 '도요엔지니어링' 관련 내용을 특집 기사로 보도한 바

있는데, 이 내용이 한국의 플랜트 건설 회사들이 가지고 있는 것과 너무나도 흡사한 문제점을 보여준 사례이기에 가감 없이 그대로 번역하여 소개하고자 한다.

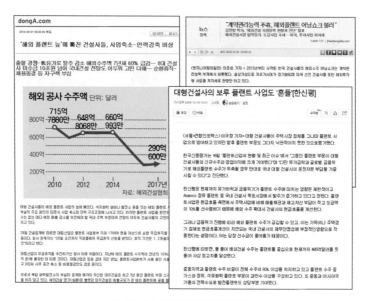

플랜트 산업의 위기에 대한 언론 기사들

[도요엔지니어링, 대폭증수(大幅增收)/대폭적자(大幅赤字)의 이유]

도요엔지니어링(TOYO)의 출혈이 멈추지 않고 있다. 세계 각지에서 전개하고 있는 플랜트 건설 프로젝트의 동시 다발적 손실이 원인이다. 그 배경에는 채산을 도외시한 수주 확대, 책임 소재가 불확실한 거점 분산형 프로젝트 관리의 도입, 리스크 관리의 미비 등이 있다. '엔지니어링 전업 3사'에서 혼자 패배를 계속하고 있는 TOYO가 과연 위기를 극복할 수 있을 것인가.

5월 14일에 발표한 2015년 3월 기 연결 결산에서 매출액은 전기 대비 35.3% 증가한 3,115억 엔이었으나 순손익은 210억 엔의 적자, 영업손익도 74억 엔 적자로 11기만의 최종 적자로 전락하였다. 증수 감익은 흔한 일이지만 '대폭 증수에 적자는 드문 경우'이다.

직접적인 적자 전락의 요인은 브라질의 부체식 해양석유·가스생산 저장출하설비(FPSO) 프로젝트에서 발생한 총액 230억 엔의 영업 손실로 파악된다. 그러나 근본적으로는 통상 있을 수 없는 여러 프로젝트의 동시 다발적인 손실이 이익 압박의 배경에 있다. 이집트向 Poly Ethylene 제조 설비, 캐나다向 오일샌드 처리설비, 인도네시아向 화학비료 제조설비 등 8건의 프로젝트에서 영업손실을 계상하였다.

모두 '수주가 어려운 시기에 건수의 확보를 위해 수주 획득 안건의 리스크 평가 기준을 하향 조정하였고, 거점 분산형의 프로젝트에서 Key Person이 부족하였기 때문에 프로젝트 관리가 소홀해지며 문제 발생 시의 상황 파악이 늦었다'고 한다. 즉, TOYO의 플랜트 건설 프로젝트에서 손실 발생은 이제는 일상적인 것이 되었던 것이다.

TOYO 사내에서는 예전부터 '무리한 수주를 거듭하면 누가 프로젝트를 관리할 것인가'라는 프로젝트 매니저 부족을 우려하는 의견이 나오고 있었다. 그러나 '중기경영계획에서 세운 2016년 3월 기에 4,500억 엔의 수주 목표 달성 외에는 안중에 없었던 경영진은 사내 의견을 듣지 않고, 오로지 수주 확대에 혈안이 되어 있었다'고 한다.

리스크 관리의 미비, 프로젝트 관리의 경시 등 TOYO의 방만한 경영 체질은 지금에 와서 시작된 것은 아니었다. 전출된 회사 관계자는 '이번 최종 적자 전략의 징조는 2011년에 인도네시아 Kaltim에서 500억 엔으로 수주한 세계 최대급의 비료 플랜트 건설 프로젝트에 있다'고 지적하고 있다. 유럽, 한국, 일본 엔지니어링 5사의 경쟁 입찰에서 TOYO가 최저가로 응찰하여 획득한 안건이었다. TOYO는 Kaltim 프로젝트에서 2014년 3월 기 2사분기 연결결산에서 50억 엔, 총액 100억 엔의 영업손실을 계상하였다.

프로젝트 관리 경시의 대가를 치르는 사태가 이미 Kaltim 프로젝트에서 발생하고 있었다. 두 번째 가격보다 1억 달러의 저가 입찰로 수주를 획득한 Kaltim 프로젝트는 원래 이익 제로의 안건이었다. 거기에서 TOYO는 플랜트 건설 코스트 절감을 위하여 거점 분산형의 '수평 분업 포메이션'이라고 불리는 새로운 프로젝트 관리 방식을 고안하고 Kaltim 프로젝트에 도입하였다.

구체적으로는 본사가 프로젝트 전체의 관리, 한국 자회사가 기본설계와 해외 기자재 조달, 인도네시아의 자회사가 상세설계와 현지의 기자재 조달과 건설 공사를 실시하는 것이다. 이론상으로는 '그룹 내 각 사가 장점이 있는 분야의 공정을 담당하기 때문에 프로젝트 운영을 효율화할 수 있고 코스트를 대폭 절감할 수 있을 계산이었다.'고 한다.

그러나, 인도네시아의 건설 업계는 설계 엔지니어의 스카우트가 일상화되어 있어 Kaltim 프로젝트를 수주한 이듬해에 자회사화한 IKPT에서도 인수 이전부터 설계 엔지니어의 유출이 잇따르고 있었다. 그리고 프로젝트가 본격화되면서 비료 플랜트 설계를 담당하고 있던 엔지니어가 타사로 스카우트되면서 중간에 업무를 포기하였다. 인수인계도 하지 않았기 때문에 본사에서 급하게 파견된 엔지니어가 설계를 처음부터 다시 시작했어야 하였다.

그 외에도 프로젝트를 총 점검하는 단계에서 자재와 노동력 부족이 극명하게 드러나는 등 IKPT의 부실 견적도 발견되었다. 게다가 기본설계와 상세설계가 맞지 않아 한국 자회사와 IKPT가 서로 책임을 떠넘기는 사태도 발생하였다. 이러한 혼란 때문에 코스트는 오히려 증가하였고 공사도 지연되었다. 2014년 말 완료 예정이었으나 실제로는 2015년 3월에 완료되었다.

프로젝트의 진척이 지연되면 순식간에 손실 발생으로 연결된다. 최근 잇따른 TOYO의 손실은 말할 것도 없이 의도대로 기능하지 않았던 거점 분산형 프로젝트 관리와 코스트 절감의 실패에 기인한 것이다.

(Engineering News 1022호, 2015년 상반기

도요의 Kaltim 프로젝트를 보면 '프로젝트 관리 경시'와 같이 우리가 하는 모습을 그대로 볼 수 있다. EPC는 굉장히 어려운 사업이다. 그러나 우리는 그것을 너무 쉽게 봤다. 그래서 우리도 관리 경시의 대가를 치르게 되었다고 생각한다.

2. 플랜트 산업의 내·외부 환경변화

혼란기에는 한국 플랜트 산업의 롤러코스터를 초래한 사회적·경제적 원인들이 확연하게 드러나지 않았다. 그러나 정상으로 돌아온 지금 뒤돌아보면 여러 가지 경제적 지표와 계약적 의무(obligation)들이 변해 있었기 때문에 우리가 힘든 시기를 보냈던 것임을 알 수 있다. 전체적으로 수십 가지의 징후들이 있었겠지만 주요한 요인으로는 아래 일곱 가지를 들 수 있겠다.

첫 번째, 유가상승에 따라 업스트림(Upstream) 발주가 폭증하였다. 인구 17억의 중국은 여느 나라와는 스케일이 달랐다. 중국은 경제개발 과정에서 전 세계 모든 종류의 자원을 빨아들이며 자원의 블랙홀이라 불릴 정도였다. 이에 유가가 20불에서 100불로 폭등하자 중동 국영 석유회사(NOC)들을 중심으로는 육상(Onshore) 유전 개발이, 글로벌 오일 메이저(IOC)들을 중심으로는 해양(Offshore) Oil and Gas 개발이 불붙었고 당연히 초대형 육상, 해양 플랜트 발주가 줄을 이었다.

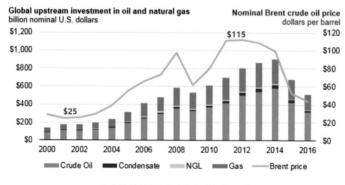

유가 및 업스트림 투자액 추이(출처 : EIA)

두 번째, 미드스트림(Midstream)과 다운스트림(Downstream) 발주도 증가하며 전체적으로 플랜트 건설 시장의 규모가 확대되었다. 바잉 파워가 강해진 중동 산유국들이 원유를 그대로 수출하기보다 정제하여 부가 가치를 높여 판매하고자 하는 산업 다각화 전략을 수립하기 시작한 반면, 미국, 유럽 등의 주요 정유 수입국들은 환경론자들의 반대로 자국 내에 정유 시설을 건설하기 어려운 상황이 되면서 중동 지역에서 대규모 정유 또는 석유화학 프로젝트들이 발주된 것이다. 즉, 업스트림뿐 아니라 미드스트림과 다운스트림 발주도 매우 활발하여 플랜트 건설업이 초호황을 맞이할 시장 환경이 조성되었다.

정유 프로젝트

프로젝트 명	발주처(Owner)	국가	억 불
Al Zour Refinery Project	KNPC	쿠웨이트	145
Yanbu Refinery Project	YASREF	사우디아라비아	100
Ruwais Refinery Project	Takreer	UAE	100
Jubail Refinery Project	Saudi Aramco / Total	사우디아라비아	96
Ras Tanura Refinery Expansion Project	Saudi Aramco	사우디아라비아	80
Duqm Refinery Project	Oman Oil / IPIC	오만	70
Jizan Refinery Project	Saudi Aramco	사우디아라비아	70
Karbala Refinery Project	RKC	이라크	60
Al Shaheen Refinery Project	Qatar Petroleum	카타르	50

석유화학 프로젝트

프로젝트 명	발주처(Owner)	국가	억 불
Chemaweyaat Complex	ChemaWEyaat	UAE	250
Sadara Petrochemical Complex	Sadara(Aramco + Dow)	사우디아라비아	200
Clean Fuel Project	KNPC	쿠웨이트	160
BAB Sour Gas Processing Plant	ADNOC	UAE	100
PetroRabigh Petrochemical Complex	PetroRabigh	사우디아라비아	100
Sitra Refinery Expansion	BAPCO	바레인	65
Al-Karaana Petrochemical Project	QP, Shell	카타르	64
Duqm refinery & petrochemical Complex	Duqm Refinery & Petrochemical Industries Company	오만	60
Jubail Petrochemical Complex - phase 3	SATORP	사우디아라비아	50

중동의 주요 정유 및 석유화학 프로젝트

세 번째, 우리 기업들의 관리 경시와 저가 수주가 본격화되었다. 발주가 대폭 늘었음에도 불구하고 과욕을 부리기 시작한 한국의 EPC사들은 본격적으로 수주 경쟁을 벌이기 시작했다. 우리 기업들은 리먼 사태 후 원자재 가격이 하락하여 수익이 좋아진 것을 글로벌 경쟁력이 강해진 덕분이라고 오판하였다. 한마디로 수주만 보고 실행 능력은 꼼꼼히 따져보지 않은 채 이 플랜트업을 쉽게 수행 가능한 것으로 오판하였다. 이에 플랜트업의 복잡성과 난이도를 들여다보지도 않고 2010년 전후로 과소견적으로 대거 수주에 나섰다. 플랜트 건설업은 아무나 하는 업이 아니다. 기계, 토목, 건축, 화공, 전기, 전자, 산업공학, 재료 등등 공과대학의 모든 학과가 모여서 협업을 해야 완성되는 것이 플랜트 건설업이다. 그래서 이 업을 하는 서구의 선진 회사들은 역사가 백년이 넘는 것이다. 그런 업을 우리는 너무 우습게 봤다.

네 번째, 프로젝트 수행 단계에서 역량 부족으로 인한 문제들이 표면화되었다. 수주 후 1년이 지나 공사가 시작될 무렵 여러 문제점들이 나타나기 시작했다. 중동의 숙련된 기능인력 숫자는 제한되어 있고 공사 하청 업체도 이미 업무량이 포화상태였다. 필연적으로 경험이 부족한 비적격 기능공들을 대거 투입할 수밖에 없었고, 견적 원가를 맞춰줄 하청 업체가 없는 상황에서 공사를 직영으로 운영하는 현장이 늘어났다. 하지만 이는 결국 언 발에 오줌누기(나중에 문제가 발생할 것을 뻔히 알면서 현재의 어려움만 모면하는 것)와 다를 바 없는 임시방편의 조치로, 업체 운영을 해본 적이 없는 현장

관리자에게는 애초에 무리한 플랜이었다. 이런 플랜에 따라 현장에 관리자를 투입하니 문제가 해결되지 않고, 이에 관리자를 또 투입하고 다음 달 추가 투입하는 악순환 속에서 인력 운영의 혼란, 품질 문제 빈발, 책임 의식 결여에 따른 조직체계의 약화가 연쇄적으로 일어나 필연적으로 예측 불가한 원가 투입이 시작되었다.

다섯 번째, 기자재 업체의 문제가 EPC 수행에도 영향을 끼쳤다. 2012년에 엔지니어 부족은 전 세계적인 문제였다. 설계 파트 엔지니어 스카우트가 매우 많았고 사람도 늘 부족했다. 오일 메이저들은 발주를 많이 하면서 인력을 계속 충원하였고 이때 EPC 회사의 역량 있는 인력들이 오일 메이저로 이직하였다. 그 다음에 EPC 회사가 새로 인재를 채용하면 기자재 회사 엔지니어가 이직해왔다. 기자재 회사 엔지니어가 감소하다 보니, 품질 문제나 설계 문제가 다반사였다. 기자재 업체의 기술자들도 안정적이고 급여가 높은 오일 회사 등으로 옮겨가 버려서 매번 담당자가 바뀌고 이 빈 자리를 신입사원이 메우는 상황이 반복되면서 안정되고 신뢰성 있는 품질은 애초 기대할 수 없게 되었으며, 문제가 생긴 업체를 수습하느라 또 관리자를 채용하여 업체에 내보내니 예산을 맞출 수 없는 상황이 여기에도 발생되고 있었다. 또한 발주 물량이 많다 보니 공사와 마찬가지로 기자재 업체의 생산 능력도 발주량을 따라가지 못하게 되어 가격은 급등하고 품질 면에서도 수많은 문제점이 발생하였다.

여섯 번째, EPC 계약자(Contractor)의 의무 범위가 확대되었다. 과거에는 공장 건설까지만 하면 끝나는 MC(Mechanical Completion)까지가 EPC사의 계약 역무였다. 그러나 최근에는 시운전을 포함한 모든 공장 가동 준비와 정부 승인까지 EPC사의 역무에 포함됨으로써 최소 3개월, 최대 1년까지 공사 기간이 증가하였고, 이렇게 되자 공사 말미에는 해당 플랜트 건설을 경험하지 않은 다른 인력을 투입해야 하는 상황이 되었다. 엔지니어링 본부의 인력이 대거 현장에 상주해서 시운전(Commissioning)을 수행하는 과정이 하나 더 추가된 것이다. 이 단계의 비용과 리스크가 예산에 거의 반영되지 않아 원가 증가의 원인이 되었다.

일곱 번째, 계약 구조도 원가가 들어간 만큼 보상받는 전통적인 Cost Reimbursement가 아니라 확정가격인 Lump Sum Turn Key, 즉 발주처가 제공한 기술 자료의 문제점으로 인한 손해도 EPC사가 부담해야 할 뿐만 아니라 노동, 법규, 사회문제에 따른 비용과 납기 지연에 따른 배상도 EPC사가 책임을 지는 형태의 계약으로 변해있었다. 발주처가 Lump Sum Turn Key로 가면서 계약 업체들에게는 굉장히 불리해졌다. 계약은 Lump Sum으로 바뀌었는데 관리는 Reimbursable의 형태이다. 열심히 하고 나중에 발주처한테 보상받겠다는 전제하에 프로젝트를 수주하고 수행하지만 비용도 분쟁도 많이 증가하고 있다. 또 Lump Sum의 계약 조건도 악화되고 있다.

Cost Plus에서 Lump Sum으로 계약 구조의 변화 History

1) Cost Plus 계약의 문제점

90년 말에 미국이 조선 산업에서 협력하고 싶다는 의향을 보여와 미국의 Ingalls 조선소에 가볼 기회가 있었다. 당시 미국은 전함, Navy ship만 하고 있었는데 러시아와 관계가 개선되면서 전함 수요가 줄어 상선 분야로 나오려고 준비 중이었다. 그런데 조선소에 가보니 크레인이 넘어져 있었다. 물어보니 바로 일주일 전에 허리케인이 지나갔기 때문이라고 했다. 왜 빨리 복구를 안 하는지, 매니지먼트가 없었는지 물었더니 허리케인이 왔는데 왜 조선소에 사람이 있어야 하느냐 대답했다.

필자는 그때 이게 Reimbursable의 문제구나 싶었다. 조선소에서 Navy ship을 하는 곳은 전부 Cost Plus Reimbursable로 한다. Cost Plus Reimbursable로 하면 생산성이 매우 낮다. 생산성을 올려서 공수(Man hour)를 줄이면 비용이 적게 들어가고 그렇게 되면 플러스도 적다. 즉, 수입이 적다. 생산성을 올릴 이유가 없는 것이다.

금융 기관들이 프로젝트에 파이낸싱을 제공할 때 전체적으로 예산, 경제성을 평가하게 되는데, Cost Plus Reimbursable 계약하에서는 예산을 잡아도 비용이 대부분 20%씩 넘어가니까 계산한 것이 틀리고 원가가 안 맞아 프로젝트를 진행할 수가 없었다. 그래서 금융 기관들로부터 투자비를 고정(Fix)시키라고 요구하면서 Lump Sum Turn Key로 이동하게 된다. 그래서 전부 다 2000년대부터 Lump sum으로 넘어가기 시작하는데 이때 오일 메이저들이 앞장섰다.

2) Lump sum 계약의 문제점

한번은 KBR이 오일 메이저하고 분쟁이 생겨서 소송을 하게 되었다. 모든 책임을 EPC사에 지우는, 이런 말도 안 되는 Lump sum 계약으로는 안 하겠다고 선언한 것이 신문에도 났다. 그 후, 오일 메이저들이 KBR보다 한국 조선소들이 매출 규모가 크니 한국 조선소하고 Lump sum 계약으로 EPC를 시도하면서 한국 업체들과 일을 하게 되었다. 한국 입장에서도 옛날에는 공사(C)만 하다가 엔지니어링(E), 조달(P) 업무를 다 주니까 매출이 대폭 증가하게 되었다. 이게 결과적으로 한국 업체가 부상할 수 있었던 기회가 되었으나 한편으로는 충분한 매니지먼트를 못했기 때문에 나중에 대형 적자가 발생한 것이다.

결론적으로 Lump sum 계약은 발주처의 리스크를 EPC사에게 전가한 계약이지만, 능력(Efficiency)을 발휘할 수 있는 EPC사에게는 기회이기도 하다. 즉, 실력 있는 EPC사만이 수행할 수 있는 계약 구조인 것이다.

일례로 사우디 정부가 취업비자(IQAMA)를 발급하는 수수료를 16배 가까이 인상하거나 정부 정책으로 비자 발급 숫자를 규제해서 근로자를 구할 수 없어도, 그 결과는 플랜트 건설업자의 책임이었다. 납기 지연에 따른 무서운 패널티를 물지 않으려면 원가가 예산에 맞든 안 맞든 인력의 무한 투입은 피하지 못할 선택이었던 것이다. Lump Sum Turn Key 계약을 쉽게 생각해서는 절대 안 된다. 치밀하게 준비하는 자에게만 수주의 특권을 주는 계약이기 때문이다.

종합하면 우리 플랜트 기업들은 외부적으로 인력과 자재의 가격 급등과 품질 저하를 피할 수 없는 상황이었는데, 내부적으로는 이 폭발적 발주를 감당할 인력이나 시스템을 갖추지 못하고 있었다. 더욱이 Lump Sum Turn Key 계약으로 인해 손익 회복의 길이 차단되어 있는 상황에서, 리먼 사태 시의 이익 증가를 글로벌 경쟁력의 결과로 오인하여 수주 확대를 목표로 과소견적으로 과당수주를 한 것이 2013년 이후 플랜트업 대형 적자의 요인이라고 요약 할 수 있다.

3. 혼란기의 문제점과 이를 해결하기 위한 향후 과제

앞서 본 산업 환경의 내적 외적 변화로 최근 몇 년간 한국 플랜트 산업은 힘든 시간을 보내야 했다. 최근 어려운 시간을 지나 많이 정상화되어 가는 분위기이나, 지난 시간에 겪은 문제들을 다시 반복하지 않기 위한 방안을 몇 가지 제언코자 한다.

첫 번째로 PM이 제 역할을 해야 한다. PM은 프로젝트가 성공하도록 실현시켜줘야 하는 사람이다. 어떠한 환경의 변화가 있더라도 난관을 해결하여 프로젝트를 성공시키고 회사에 이익을 내야 한다. 그러기 위해서는 프로젝트 전체의 흐름과 시나리오를 머릿속에 넣어두고 두 달, 석 달 후 일어날 변화 가능성들에 대해 예민하게 주시하고 대응할 수 있는 역량이 필요하다.

이에 더해 PM이 수행해야 할 가장 중요한 역무가 Traffic Light의 제거이다. 필자는 2017년 피렌체에서 개최된 국제심포지엄에서 'TRAFFIC LIGHT THEORY'를 직접 만들어서 발표한 바 있다. 자동차 경주인 F1에서 쓰는 최신, 초고속의 머신이 있다 해도, 차와 자전거가 뒤엉켜 있고 사람들이 지나다니고 건널목이 곳곳을 막고 있는 일반도로에서는 속도를 낼 수 없다. 이러한 경주용 차량은 Traffic Light가 제거된 경주용 트랙에 올려놨을 때 비로소 속도를 내고 제 기능을 발휘한다. 이와 같이 PM은 발주처와 끊임없이 협상하여 프로젝트의 비효율을 부르는 모든 장벽들 즉, Traffic Light를 제거하는 노력을 해줘야 한다는 것이 'TRAFFIC LIGHT THEORY'이다.

우즈베키스탄에서의 경험을 예로 들면, 프로젝트 초기에 인도에서 들어와야 할 근로자 비자는 발급이 안 되고 현장 숙소에 설치할 난방 기구는 통관이 안 되어 현장에서 폭동까지 발생하였다. 이때 발주처인 롯데케미칼이 나서서 우즈베키스탄 최고지도자를 만나 공사 현장에서 비자를 발급하고 현장에서 보세를 통관할 수 있도록 해줌으로써 우리는 인도에서 수르길 현장 인근의 누쿠스 공항까지 전용기를 띄워 근로자를 투입할 수 있었다. 이렇게 장애 요소, 즉 Traffic light를 제거함으로서 제때 예정된 원가로 성공적 프로젝트 완수가 가능했다.

발주처가 나서서 장벽을 제거하지 않으면 EPC 기업 혼자 원가 절감, 생산성 향상 등을 이루는 것은 불가능하다는 발주처 책임론을 상기하고 싶다. 이런 Traffic Light 제거에 PM이 적극 나서줘야 한다. Traffic light가 제거되고 나면 E, P, C 전 부문이 속도를 낼 수 있게 되어 비로소 Concurrent한 프로젝트 수행이 가능해지고 손익도 지켜질 것이다.

두 번째로 엔지니어링 역량을 강화하고 문제해결 능력을 키워야 한다. 현장 운영 계획을 세울 때 기준이 되는 숫자는 작업량, 즉 물량이다. 물량이 10% 쯤 차이가 나는 경우라면 잔업이나 돌관으로 해결하겠지만 20%를 넘어가면 현장의 혼란은 정해진 것이나 다름없다. 엔지니어링이 물량을 정확히 예측해주지 않으면 공사 현장은 인력, 장비 계획을 세우지 못한다. 현장 계획의 첫 번째 키(Key)인 설계 물량이 제때 정확히 나오지 않아 주먹구구식 플랜을 수정하는 일이 반복되었다.

플랜트 건설은 사막 한가운데 등 극한의 오지에서 공사를 수행해야 하는데, 이때 이미 확보되어 있는 사람을 쓰는 게 아니다. 프로젝트가 시작되면 인도, 파키스탄, 중국, 필리핀 등 세계를 돌아다니며 인력을 모아 기량 테스트를 거쳐 선발하고, 이들에게 맞는 처우를 정하고 비자를 발급받아 비행기에 태워서 현장에 투입한다. 이렇게 인력을 현장에 투입하기 위해서는 절차도 복잡하지만 소요 기간도 길고 기량공을 몇 명이나 발굴할 지 보장할 수 없는 불확실성에 놓여있다. 인력뿐인가? 장비도 추가해서 넣거나 기간을 연장하려면 유효한 장비를 확보해야 하고 이 경우 대부분의 경우에는 장비 주인이 요구하는 높은 금액을 협상의 여지없이 지불해줘야 한다.

때문에 엔지니어링 본부가 해야 할 가장 중요한 미션은 물량을 제때 그리고 정확히 산출하는 것이다. 설계의 착수는 빠르면 빠를수록 이를 달성하기 쉽고, 설계 기간을 충분히 확보하기 위해 현장도 불필요하게 빨리 열어서는 안 된다.

엔지니어링 본부는 발생하는 모든 기술적 문제점을 직접 나서서 해결해야 한다. 한 번은 터빈과 발전기에서 발생한 진동 문제를 제작한 업체에게 해결하도록 맡기는 것을 보았다. 당연히 업체는 자기 제품에 하자가 없으며 현장에서 보관을 잘못한 것이 원인이라는 결론을 내렸다. 고양이에게 생선을 맡기는 꼴이 아니고 무엇인가? 또한 문제 해결을 기피하는 기술자도 수없이 많이 봤다. 실패가 자신의 탓으로 돌려질 것에 대한 부담으로 기피하는 것이다. 실패를 경험한 기술자를 나무라지 말고 대우해줘야 한다. 문제해결을 통해 실력이 크는 것이다. 일을 하다가 그런 것이지 놀다가 그런 것이 아니지 않은가? 엔지니어링 본부는 발생하는 모든 문제점에 개입하여 분석하고 해결책을 만들어야 하고, 이를 위한 조직문화, 시스템을 갖추는 것이 중요하다.

또한 앞서 언급한 대로 계약 역무가 MC(Mechanical Completion, 기계적 준공)에서 PAC(Provisional Acceptance Certificate, 예비준공 증명서)까지로 확대되었다. 공장이 돌아가도록 가동한 후 넘기는 것은 엔지니어링(E)이 관여되지 않으면 안 된다. 그래서 프로젝트의 시작과 마무리는 E가 해야 한다는 취지로 'EPCE'를 강조하며 엔지니어링을 강화하였다. 엔지니어링(E) 없이 조달(P)도 없고 공사(C)도 없다. 우리는 공사(C)를 중심으로 성장을 해서 엔지니어링(E)의 중요성을 모르는 것 같은데, E를 제대로 해서 실패한 프로젝트는 없다. 마찬가지로 E가 안 됐는데 잘되는 프로젝트는 없다. 그래서 필자는 'EPC'는 'EPCE'가 되어야 한다고 생각한다.

세 번째로 조달의 기술적 이해도를 높여 전략적으로 대응해야 한다. 조달은 '요구 사양에 맞는 물건을 사서 제때 현장에 보내주면 끝'이라고 생각하는 직원들이 의외로 많다. 그러나 조달은 제2의 창조 활동이다. 각 기자재 업체마다의 장점은 무엇이고 단점은 무엇인가? 부속품 조달은 어느 국가에서 어느 업체로부터 하는가? 노사 분규로 인한 납기 차질의 위험은 없는가? 재무적으로 부도의 위험은 없는가? 품질문제의 가능성은? 다른 대안(Alternative)은 없는가? 등등을 다 파악해야 하는데, 프로젝트 업무로 과부하가 걸린 시점에 이를 다 파악하기 어려워 기자재 업체에게 휘둘리는 일이 비일비재하였다. 또한 기자재 업체가 보내온 기술적 내용들을 간과하여 시점을 놓침으로써 기자재 수정에 시간과 돈을 낭비하는 일들도 다반사였다. 기자재 업체는 사양이 조금만 변경되어도 득달같이 건건이 가격을 올리거나 플랜트 발주처를 움직여 압력을 행사하는 갑의 행태를 보일 때가 많았다.

조달은 혼자서 모든 걸 결정해서는 안 된다. 기자재 업체와 상대하면서 발생하는 사소한 내용들도 설계, 공사와 정보를 공유하고 논의하여 있을 수 있는 변화를 선제적이고 효과적으로 사전 대응해줘야 한다. 내부 소통과 협업 부족으로 기자재 업체에 휘둘리는 사례는 셀 수도 없이 많았다. 대형 공사를 하면서 옆에서 최선을 다해주는 기자재 업체가 없다면 프로젝트의 실패는 정해진 것이나 다름없다.

네 번째, 프로젝트 앞 단계의 문제점들이 각 단계 안에서 해결되어 공사 단계에 영향을 주지 않도록 노력해야 한다. 허술한 설계로 인해 물량 예측이 틀리거나 때늦게 도착한 도면(그나마도 오류투성이의 도면), 품질 불량의 기자재, 시기를 놓친 자재로 인해 발생한 모든 혼란들이 고스란히 공사 단계에서 감내되는 경우가 많다.

공사비가 급증하면 공사소장이 질책의 대상이 되곤 하는데, 사실은 앞 단계에서 저질러 놓은 잘못까지 그 책임을 다 떠안고 있었다고 말하는 것이 정확할 것이다.

수행 중인 프로젝트가 많아짐에 따라 현장 인력이 부족해지면 전체적으로 인력의 역량도 약화되고 현장의 혼란도 가중된다. 공사가 언제 완료되며 인력이 언제 철수할지 아무도 모르는데 손익 예측이 맞을 리 없고 다음 수주 프로젝트에 인력 배치 계획을 세울 수도 없다.

다섯 번째, 시스템 경영이 필요하다. 여느 대기업의 연간 매출에 맞먹는 수조 원 규모의 프로젝트를 운영하면서 제대로 된 관리 시스템이 구축되어 있지 않다는 것은 곤란한 일이다. 도면 적기 출도율(현장 공사 시점에 늦지 않게 보내준 도면)은 얼마입니까? 자재 적기 공급율은 얼마입니까? 도면 오작율(도면 오류로 인해 공사의 인건비 낭비율)은 얼마입니까? 자재 품질 실패비용은 얼마입니까? 현장에 오늘 출력한 인원은 몇 명입니까? 인력 변화는 왜 발생했습니까? 등의 질문에 즉시 답변이 나오지 않는 구조라면 손익을 예측하기 어렵다. Cost reimbursement, 즉 비용이 들어간 만큼 보상을 받는 계약 구조에서는 영수증 등의 증빙을 잘 챙겨 발주처에 제출하면 되지만, Lump Sum Turn Key 계약 구조에서는 제조업이 갖추고 있는 관리 시스템(공정관리, 품질관리, 납기관리, 원가관리 시스템)을 갖추고 있어야 한다. 제조업은 비용(Cost)에 대한 책임을 지는 업이다. 때문에 제조업이 가진 요소를 가지고 와야 한다. 이러한 제조업 마인드 없이 Lump Sum Turn Key를 수행하는 것에 지극히 반대한다.

4. 한국 EPC의 미래 발전을 위하여

너무나 어려운 과제다. 한마디로 이야기해서 해결된다면 나보다 앞선 수많은 선배들이 이미 해결해 놓았을 것이다. 그러나 이 업을 아끼는 마음으로 고언을 몇 가지 남기고자 한다.

첫째, 군대식 관료식의 지시 일변도로는 초대형 프로젝트를 추진할 수 없다. 어느 사장께서 현장을 다녀온 뒤에 사석에서 나에게 '요즘 프로젝트의 스케일은 30년 경력의 자신으로서도 예측하지 못한 규모'라는 말을 했다. 이러한 사업에서 소수의 리더에 순종하는 조직 문화로는 프로젝트 운영이 곤란하다. 환경 규제, 현지화(Localization) 등 법규가 나날이 바뀌고, 정치 사회 상황이 수시로 변하고 있고, 기자재도 새로운 소재와 기술이 등장한다. 게다가 IT를 접목하지 않으면 효과적으로 대응할 수 없는 시대에 도달했다. 이런 무수히 많은 변화 관리를 몇 사람의 지시에 따라 대응한다는 것은 19세기에나 가능한 일이었다. 문제를 인식하고 테이블에 올리고 소통하고 해답을 찾는 일이 일상화되어야 한다. 모든 프로젝트 인력이 주인이 되어 일상적으로 일어나는 문제들을 주도적으로 해결해야 한다.

둘째, 정신은 서비스업에 두지만 행동은 제조업처럼 해야 한다. Lump sum Turn Key 계약은 원가의 최종 책임이 플랜트 건설사에 있다. 이건 제조업의 개념이다. 제조업은 비용(Cost)에 대한 책임을 진다. 제조업이 가진 요소를 가지고 와야 한다. 제조업의 하드웨어와 서비스업이 가진 소프트웨어를 결합해야 한다. 한국에 조선소들은 거의 제조업 영역으로 가 있다. 현대자동차가 부품 조달하는 것처럼 블록화하는 것들도 대부분 제조업의 개념을 많이 가지고 있다. Lump Sum을 하기 위해서는 이러한 제조업의 개념을 가져와야 한다.

또한 원가에 책임이 있다면 당연히 원가를 줄이는 연구개발팀과 개선 제안이 활발히 작동되어야 하고 관리 시스템과 조직도 따라서 움직여야 한다. 여기에서 가장 중점을 둬야 하는 분야가 최고의 엔지니어링 능력이다. 기본적인(Fundamental) 원가 절감은 엔지니어링 부서에서 가장 많이 나오고 시기상으로도 적용하기 쉽다. 조달과 공사도 원가 절감에 중요하지만 때로는 시기를 놓친 경우가 많다. 프로젝트 초기에 원가절감 방안이 확실히 수립되어야 한다.

셋째, 구축 가능성(Constructability)이 프로젝트 의사 결정의 핵심 요인이어야 한다. 도면과 자재는 공사를 하기 위한 수단이다. 발주처에 도면을 주고 자재를 준다고 역무가 끝나는 것이 아니라는 말이다. 공사가 완료되어 실물 플랜트를 제공하는 것이 EPC사의 역무이다. 공사를 쉽게 수행할 수 있는 도면과 품질 문제없는 자재의 조달, 즉 공사 중심의 사고방식을 회사에 넓고 깊게 심어 놓아야 한다.

설계는 도면만 만들면(Issue) 끝, 조달은 현장에 기자재를 보내주면 끝이라는 사고방식을 없애야 한다. 제조업의 방식을 따라야 한다. 조달 분야는 특히 지금 전 세계적으로 제조업처럼 모듈화가 추세이다. 모듈화의 장점은 토목, 철골, 배관을 동시에 모듈화해서 현장에서는 설치만 하면 되는 것이다. 해양 플랜트에서도 세계 모든 EPC들도 모듈화로 가고 있다. Fluor도 중국에 엄청난 규모의 모듈 공장을 만들어 놓았다. 그런데 이렇게 모듈화를 하려면 설계가 선행되어서, 3개월 정도 먼저 설계를 끝내야 한다. 역시 E가 중요하다.

넷째, 그리고 전략적으로 M&A를 활용했으면 좋겠다. 외국과 한국 EPC 차이가 무엇인지를 알기 위해서는 Technip의 성장사를 살펴볼 필요가 있다. Technip은 97년에 플랜트 시장에 진입했는데, 이때 2조 달러 정도의 매출고를 올렸다. 그랬던 기업이 M&A를 통해 사세를 확장하여, 20여 년이 지난 지금은 12조 달러 정도의 매출 실적을 가지고 있다.

해외 시장에서는 M&A가 활발한데 한국 EPC에는 관심이 별로 없다. 업체 간 차별점이 없고 다 똑같기 때문이다. Technip의 CEO에게 왜 한국 업체는 인수하지 않느냐고 물어보니 '한국의 EPC들은 똑같다. 차이가 없다.'고 했다. 차별화할 수 없으니 시너지를 기대할 수 없다는 뼈아픈 이야기이다.

우리 업체들은 한국 내에서 자체적으로 역량을 키우다 보니까 수주는 많이 안 되고 생산성은 떨어지고 있다. 우리는 사람을 채용해서 자체적으로 역량을 키우지만 해외 기업들은 M&A를 통해 역량을 강화한다. 우리도 M&A를 잘 활용하여 선진 기술, 유능한 인력, 유망한 사업군을 확보하는 전략을 구사해야 한다. 특히, 신기술과의 교합이 활발한 최근엔 더더욱 이러한 전략이 필요하다.

다섯째, 인프라 산업과 플랜트 산업의 차이점을 잘 알고 있어야 한다. 개인적으로 이것을 강조하고 싶다. 우리는 통상적으로 한 회사에 두 사업 부문이 같이 있다. 그런데 과연 플랜트와 인프라가 같은 개념에서 움직여도 되느냐를 묻는다면, 필자는 절대 아니라고 본다. 인프라는 건축, 토목이 거의 대부분이고 기계가 없다. 그런데 플랜트는 건축, 토목이 기계를 위해 존재한다. 메인이 바뀌는 것이다. 예를 들어 인프라 프로젝트를 보면 공정이 늦어지면 고속도로 구간을 더 잘라서 돌관시킨다. 그런데 플랜트는 그랬다가는 다 들어내야 한다. 순서를 안 지키면 새로 해야 한다. 그래서 플랜트에서 돌관은 자살이나 마찬가지이다.

때문에 기계 중심으로 생각하지 않고 토목 중심으로 생각하면 설계 자체가 잘 되지 않는다. 플랜트 회사의 경우 토목, 건축, 전기, 화공, 산업 공학 등 공대 모든 분야의 전공자가 다 필요하다. 그러나 인프라는 그렇지 않다. 토목, 건축이 대부분이다. 집적도가 많이 다르다. 우리는 기자재는 기자재 업체가 할 거라는 사고방식이 있는데, 그건 절대 아니다. EPC 회사가 생각을 기계 중심으로 바꿔야 한다.

여섯째, Local Value 향상은 전 세계적인 추세이다. Local Value, 즉, ICV(In Country Value)란 발주처 국가의 기자재와 인력을 최대한 조달하여 그 국가의 산업에 기여해 달라는 것이다. 정부와 플랜트 건설사, 국내 기자재 업체가 일체가 되어 대응해야 한다. Local Value를 높여주지 않으면 제 아무리 입찰가를 낮춰 제출해도 수주할 수 없는 시대가 오고 있다.

일곱째, 부정이 근절되어야 한다. 프로젝트 도중에 많은 투서들이 접수된다. 음해성 투서도 많지만 본인이 소명하지 못하거나 아예 소명하지 않고 회사에 사표를 던지는 경우도 많다. 대부분 프로젝트의 핵심 관리자이거나 능력을 인정받고 미래가 촉망받는 사람들이다. 프로젝트 중간에 핵심 관리자가 떠나는 것은 엄청난 혼란과 손실이 따른다. 촌지를 주거나 뇌물로 매수하는 행위는 다 목적이 있다. 그 목적이 이루어지지 못했을 때 또는 경쟁사가 알았을 때에는 반드시 투서로 보복하기 마련이다. 언젠가 밝혀질 일인데 왜 금전을 받고 오늘을 넘어가려 하는가? 때문에 개인을 위해서든 조직을 위해서든 프로젝트를 위해서든 직업윤리를 가지고 일하는 것도, 부정이 발생할 여지를 두지 않는 조직 문화 및 시스템을 갖추는 것도 매우 중요하다.

우리 플랜트 산업은 대한민국 경제사와 같이 급속한 성장을 이루어 냈다. 공학 분야든 상경 분야든 고도의 전문성이 요구되는 지식 산업이면서 극한의 오지에 위치한 현장에서는 땀과 열정을 필요로 한다. 치열한 입찰 경쟁을 통과하여 계약을 체결한 후, 수많은 변수를 해결하며 수만 개의 기계 부품 공사를 완료하여 문제없이 가동하는 플랜트를 본 순간의 환희를 느껴본 플랜트 인이라면 우리가 종사하고 있는 이 업이 얼마나 멋진 일인지를 아주 잘 알 것이다. 우리는 열사의 땅에서, 극한의 땅에서, 영어가 통하지 않는 곳에서, 비행기로 하루 이상 걸리는 지구 반대편에서 프로젝트를 수행하여 외화를 벌어오는 산업 역군이다. 그룹사의 지원 없이도 역량을 축적하여

명실공히 세계적 EPC 기업으로 부상한 많은 기업들과 이들의 많은 협력 업체들은 우리 플랜트 산업을 받치고 있는 기둥이다. 내외적 상황으로 힘든 시기를 겪었으나 요즘 차분하게 개선해 나가고 있기 때문에 시간이 지나면 잘 해결될 것이라 생각한다. 차분히 경쟁력을 강화해 나갔으면 좋겠다. 앞으로도 세계 시장에서 우리의 열정과 도전 정신은 늘 빛을 발할 것이라 기대해본다.

| 목 차 |

Kuwait

Saudi Arabia

중동

대우건설
협력과 경험으로 쌓은 믿음, 쿠웨이트에 대우건설을 알려라
가장 큰 정유공장, 대우건설의 손으로(쿠웨이트)

우선이엔씨
Red Sea(紅海)에서 Blue Ocean을 찾다
성공은 '준비된' 자신감으로부터 온다(사우디아라비아)

한화건설
그들이 가는 사막은 더 이상 불모지가 아니다
열사의 나라에 진출하다(사우디아라비아)

현대건설
민관 협력으로 시너지를 극대화시키다
현대건설의 기술력을 세계에 과시하라(쿠웨이트)

협력과 경험으로 쌓은 믿음,
쿠웨이트에 대우건설을 알려라

Module 쿠웨이트 항구 도착 사진

프로젝트 국가 : 쿠웨이트
프로젝트명 : KIPIC(Kuwait Integrated Petroleum Industries Company)
Al-Zour Refinery Project
발주처 : 쿠웨이트 국영 종합석유화학회사(KIPIC)
공사 기간 : 2015년 10월 ~ 2020년 3월

물가에 지어진 요새, 쿠웨이트

'중동', '쿠웨이트' 하면 자연스레 떠오르는 것이 더운 기후와 모래사막이다. 그러나 실제 쿠웨이트의 모습은 우리의 생각과 자못 다르다.

우리나라 경상북도와 비슷한 1만 7,000㎢의 작은 나라 쿠웨이트는 그 규모와 달리 석유 매장량이 전 세계 5~7위를 차지할 정도로 풍부한 자원을 가진 곳이다. 바다와 대륙 사이 요충지에 자리한 덕분에 18세기부터 이란, 이라크, 사우디아라비아에 둘러싸여 페르시아만을 무대로 활발한 해상 무역을 전개하기도 했다.

쿠웨이트 시티에 위치한 'The Avenues Mall'은 중동에서 두 번째로 큰 쇼핑몰로 내부를 도는 데만 최소 3시간이 걸릴 정도고, 'Kuwait Tower'와 'Kuwait Water Tower' 등 관광지들을 보면 우리가 쉽게 가졌던 '중동'에 대한 편견을 지울 수 있다.

그러나 풍부한 자원은 양날의 검이다. 석유는 쿠웨이트에 큰 부를 안겨주었지만 국내 총생산의 대부분을 석유에 의존할 정도로 산업구조가 단순화되었고, 극심한 빈부격차와 국제 유가 변동에 민감하게 반응하는 취약한 경제체질을 만들어 냈다.

이를 극복하기 위해 쿠웨이트는 산업 다각화를 통해 석유에 대한 경제 의존도를 줄이고 사회간접자본을 확충해 중동의 금융무역 서비스 중심지로 거듭나기 위한 '비전 2035'를 수립한다. 자본과 자원을 무기로 제2의 두바이를 꿈꾸는 쿠웨이트는 걸프 지역 금융 및 무역 활성화, 투자 확대 및 일자리 창출을 위한 민자 사업을 포함해 석유화학공장 건설, 정유 시설 신설 및 개보수 등의 플랜트 사업을 계획하며 석유 산업 고도화를 꾀하고 있다.

대우건설은 이곳에 2014년 슈아이바(Shuaiba) 정유공장 시설 개선 및 추가 공사(CFP)에 이어 알-주르 신규 정유공장 건설 공사(KIPIC)까지 연이어 대규모 프로젝트를 수주하며 쿠웨이트에 플랜트 사업의 뿌리를 굳건히 내렸다. 대우건설은 어떻게 중동의 요새, 쿠웨이트를 사로잡았을까?

'대우건설'을 알리다

수도 쿠웨이트 시티 중심에서 남쪽으로 50km에 위치한 미나압둘라 정유공장(Mina Abdullah Refinery). 쿠웨이트 국영 석유회사(KNPC)는 슈아이바(Shuaiba) 정유공장의 노후화에 대비해 기존 알 아마디(MAA)와 미나 압둘라(MAB) 정유 시설의 개선·확장 공사(CFP, Clean Fuel Project)를 발주했다.

이는 기존에 운영하던 정유공장의 생산량을 하루 73만 배럴에서 80만 배럴로 확장하고, 유황 함유량을 24%에서 5%로 감소시켜 높은 품질의 정유제품 생산 시설을 건설하는 대형 사업이었다. 성공적으로 사업을 수주해 건설한다면 쿠웨이트 현지에 대우건설의 이름을 널리 알리고, 향후 쿠웨이트에서의 사업 확장을 위한 초석을 다질 수 있는 절호의 기회였다.

그러나 플랜트 산업에 잔뼈가 굵은 대우건설도 쿠웨이트에서의 사업은 조심스러웠다. 당시 쿠웨이트는 신규 진출국인데다 낯선 제도와 환경, 이질적인 문화 등 헤쳐 나가야 할 어려움이 한둘이 아니었다. 규모도 120억 불(약 13조 원)에 달하는 초대형 사업인 만큼 감수해야 할 리스크도 컸다.

필요한 것은 현지 업체가 신뢰할 수 있을 만한 풍부한 '경험'이었다. 또 혹시 발생할지도 모르는 위험성을 낮춰야 할 필요도 있었다. 그러나 다행히도 답은 가까운 곳에 있었다.

대우건설과 나이지리아 공

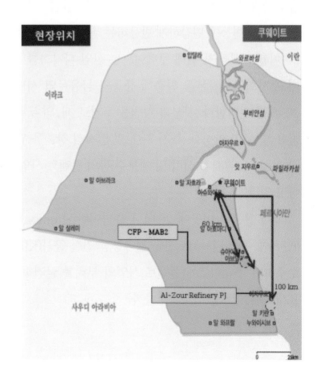

CFP 현장

사를 함께했었던 미국의 Fluor사가 손을 내밀었다. Fluor사는 나이지리아에서 확인한 대우건설의 뛰어난 시공 능력과 다년간 중동에서 대우건설이 보여준 사업 관리 능력을 높이 평가해 이번 쿠웨이트 공사도 함께할 것을 제안했다. 대우건설 입장에서도 선진 업체의 시스템을 도입해 경쟁력을 갖출 수 있다면 마다할 이유가 없었다.

거기에 더해 대규모 프로젝트에서 혹시 발생할 수 있는 리스크를 줄이기 위해 대우건설과 Fluor사는 제조업과 구매에 강점이 있는 현대중공업을 JV(Joint Venture)로 초청을 하였다. 그리고 대우건설, Fluor, 현대중공업으로 구성된 JV는 함께 모여 각 사의 장점들을 극대화시켜 수주를 위해 노력하였고, 그 결과 미나 압둘라 정유공장 내 일부 공정 시설 개선 및 유틸리티 시설 건설 사업을 수주하며 쿠웨이트에 성공적으로 발을 내릴 수 있었다.

이후 대우건설의 시공 능력, Fluor사의 설계 및 사업 관리 능력, 현대중공업의 구매 관리 능력 등 각 사의 강점을 극대화시켜가면서 프로젝트 관리를 수행해왔으며, 현재는 완공단계에 접어들어 연말 준공을 목표로 막바지 공사에 박차를 가하고 있다.

가장 큰 정유공장, 대우건설의 손으로

CFP 건설이 한창이던 때, 현장에서 얼마 떨어지지 않은 곳. 쿠웨이트 남동쪽 알-주르 (Al-Zour) 지역에 쿠웨이트 국영 종합석유화학회사(KIPIC)가 정유공장을 건설한다는 계획(Al-Zour Refinery Project)을 내놨다. 이는 하루 61만 5,000배럴의 석유를 생산하는 신규 공장을 건설하는 사업으로, 당시 단일 규모로는 가장 큰 정유공장으로 기록되었다. 대우건설 입장에서는 놓칠 수 없는 기회였다.

그러나 당시에는 사업에 대한 우려의 목소리가 컸다. 사업 초기 중동 프로젝트에서 나타난 과도한 입찰 경쟁과 그에 따른 저가 수주 등으로 중동 시장에 대한 회의적인 반응이 나왔고 대규모의 메가 프로젝트 수행 경험 부족 등으로 인해 사업 자체에 대한 우려의 목소리도 새어 나왔다. 특히 자국 시장을 보호하기 위한 발주처의 'No deviation', 'Local contents' 조건이 사업 수주를 더욱 까다롭게 했다. Local contents는 EPC 계약 금액의 최소 20%는 쿠웨이트 내에서 조달해야 한다는 조항이었다.

하지만 대우건설 입장에서는 도전해볼 만한 가치가 있었다. 당초 입찰 경쟁에는 KNPC가 그동안 중동에서 수행했던 프로젝트에서 보여준 사업 능력과 시공 능력을 검증한 소수의 업체만 참여할 수 있었기에 다른 중동 프로젝트에 비해 경쟁 업체 수가 적었고, CFP를 수행하며 쌓은 경험과 노하우를 펼칠 수 있는 기회였다.

대우건설은 CFP의 성공 경험을 토대로 다시 한번 EPC 업체 간 컨소시엄(JV)방식을 통해 경쟁 입찰을 진행했다. 컨소시엄을 구성하는 과정에서는 EPC 모든 분야에 3개 회사가 모두 참여하되, 각 회사별로 경험이 많고 강점을 가진 분야를 주도하기로 합의했다. 이에 따라 Fluor사는 사업 관리와 설계, 대우건설은 시공, 현대중공업은 구매 부분을 리드하며 입찰 경쟁에 참여, 성공적으로 사업을 수주하게 됐다. CFP와 유사한 공종, 동일한 JV로 충분한 경험과 수행 능력, 원가 경쟁력을 확보한 것이 큰 도움이 된 것이다.

CFP와 더불어 쿠웨이트 '메가 프로젝트'로 불리는 Al-Zour Refinery Project는 총 사업비 140억 불 규모로, 완공되면 세계에서 두 번째로 큰 규모의 정유공장이 된다. 당시 한국에서는 대우건설, 현대중공업, 한화건설, SK건설, 현대건설 등 5개사가 참여했고,

이는 전체 계약 금액의 약 35%인 5.2조 원(47억 불)을 차지하는 규모다. 총 5개 패키지 중 대우건설은 2, 3번 패키지인 수소와 유황 가공·처리 시설, 동력 및 부대시설의 설계와 구매, 시공, 시운전을 JV 업체들과 함께 담당하고 있다.

공사 기간을 줄여라

우려의 목소리를 그동안 쌓아온 '경험'과 업체들 간의 '협력'으로 잠재우고 성공적으로 사업을 수주했지만, 정작 더 큰 어려움은 그 다음부터였다. 오랜 기간 쿠웨이트에 진출한 한국 업체들이 성공적으로 사업을 수행한 만큼 한국 EPC 업체에 대한 현지의 이해도가 높아 문화적 차이에서 오는 어려움은 비교적 적었다. 그러나 중동이라는 지역 특성상 낮에는 50℃를 육박할 정도의 더운 기후가 작업을 더디게 만들었다. 게다가 컨소시엄 업체 간 문화적 이질감과 업무 진행 방식의 차이도 난관이었다.

더운 기후는 인력으로 해결할 수 없는 부분이었다. 작업자의 안전이 걸린 문제이기도 하다. 이 때문에 비교적 선선한 야간 근무로 업무 시간을 조정하는 등 업무의 생산성을 떨어뜨리지 않기 위해 여러 가지 해결책을 강구했다.

동종의 다른 업체와 함께 컨소시엄을 구성해 진행하는 프로젝트이다 보니 작은 마찰이 생기기 일쑤였다. 그러나 하나의 목표 아래 모인 만큼 사소한 이견으로 큰일을 망칠

모듈 제작(Pipe Fabrication)

모듈 제작(Assembly area)

수는 없었다. 대우건설을 비롯한 컨소시엄 업체들은 주기적으로 워크숍을 열고 문서화된 업무지침을 공유하며 서로 이해하고 협력할 수 있는 방안을 마련하는 등 해결책을 찾아나갔다.

어려움은 또 있었다. 알-주르는 직경 약 6km에 달하는 큰 규모의 현장인 탓에 자재도 인력도 많이 투입될 수밖에 없었다. 당시 쿠웨이트 내 CFP와 같은 대형 프로젝트들이 함께 진행되고 있었던 만큼 대규모 프로젝트의 동시 발주 및 수행으로 현지에서 조달할 수 있는 재원 부족, 현지 인건비 상승 등의 문제가 현실화되고 있었다.

자칫하면 공사 수행의 지연, 손해와 함께 쿠웨이트에서의 신뢰를 떨어뜨릴 수도 있는 문제였다. 이러한 현지 리스크를 해결하기 위해 대우건설과 JV 업체들은 중국에서 철골 구조물(Piperack)과 단위공정별 장치(Process Unit)을 모듈화하여 조립한 후 현장으로 이송하는 '모듈러 공법'을 선택했다.

■■■ 중국 모듈 제작 현장

바지선을 이용해 이동 중인 모듈

모듈 설치 후 진행된 배관조정 등 후속 작업

플랜트 현장에선 모듈이 대세

'모듈러 공법'은 현장에서 설치되는 각각의 프로세스별 패키지를 하나로 묶어 완제품에 가까운 모듈(Module)을 공장에서 제작·공급하여 현장에 설치하는 방식을 말한다.

플랜트는 일반적으로 수천 개에서 수만 개의 부품을 현장에 반입해 조립하는 방식으로 이루어져 왔다. 이러한 현장조립(Stick Built) 방식에 비해 모듈러 공법은 플랜트를 몇 개의 큰 덩어리로 나눠 공장에서 가조립한 후 현장에서 모듈을 맞춰 조립만 하면 되므로, 건설 기술자, 숙련 노동자가 부족하거나 현장 접근에 제약이 있는 지역, 동절기에 건설 작업을 할 수 없는 혹한 지역 등에서는 공기 단축과 원가 절감의 장점이 있어 광범위하게 이용되고 있다.

그러나 모듈러 방식에는 위와 같은 장점만 있는 것은 아니다. 모듈 운반 및 설치를 위한 해상 바지와 모듈트랜스포터(SPMT, Self Propelled Modular Transporter) 등 특수 장비가 필요하고, 운반을 위한 보강, 하역을 위한 하역장 조성 등 기존 방식에서는 필요하지 않던 추가 비용이 발생한다. 이와 함께 모듈을 제작하기 위한 설계와 구매가 신속하게 이루어져야 하고, 현장이 아닌 다른 지역에서 만들어 가져오다 보니 운반·이동 시 사고가 발생할 수도 있다는 위험성도 있다.

알-주르 정유공장 건설에 사용되는 모듈은 중국 광둥성 주하이시에서 제작됐다. 그러나 제작 초반에는 중국어에 유창한 직원도 알아듣기 힘든 지역 특유의 성조와 어휘로 인해 의사소통에 어려움이 발생했다. 특히 업무 초반, 친분이 없는 사람에게 유독 장벽이 높은 중국 직원들의 문화적 특성까지 겹쳐 일은 고되기만 했다.

하지만 대우건설은 나이지리아에서 모듈러 공법을 활용해 가스 플랜트 공사를 성공적으로 수행했던 경험과 기술을 가지고 있었다. 또 중국 모듈 제작 현장에 파견된 직원들은 광둥어를 익히고 저녁 시간과 휴일을 현지 직원들과 함께 보내는 등 그들의 마음을 열기 위해 다가갔다. 이런 노력으로 작업은 순조롭게 이루어졌고, 지난 6월 1차 선적분이 쿠웨이트에 도착해 현장에서 설치가 진행되고 있다.

축구공을 차며 다진 팀워크

현재 쿠웨이트 현장에서는 대우건설과 JV 업체들이 함께 참여한 대규모 프로젝트가 차질 없이 진행되고 있다. 그러나 언어와 문화가 다른 해외에서 프로젝트를 진행하다 보면 일하는 직원들의 몸과 마음은 쉽게 지치기 마련이다. 더군다나 숨 쉬기도 힘들 정도의 뜨거운 공기와 열기도 한몫을 한다.

이러한 열악한 환경에도 버팀목이 되는 것이 있다. 함께 일하는 동료들이다. 대우건설은 해외 현장의 직원들의 협력과 단합을 위해 낚시, 농구, 축구, 골프 같은 동호회 활동을 장려하고 지원한다.

쿠웨이트 대사관 주관으로 개최된 '주 쿠웨이트 한국 대사배 축구 대회'에는 당시 알-주르와 CFP 현장에서 친목 도모를 위해 운영되고 있던 축구 동호회 직원들이 모여 단일 팀으로 참가했다. 연일 계속되는 고된 업무와 두 현장 간 거리로 인해 모두 함께 모여 훈련할 시간이 턱없이 부족했지만 참가 선수들이 틈틈이 개인훈련을 하고 휴일 단체훈련을 통해 부족한 부분을 채워 나갔다.

시합 당일, 가족과 함께 현장을 찾아온 협력 업체 직원들과 현지 교민들의 응원과 격려를 받으며 선수들 모두 열심히 대회에 임했다. 그 결과 대우건설은 각 한국 EPC 업체, 교회, 성당 교민 등 지역 한국단체 등 총 12개 팀이 참여한 축구 대회에서 당초 목표했던 입상은 하지 못했지만 4등이라는 우수한 성적을 거두며 탄탄한 팀워크를 보여줬다.

약속과 세밀한 분석이 성공의 열쇠

당시 알-주르 정유공장 공사를 진행한 박광재 대우건설 부장(Project manager Al-zour Refinery PJ)은 "컨소시엄을 구성하여 사업을 수행하다 보니 위험 분산의 효과도 있었지만 선진 업체인 미국 Fluor사의 사업 관리 능력, 국내 최대 제조사 중 하나인 현대중공업의 구매 관리 능력 등 다른 EPC 업체가 가지고 있는 장점과 노하우를 배울 수 있는 기회였다."고 소회를 밝혔다.

대우건설은 쿠웨이트 내 제일 큰 규모의 프로젝트를 연달아 수주하며 중동 지역에 대우건설의 이름을 각인시켰다. 박 부장은 "최고 품질의 완성품을 약속된 기한에 맞춰 제공하는 것"이 중요하다며, "발주처의 성향, 관행에 면밀한 사전 조사와 높은 이해도, 성공적인 공사 진행을 위한 현재 재원, 세금 관련 위험성 등 세밀한 분석이 선행되어야 하고, 이를 바탕으로 입찰에도 합리적인 반영이 이루어져야 한다."고 팁을 전했다.

CFP에 이어 성공적인 알-주르 프로젝트 추가 수주는 대우건설의 쿠웨이트 내 발판을 더욱 견고하게 만드는 디딤돌이 되었다. 현재 대우건설은 알-주르 지역에 추가로 건설될 예정인 석유화학 공사에 참여하기 위해 또 다른 계획을 세우고 있다. 지구 반 바퀴를 돌아 쿠웨이트라는 낯선 땅에 굳게 뿌리내린 대우건설의 약진을 기대해본다.

박광재 대우건설 부장

박광재 대우건설 부장은 20여 년 간 해외 사업 관리와 해외 현장 시공을 담당해온 해외 플랜트 사업의 베테랑이다. 나이지리아의 EGTL, CCGAG, QIT 프로젝트 등 석유화학 분야에서 쌓은 여러 해외 플랜트 프로젝트 경험을 바탕으로 현재 대우건설의 쿠웨이트 프로젝트인 CFP, AZRP의 프로젝트 매니저를 맡아 프로젝트를 성공적으로 이끌고 있다.

프로젝트 수행 능력은
곧 프로젝트 매니저의 **사업 관리 능력**

Q 해외 플랜트 프로젝트 진행에 있어 가장 큰 어려움은?

해외에서 이루어지는 사업이다 보니 가족과 함께 하지 못하는 점이 개인적으로 가장 힘들었습니다. 하지만 프로젝트가 완공되었을 때는 어떤 말로도 표현하지 못할 만큼 큰 성취감이 있습니다.

Q 성공적인 프로젝트 수행을 위해 필요한 요소는?

성공적인 프로젝트 수행을 위해서는 여러 가지 요소들이 필요하겠지만 그중 프로젝트 매니저의 사업 관리 능력이 가장 중요한 요소 중 하나라고 생각합니다. 축구를 예를 들면 히딩크와 박항서 감독처럼 뛰어난 선수 관리 능력을 바탕으로 기존에 얻을

수 없었던 성과들을 얻은 것처럼 말이죠.

Q 대우건설만의 경쟁력은?

대우건설은 '도전과 열정', '자율과 책임'이라는 모토를 바탕으로 '인재사관학교'라 불리며 직원들의 업무 경쟁력을 높이고 있습니다. 이런 모토 아래 계속해서 발전하는 직원들이 대우건설의 경쟁력이라고 할 수 있습니다.

Q 향후 계획 중에 있는 프로젝트가 있다면?

현재 진행되고 있는 알-주르(Al-Zour) 지역에 추가로 건설될 예정인 석유화학 공사에 참여하기 위해 계획을 세우고 있습니다. 이 프로젝트는 알-주르 정

유공장 옆에 건설되는 80억 불 규모의 사업으로 하루 5만 배럴의 RFCC, 2.4만 배럴의 가솔린탈황 시설, 7만 4,000배럴의 납사 처리 시설, 연간 140만 톤의 아로마틱스, 60만 톤의 PDH 생산 등이 포함되어 있습니다.

Q 모듈러 전문가로서 생각하는 모듈러 공법의 비전은?

현장으로 모든 부품을 반입해 조립하는 기존 방식에 비해 모듈은 공장에서 선 제작, 운반 후 현장에서 설치하게 되므로 건설 기술자, 숙련 노동자가 부족하거나 현장 접근에 제약이 있는 지역에서는 공사 기간 단축, 시공비 절감 등의 이점이 있습니다. 특히 나이지리아 프로젝트처럼 치안이 불안한 지역에서 상당한 효과를 낼 수 있었고, 인건비와 자재비가 상승하고 있는 쿠웨이트 프로젝트에서도 장점을 가질 수 있다는 판단하에 모듈러 공법을 적용하게 되었습니다. 하지만 모듈을 제작하기 위해서는 설계, 구매의 철저한 관리 및 조기 완료가 필요하고 현장이 아닌 외부에서 모듈을 가져오다 보니 운반 시 사고의 위험성도 있습니다. 이러한 점 때문에 여전히 많은 EPC사들이 모듈 공법 적용을 꺼려하고 있는 상황이지만 설계, 구매 관리 능력의 향상과 운송 기술이 발달하고 있는 만큼 점점 더 많은 현장에서 모듈 공법을 적용할 것으로 예상하고 있습니다.

Q 한국플랜트산업협회에 바라는 점은?

기업들이 해외에서 가장 필요로 하는 것은 현지에서만 얻을 수 있는 정보인 만큼, 지역별로 얻을 수 있는 정보를 담은 지식허브를 조성하는 역할을 협회가 담당해준다면 좋을 것 같습니다. 직접 해외에 가지 않아도 인터넷으로 클릭만 하면 노하우와 경험을 공유할 수 있는 장이 만들어지면 좋은 모델이 될 것 같습니다. 또 현재 한국 EPC사들이 힘든 시기를 보내고 있는 만큼 한국플랜트산업협회의 많은 관심과 지원을 바랍니다.

Q 플랜트 산업에 몸담고자 하는 청년들에게 조언이 있다면?

항상 도전하는 의식과 창의적인 마음가짐이 필요합니다. 또 해외 사업인 만큼 필수적으로 영어를 비롯한 외국어 능력을 갖추기 위해 꾸준한 수양이 필요할 것으로 보입니다.

Q 앞으로 사업에 임하는 다짐

현장의 책임자로서 무사고 공사 수행과 함께 철저한 프로젝트 관리를 통해 이윤을 극대화하여 사업을 성공적으로 완료할 수 있도록 최선을 다하겠습니다.

Red Sea(紅海)에서 Blue Ocean을 찾다

Riyadh Metro 제4공구 및 5공구 현장

프로젝트 국가 : 사우디아라비아
프로젝트명 : Rabigh Power Plant No.2 Project, Yanbu 3 TPP, Fadhili CFPP,
Residential & Community Complex, Yanbu SWTP 등
발주처 : KACST, SEC, ARAMCO, MARAFIQ, KAPSARC 등
공사 기간 : 2010년 ~ 2018년

선택

2005년 여름, 우선이엔씨(당시 우선전기)의 창업 7년 차를 맞은 김광수 대표이사는 당시의 어려운 시장 상황을 타개하기 위한 새로운 경영전략 수립에 골몰하고 있었다. IMF사태 이후 대기업 퇴직자들이 대거 동종업의 창업을 시작하여 전기 공사 업계의 수주경쟁이 더욱 심화되었기 때문에 이를 극복하려는 방안을 고안하고 있었던 것이다.

기업은 고객에게 가치를 제공함으로써 이 사회에 존재한다. 이 과정에서의 수익 창출은 기업 구성원의 생존과 지속적인 존립에 필수적인 요소가 된다. 건설 시장에서 수익을 창출하기 위해서는 원가의 총합보다 계약 금액의 총합이 커야 하는데, 2005년 당시의 국내 시장은 연간 발주 전기 공사 규모에 비해 업체 수가 너무 많아 거의 포화상태로 수주경쟁이 치열했다. 이 때문에 계약 금액 수준은 점차 내려갔고 이는 업체가 감내하기 어려울 정도의 수익 악화로 이어졌다.

이런 절체절명의 위기에서, 수주 경쟁에서 살아남을 수 있는 경쟁력을 더욱 강화하여 국내 시장에 집중할 것인지, 아니면 보다 수요가 큰 해외 시장에 진출해 새로운 경험을 축적하여 이를 토대로 회사를 성장시켜 미래를 준비할 것인지, 김 대표이사는 중요한 기로에 서 있었다.

대내외적으로 급변하는 사업 환경에서 김 대표이사는 해외 시장 진출을 시대적 요구로 받아들였다. 그러나 해외 시장 진출과 같이 처음 가는 길은 그만큼 용기를 필요로 하는 일이었다. 자칫 잘못하면 국내 영업 기반마저 위축시킬 수도 있는 중대한 모험이었다. 하지만 김 대표이사는 회사 경영의 주요 목표 중 하나인 수익 창출을 위해 플랜트 전기 설비 전문 시공 회사로의 도약을 선택했다. 이는 원래 없었다고도 할 희망을 찾아가는 선택이기도 했다.

해외 현지의 여건, 환경 및 시장의 미래 성장 가능성 등을 종합 분석하여 사우디아라비아 시장을 선택한 것은 해당 국가의 경제 규모와 산유국으로서의 공사 발주 잠재성 및 한국 시공 기술의 인정 정도 등을 감안했기 때문이다. 향후 국제 유가가 고공행진을 할 경우 반드시 제2의 중동 특수가 다시 올 것이라 확신을 가진 김 대표이사가 중동에서도 가장 큰 건설 시장인 사우디아라비아로 진출을 결정한 것이다. 목표는 '현지 진출 5년 이내 자립기반 구축'이었다. 사실상의 배수진이었다. 2005년 10월, 우선이엔씨는 야심차게 사우디아라비아 시장의 첫 문을 두드렸다.

> "희망이란 원래 있다고도 할 수 없고 없다고도 할 수 없다. 그것은 땅 위의 길과 같다.
>
> 원래 땅에는 길이 없었다. 한 사람이 먼저 가고 걸어가는 사람이 많아지면
>
> 그것이 곧 길이 되는 것이다."
>
> - 루쉰의 「고향」 중에서

▞▚ 전기 및 계장 분야를 시공 중인 Fadhili CFPP 현장

시작

해외 시장에 처음 진출하는 대부분의 기업들이 갖는 가장 큰 애로사항은 신뢰할 수 있는 현지 정보를 얻을 수 있는 루트가 없다는 점이다. 지금이야 인터넷망도 잘 보급되어 있고 정부 산하단체가 현지에 진출해 있어 어려움 타개를 위한 의논도 할 수 있고 조언도 들을 수 있지만, 당시에는 기업 스스로 알아서 해결할 수밖에 없는 실정이었다.

정확한 현지 정보가 없는 상황에서 만에 하나 일종의 소개 수수료 등 금전을 목적으로 접근하는 브로커의 전문적인 사기 행각에 놀아나게 된다면 기업은 존폐 위기 상황에 내몰리게 될 수도 있었다. 해외 시장 진출은 이처럼 심각한 위험성이 내재하는 커다란 도전이었다. 때문에 우선이엔씨는 사우디아라비아 진출 초기부터 지사 설립에 매진했다. 지사 설립을 통해 사우디아라비아 현지의 문화와 관행을 습득하는 것이 향후 사업 수행에 큰 도움이 될 것으로 판단했기 때문이다.

그러던 중 사우디아라비아 외국투자 법제가 바뀌어 제1호 외국 회사 현지 단독 법인을 설립할 수 있게 되었다. 2005년~2006년 초까지 지사 설립을 위해 수차례 현지 방문을 해 적합한 현지인을 찾아 업무 대리인으로 계약했다. 그리고 회사 경영의 전반을 이해하고 전기 공사 업무의 특성을 잘 파악하고 있는 적임자를 물색하여 지사장으로 발령했다. 어떤 업무를 진행하든 현지인과 함께 업무를 추진하게 하였고 사업 수행 시 필요한 자재와 장비 조달 업체 현황, 공사 인력 조달 방법 및 기능 인력의 수준 등을 파악하게 하였다.

사우디아라비아는 지사도 법인화를 해야 하는 나라였다. 다른 나라의 지사 같은 경우 마케팅 정도나 할 수 있지만 사우디아라비아의 지사는 입찰, 수주, 계약까지 모두 가능하다는 이점을 지녔다. 실제로 우선이엔씨 사우디아라비아 지사는 본사의 지시를 받아 사우디아라비아 현지에서 지금까지 상당 부분 독립적인 형태로 프로젝트를 맡아 진행하고 있다.

2006년은 치솟는 유가로 인해 그동안 미뤄왔던 사우디아라비아 정부의 SOC(Social Overhead Capital, 사회간접자본) 공사 발주량이 증가하던 시기였다. 국내 대기업 및 중견기업의 사우디아라비아 진출이 활발하게 전개됨에 따라 수주 전망은 밝은 편이었다.

그렇지만 현지 수행 실적이 전무하고 업무 수행을 위한 실질적 인력과 장비가 부족한 중소기업은 사우디아라비아 정부 발주 공사에 직접 참여하는 것이 원천적으로 불가능했다. 중소기업 입장에서는 사우디아라비아 기업이 1차로 수주한 공사를 하도급자로 참여해 수주하는 게 고작이었다. 그런데 이마저도 사우디아라비아 중간 브로커를 통해 2차, 3차까지 브로커 수수료를 지불해야만 하는 상황이었으니 이런 공사는 수주하면 100% 적자가 될 수밖에 없었다.

점진

우선이엔씨는 현지에서 공사를 수주하기 위한 대책으로 사우디아라비아 특유의 사회적 시스템, 관습법, 세법을 파악하기로 했다. 직접 공사비(자재비와 인건비, 장비, 공구비)와 간접 공사비(스폰서십 시스템, 사우다이제이션(Saudization, 자국민 의무고용정책), 사회보장세 등)를 산출할 수 있는 견적기법도 확립하기로 했다. 이 견적기법을 통해 수주한 공사를 현장에 실제 적용해서 유효성을 확인하는 과정이 필요했다.

◢◼◼ Fadhili 현장 소장과 함께한 우선이엔씨 본사 임원과 사우디아라비아 지사장

이에 따라 견적 시 필요한 자재와 장비 조달 업체의 리스트를 작성하고 자재비와 장비비의 대금 지급 방법, 공사 인력 조달 방법 및 현지 인력 공급 업체의 공급 능력 및 기능 인력의 수준 파악을 위해, 리야드 산업공단에 위치한 자재 및 장비 업체 방문과 제3국인들이 모여 사는 각 나라별(인도, 파키스탄, 방글라

데시, 필리핀 등) 집단촌을 방문하여 기능공을 직접 면담하는 방식으로 정보를 획득하였다. 실제 가용 인력이 지사장 1명뿐인 여건으로 이러한 과정을 거쳐 견적기법을 확립하고 현지 언어, 지리, 문화, 이슬람 특유의 종교적 관습을 익히는 데 약 2년이란 시간이 소요되었다.

이런 과정에서 사우디아라비아가 이슬람 문화를 기반으로 사회의 모든 시스템이 돌아가기 때문에 모든 혜택이 무슬림 위주로 되어 있음을 절감했다. 사우디아라비아인의 모든 판단 기준은 코란이었기에 차에 코란 한 권씩은 꼭 구비해두고 다녔는데 이는 시비가 일었을 때를 대비하기 위함이었다. 외국인이라고 꼬투리를 잡으려고 할 때 차에서 코란을 꺼내 보여주면 일이 원만하게 해결되기도 했다.

이처럼 현지에 대한 이해를 심화하면서 사우디아라비아에서 자리를 잡기 위해 고군분투하는 동안에도 시간은 멈추지 않고 계속 흘러갔다. 5년 내 자립 기반 구축이라는 목표를 갖고 있긴 했지만 돈이 되는 일 없이 시간이 흘러가자 현지 실무진은 불안해했다. 조급해진 실무진이 우선이엔씨의 주력 분야인 건설 프로젝트가 아닌 개발 프로젝트를 진행하려고 하면 김 대표이사는 늘 반대했다. 실무진이 두려움을 떨쳐내기 위해 다른 분야에 관심을 둘 때마다 김 대표이사는 현지 실무진에게 우선이엔씨가 잘할 수 있는 분야, 한 길로만 갈 수 있도록 방향성을 잡아주는 역할을 했다. 우선이엔씨는 그렇게 5년 동안 인고단련의 세월을 다졌다.

김 대표이사는 이 5년의 기간을 의욕만 넘쳤던 시기로 회상했다. 지사 설립 초기는 아무런 정보도 없이 제대로 된 준비도 갖추지 않은 채로 의욕만 넘치던 시기였다. 그렇게 무모한 만큼 열정이 대단한 시절이기도 했다. 자체 확보 기능 인력도 없이 발주처를 찾아다니고 부딪히는 과정에서 현지의 업무 시스템이라든지 이슬람 문화의 관례들을 많이 배웠다.

그렇게 확립한 견적기법을 근거로 정부 및 관련 기관의 3억 원 이하 발주 공사를 목표 시장으로 정했다. 이런 식으로 수주영업을 추진했던 것은 3억 원 이하 발주 시장이 우선이엔씨의 견적기법을 실제 적용하는 데 큰 부담이 없는 것으로 판단되었기 때문이다.

3억 원 이하라 하면 현지 금액으로 100만 리얄 이하에 해당했다. 100만 리얄 이하에

해당하는 공사는 수의계약 형태로 추진될 수 있었다. 이런 규모의 공사는 사우디아라비아 업체에서도 관심이 적었기 때문에 발주처에서는 규모는 작더라도 능력 있는 업체를 필요로 하고 있었다.

이런 상황에서 우선이엔씨는 2010년 킹 압둘라지즈 과학기술 시티(KACST, King Abdulaziz City for Science and Technology)에서 발주한 일체형 수배전반 교체 공사를 수주하여 성공적으로 수행하였으며, 그 능력을 인정받아 동 발주처로부터 2011년에 같은 형태의 설비 2기를 수주하여 성공적으로 프로젝트를 수행하였다.

이 프로젝트는 우선이엔씨가 사우디아라비아에서 최초로 수행했던 공사였다. 공사 규모는 작았어도 공사 수행에 대한 자신감과 현지에서의 원가 및 공사 관리에 대한 노하우를 습득하게 된 프로젝트로 차후 다른 프로젝트를 수행할 때 많은 도움이 되었다. 일종의 현지 경험이었다. 현지 시공 노하우를 습득하는 과정이기도 했지만 그동안 쌓은 경험을 가지고 15~20%에 달하는 일반 관리비 정도는 남길 수 있었다.

국내에서든 해외에서든, 일은 작은 일이나 큰일이나 모두 똑같이 중요하다. 수주하는 입장에서 본다면 작은 일과 큰일 두 가지로 나눌 수 있겠지만, 발주하는 입장에서는 모두 중요한 일이다. 성심껏 맡은 일을 수행하면 발주처의 신뢰를 얻게 된다. 눈에 보이지 않는 신뢰가 무엇이 중요하냐고 할 수 있지만 그건 비즈니스를 모르는 사람들의 말이다. 신뢰가 전부다. 신뢰는 곧 또 다른 일로 연결된다. 연결의 형태는 다양하다. 다른 발주처를 소개받을 수도 있고 더 큰일을 맡게 될 수도 있다. 작은 일을 성심성의껏 한다면 나중에 큰일도 할 수 있게 된다.

도약

김 대표이사는 우선이엔씨가 사우디아라비아 시장에 뿌리를 내리고 더 나은 부가가치를 획득하기 위해서는 플랜트 전문 시공 업체로 도약하는 것이 필수라고 판단하고 순차적으로 프로젝트를 수주했다. 그러는 사이에 목표했던 5년이란 시간이 눈앞에 다가왔다. 5년이란 기간 동안 제대로 수익을 내지 못하고 투자만 해왔던 것이다. 이번에 수주하지 못하면 사우디아라비아 현장에서 철수하고 지사장도 책임을 지고 물러나기로 했다. 이러한 결의로 한국과 사우디아라비아를 오가며 수주에 심혈을 기울였다. 그렇게 따낸 수주 건이 두산중공업으로부터 수주 받은 프로젝트였다.

2011년 두산중공업으로부터 수주한 Rabigh Power Plant No.2 Project(700MW x 4 Units)의 공사에 심혈을 기울여 전사적인 노력을 쏟아부었다. 2014년에는 프로젝트를 성공적으로 수행한 결과로 현장에서 우수 시공 업체로 선정이 되었다. 이로 인해 사우디아라비아 시장에서 플랜트 전문 시공 업체로 인정을 받을 수 있게 되었고 아울러 고객사였던 사우디아라비아 전력청(SEC, Saudi Electricity Company)의 발전 부분 전기 시공 업체로 등록이 되어 추후 SEC가 발주하는 공사에는 시장 진입장벽이 없어져 무난하게 수주를 받아 프로젝트를 수행할 수 있게 되었다.

Rabigh Power Plant No.2 Project
(700MW x 4 Units)

Fadhili CFPP

YANBU 3 TPP

2011년에는 사우디아람코(Saudi Aramco)가 발주한 KAPSARC(Resiential & Community Complex) 프로젝트를 SK건설로부터 수주하여 2013년 완공하였으며, 이 프로젝트의 성공적인 수행으로 공사 품질 및 안전 관리가 까다롭기로 정평이 나있는 ARAMCO에 업체 등록이 되어 향후 발주되는 ARAMCO 정유 및 화공 플랜트 프로젝트에 입찰 참여를 할 수 있게 되었다.

이 공사는 우선이엔씨가 사우디아라비아에서 수행한 최초의 대단위 주거 시설 건축이었다. 191개의 현대식 주거시설을 신축한 전기 공사로서 우선이엔씨는 향후 이러한 유형의 하우징 공사에도 두려움 없이 프로젝트를 수행할 수 있는 능력을 보유하게 되었다.

2014년에는 마라픽(MARAFIQ)이 발주한 Yanbu SWTP 프로젝트를 포스코건설로부터 수주하여 2015년에 전기 및 계장 공사를 성공적으로 수행하였다. 원래 이 프로젝트는 포스코가 아닌 한라산업개발이 수주했던 건이었으나, 경영난으로 인해 한라산업개발이 법정 관리 처분을 받아 연대보증을 섰던 포스코가 현지 발주처의 계약 부분을 이행하게 되었다. 우선이엔씨 역시 한라산업개발의 영향으로 재정적 손해를 보고 있었는데, 포스코의 계약 이행으로 인해 인건비를 확보하면서 자재 조달까지 포함하여 수행을 하였고 신설 플랜트와 기존 플랜트에 대한 성능개선(revamping) 공사까지 담당하여 복잡한 프로젝트를 성공적으로 마치는 데 일익을 담당할 수 있었다.

■▪▪ YANBU SWTP(Sewage Water Treatment Plant) 공사 현장

　우선이엔씨는 수입 자재 조달, 허가 절차의 어려움, 기존 폐수 처리 플랜트의 부식성 가스 발생 등의 어려운 수행 여건을 극복하고 공기에 차질 없이 성공적으로 프로젝트를 완수하였다. 이 프로젝트로 단순 시공을 탈피하여 EPC(설계, 조달, 시공) 수행의 첫 단계인 PC(조달, 시공) 형태의 프로젝트 수행에 도전할 수 있게 되었다.

■▪▪ YANBU SWTP(Sewage Water Treatment Plant)의 기존 플랜트 전경

“이왕 전기 공사업을 할 것이라면
국내에서 일반 전기 공사로 경쟁할 것이 아니라
전기 설비 건설의 중요성이 더욱 크게 요구되는
해외 플랜트 분야에 진출해야 되지 않겠나?”

즉사이진(卽事而眞)

발주처와 신뢰관계를 형성하는 우선이엔씨만의 노하우가 있다면 그것은 바로 '진실함'이다. 일에는 진실하게 임해야 한다는 말이다. 사우디아라비아 시장은 유수의 기업들이 격렬히 경쟁하는 곳이다. 하지만 그 실체를 들여다보면 비즈니스를 성공적으로 하는 업체는 많지 않음을 알 수 있다. 우선이엔씨는 고객의 사소한 요구에도 몇 번이든 성실하게 기술 서비스를 제공한다. 당장은 번거롭고 손해 보는 일 같아 보여도 그에 대한 보답은 반드시 돌아온다. 이러한 선순환 현상은 앞서 살펴본 플랜트 프로젝트 사례만 보아도 알 수 있다.

우선이엔씨가 이처럼 어려운 수주 환경 여건 속에서도 견뎌낼 수 있었던 것은 "'우선'의 사명과 가치"를 실현하기 위해 고군분투한 직원들의 투철한 사명감 덕분이었다. 덧붙여 전문가 정신에 충실한 공사 관리를 통해 고객가치를 실현하고 원가 절감에 최선을 다해온 결과라 할 수 있다. 김 대표이사는 이러한 난관들을 극복할 수 있었던 동력으로 '창업 정신'을 꼽았다. 아무리 힘든 시장일지라도 장사가 잘되는 가게가 있고, 살아남는 기업이 있다는 것이 IMF사태 최저점에서 창업한 김 대표이사의 신조와 믿음이다. 꾸준히 하느냐 그렇지 못하느냐의 문제이다. 창업을 단행했던 그 마음으로 상호 신뢰하고

2015년 대통령 중동 순방 시 사우디에서 대표
이사와 사우디 지사장

각자의 능력을 이끌어 낸다면 극복하지 못할 난관은 없다는 것이 김 대표이사가 전하는 말이다.

해외 플랜트 프로젝트 수행으로 국익과 외화 획득에 기여한 점도 성과이겠지만 무엇보다 더 큰 성과는 전 임직원들이 해외 프로젝트에 대한 두려움이나 망설임이 적어졌다는 점이다. 자원과 노하우를 결합하면 해낼 수 있다는 자신감을 얻은 것, 그것이 해외 프로젝트를 수행함으로 얻은 최고의 성과라 할 수 있다. 이러한 수행 능력을 인정받아 현재는 부탄을 비롯한 해외 프로젝트를 한국전력공사와 공동도급으로 수행하고 있다.

최근에는 사우디아라비아 정부의 사우다이제이션 비율 확대 등으로 자국민 보호 정책을 확장함에 따른 인건비 상승이 공사 수행에 부담을 주는 악영향을 미치고 있다. 여기에 공사 업체 선정 시 사우디아라비아 업체 장려의 확대로 인한 새로운 시장 진입장벽이 만들어지지는 않을까 하는 우려가 있는 시점에 한국플랜트산업협회의 선제적 수주 지원 노력은 지속 성장을 위한 기업 경영에 큰 힘이 된다.

우선이엔씨 역시 한국플랜트산업협회로부터 타당성 조사 비용을 지원받았다. 타당성 조사는 비용과 시간이 많이 드는 조사 과정인데 우선이엔씨는 5건 정도 출장비, 숙박비 등 조사 비용의 70% 정도를 지원받았다. 타당성 조사를 했던 프로젝트는 수주하지 못했지만 한국플랜트산업협회의 지원을 받은 타당성 조사를 하던 중 발주처나 고객사로부터 다른 프로젝트를 의뢰받아 수주하기도 하는 등 예상 외 성과를 올리기도 하였다.

해외시장에서 보다 진보된 기술서비스로 그 존재 가치를 계속 인정받기 위해 노력하는 중소기업 입장에서는 한국플랜트산업협회의 지원에 늘 고마움을 느낀다. 우선이엔씨 임직원 일동은 한국플랜트산업협회의 지원에 어떻게든 수주 성과를 내야 한다는 책임감을 갖고 오늘도 해외 플랜트 프로젝트 수주에 심혈을 기울이고 있다.

김광수 우선이엔씨 대표이사

김광수 우선이엔씨 대표이사는 1978년 두산건설 전기부에 입사하여 현장기사부터 현장소장과 전기팀장 등을 거쳤다. IMF사태가 한창이던 때 퇴사하여 1999년에 우선전기를 설립했다. 2019년 1월이면 벌써 창립 20년이 된다. 발전, 송변전을 비롯한 전력 인프라와 관련된 다양한 프로젝트를 완수하며 경험과 경력을 쌓아 왔다.

성공은 '준비된' 자신감으로부터 온다

Q 해외 플랜트 사업에서 가장 어려웠던 점은?

3년 전까지는 수주 기회가 많았습니다. 그래서 해외 사업 절반, 국내 사업 절반 정도의 비중으로 경영했는데요. 3년 전부터는 유가가 하락하면서 해외 프로젝트가 많이 줄어들었습니다. 사실 그전부터 전조 현상이 없었던 것은 아니었습니다. 국내 회사들의 덤핑 수주로 인해 가격이 맞지 않는 경우가 점차 많아졌습니다. 그래도 해외 사업을 포기할 수는 없기에 하나하나 차근히 해결해나가고 있습니다.

Q 해외 플랜트 사업을 진행하면서 가장 보람 있었던 점은?

사우디아라비아에서 5년간 프로젝트를 진행했던 경험으로 자신감을 얻었습니다. 이를 토대로 부탄, 베트남, 인도 등지의 해외 프로젝트를 수행하는 과정에서 우리 회사의 기술 서비스에 대해 고객이 만족하고 다시 찾아줄 때 큰 보람을 느끼게 됩니다.

Q 해외 플랜트 사업 성공의 관건은?

'준비된 자신감'이 있어야 합니다. 자신감만 넘치고 실제 역량은 준비되지 않은 업체가 많은데요. 수족같이 일체가 되어 움직여 줄 수 있는 측근 인력, 자금력, 사업에 대한 충분한 검토와 이해가 중요합니다. 그리고 발주처에 프로젝트 수행 계획을 발표하고 상이한 의견을 원만히 조절할 수 있는 언어 능력이 중요하고요. 어떤 위기 상황에도 적절히 대처할 수 있는 자기 무장이 가장 중요하다고 할 수 있겠습니다.

Q 우선이엔씨의 자랑거리는 무엇인가?

신뢰와 기술력입니다. 고객사의 신뢰는 근시안적 이익 우선 정책을 탈피하여 긴 기간 오랫동안 함께할 수 있는 이타적 비즈니스 관계를 구축해야 가능하므로 이와 같은 관계 구축에 중점을 두고 있습니다. 이러한 신뢰는 무엇보다도 빈틈없는 기술력이 바탕이 될 때 가능하다고 생각합니다. 기술력을 발전시키고 이를 실현하여 지속적으로 인정받기 위해 맡은 프로젝트를 정성을 다해 수행하고 있습니다.

Q 우선이엔씨와 다른 회사의 차이점은?

우리 회사는 해외 프로젝트가 시행되는 해당국의 현지인을 정직원으로 채용하고 있습니다. 보여주기식 채용이 아니라는 점이 차이점입니다. 우리 회사의 해외 현지인들은 거의 10년간 근속하고 있습니다. 업무도 단순 업무가 아니라 그들이 프로젝트에 많은 기여를 할 수 있도록 중요 업무를 맡기고 있습니다. 우리 회사에도 도움이 되고 프로젝트를 진행하는 해당 국가에서도 고마워합니다. 현지인 정직원 채용은 해외 프로젝트 수행 경쟁력을 키우기 위해 많은 기업들이 취했던 조치인데 다른 기업들은 그리 오래 지속하지 못했습니다. 외국 기술자와 진심으로 교감을 하지 못했기 때문이라 생각합니다. 우리 회사에서는 외국인 기술자를 다른 해외 현장에 파견하여 다양한 프로젝트에도 참여할 수 있도록 하여 본인의 기술적 역량을 키워 더 나은 보수를 받을 수 있도록 지원하고 있습니다.

Q 우선이엔씨의 인재상은?

채용 기준에는 인성, 건강, 경력, 외국어 능력 등과 같은 많은 판단 기준이 있습니다. 하지만 우리 회사는 지원자가 업무상의 난관에 처했을 때 이를 어떻게 극복했는지, 그래서 회사에 어떤 기여를 했는지에 대한 사례를 꼭 살핍니다. 어느 회사에서든 마

찬가지겠지만 중소기업에서는 처리 대상에 대한 문제를 끈기 있고 집요하게 파고들어 해결할 수 있는 인재를 더욱 필요로 합니다. 문제에 대한 해결책을 찾기 위해 스스로 노력하고 탐구하는 자세가 중요합니다. 그리고 일은 결국 사람과 사람이 하는 것이기에 학력, 배경보다도 인성을 더 중요하게 보고 있습니다.

Q 해외 플랜트 사업과 관련하여 정부 또는 유관 기관에 바라는 점은?

중소기업에 대한 보증기관의 보증 한도 책정이 아직도 너무 소극적입니다. 물론 그간 중소기업들의 부실화로 인해 보증기관이 소극적으로 대응하는 것은 이해하지만, 중소기업이라 해서 똑같이 보증 한도 책정 기준을 둘 것이 아니라 해당 기업에 대한 조사를 보다 세밀하게 해서 기업별로 보증 한도가 차별 적용되는 탄력적인 정책이 이뤄졌으면 합니다.

Q 해외 플랜트 업계에 지원하고자 하는 청년들에게 전하고픈 조언은?

요사이 많은 것들이 빠르게 변화하고 있습니다. 그런 시대를 사는 우리 젊은이들은 꾸준한 노력을 통해 전문인으로 성숙되기보다는 최소한의 노력으로 많은 보상을 받는 데 급급한 것 같습니다. 본인의 일부 능력은 최대한 과시하고 스펙과 경력이 쌓이는 대로 잦은 이직을 하는 이른바 잡 호퍼(Job Hopper)는 일정 기간 본인의 이익을 키울 수는 있을지 몰라도 궁극적으로 전문인으로서의 성공적 삶과는 거리가 있을 것이라고 생각합니다. 진득하고 둔할 정도로 끈기 있게 업무에 매진하고 문제를 주도적으로 해결하는 정신을 가진 사람이야말로 전문인으로서 이 사회에 크게 기여하고 인정받으며 성공적인 삶을 살게 되지 않을까요?

그들이 가는 사막은
더 이상 **불모지가 아니다**

준공을 마친 사우디아라비아 인산 생산 설비의 야경

프로젝트 국가 : 사우디아라비아

프로젝트명 : Umm Wu'al Phosphate Project
Phosphoric Acid Plant(PAP)

발주처 : Ma'aden Wa'ad Al Shammal
Phosphate Company(MWSPC)

– Ma'aden(60%) + MOSAIC(25%) +
SABIC(15%) 합작 법인

– PMC / Licensor : FLUOR / JACOBS

계약 기간 : 2013년 12월 19일 ~ 2018년 3월 21
일(51개월)

계약식 : 2014년 2월 4일

계약 금액 : 9억 4,300만 불(약 1조 50억 원)

계약 형태 : EPC LSTK(Performance Guarantee)

생산 품목 및 생산량 : 54% 인산(Phosphoric
Acid), 연간 150만 톤 생산 설비 건설

현장 위치 : 사우디아라비아 북부 요르단-이라크
접경지역(Jubail 항구에서 1,200km)

열사의 나라에 진출하다

중동에 위치한 아라비아 반도 대부분을 차지하며 국토의 95%가 사막인 나라, 사우디아라비아의 정식 명칭은 사우디아라비아 왕국(Kingdom of Saudi Arabia)이다. 즉, 왕이 통치하는 군주제 국가로서 역사적으로 이슬람교의 발생지이자 세계 석유 매장량의 1/4을 보유하고 있으며, 세계 석유 생산량 3위의 대표 산유국이다. 1970년대 중반 정유 및 석유가공공장 건설을 기초로 공업화가 시작된 이래 오늘날까지 사우디아라비아 정부는 외국 회사들과 합동으로 수많은 주요 산업 시설 건설 사업에 과감한 투자를 펼쳐 왔다. 주요 계획 사업으로서 석유화학제품, 비료, 압연 강철 등을 생산하는 플랜트가 건설되었다. 우리나라는 1962년 외교 관계를 수립, 1974년 경제 및 기술 협력 협정을 시작으로 문화, 항공, 차관, 항공 및 운수, 걸프전 관련 의료지원단 파견, 교육, 투자 등 각종 협정을 체결하였고 각종 합작 투자 사업과 기술 인력 파견, 과학 기술 교류 등 양국 간 긴밀한 문화, 기술, 경제 협력을 유지해오고 있다. 특히, 1973년부터 우리나라 건설 업체들이 사우디아라비아 고속도로를 건설하면서 중동 지역 진출이 시작되었고 1980년대까지 수많은 한국 근로자들이 열사의 현장에서 땀을 흘리며 외화를 획득한 나라로서 현재도 많은 국내 건설사들이 진출하여 발전소, 정유공장, 비료 생산 시설 등 대규모 플랜트 프로젝트를 추진하고 있다. 그 가운데 2013년 국내 기업인 한화건설이 사우디아라비아 MWSPC(Ma'aden Wa'ad Al Shammal Phosphate Company; Ma'aden(60%) + MOSAIC(25%) + SABIC(15%) 합작 법인)가 발주한 '인산 생산 설비 화공 플랜트'를 수주하여 2018년에 성공적으로 완공한 프로젝트는 해외 플랜트 사업의 또 다른 모범 사례로 각광을 받을 만하다.

이 프로젝트는 사우디아라비아 북부의 요르단·이라크 접경 지역에 위치한 '움 우알(Umm Wu'al)' 지역에 비료의 원료인 인산을 생산하는 설비를 건설하는 것으로서 EPC LSTK(Engineering, Procurement, Construction / Lump Sum Turnkey) 방식으로 추진되었다. 즉, 움 우알 지역에 채굴, 선광, 인산 및 황산 생산 설비와 부대 시설을 건설하고 라스 알 카이르(Ras Al Khair) 지역에 움 우알에서 생산된 인산을 원료로 하는 비

▗▖ 사우디아라비아 인산 생산 설비의 야경

료 생산 설비와 부대 시설을 건설하는 사업으로서 총 사업비 약 66억 7,000만 불에 달하는 대규모 프로젝트의 일부였다. 발주기관은 사우디아라비아 국영 광업회사 마덴(Ma'aden), 세계 최대 인산비료 제조·판매기업인 미국의 모자이크(MOSAIC), 사우디아라비아 국영 석유화학기업(SABIC)이 합작한 법인(MWSPC)이었고 이 프로젝트에는 프랑스 TECHNIP, 스페인 INTECSA, 벨기에 SNC Lavalin 등 기술력과 경쟁력을 갖춘 해외 유수의 기업들도 참여했지만 최종적으로 한화건설이 수주하고 한국수출입은행, 한국무역보험공사의 적극적인 지원으로 EPC 형태로 계약을 체결하였던 것이다.

"기술력과 경쟁력을 갖춘 해외 유수의 기업들도 참여했지만
최종적으로 한화건설이 수주하였다"

플랜트는 플랜이 중요하다

"낙후된 사우디아라비아 북부 지역을 개발하려는 사우디아라비아 압둘라 국왕의 사업개발 일환으로서 한화건설이 수주한 프로젝트는 9개의 공구 중 가장 큰 규모(9억 4,300만 불)로, 비료 생산 시설 사업 가운데 핵심인 인산 생산 시설(Phosphoric Acid Plant)을 건설하는 공사였습니다. 기존에 마덴과 두 건의 프로젝트를 진행했었고 이후에도 지속적으로 네트워크를 유지해오던 중 입찰 정보를 입수하여 참여, 수주하게 되었습니다."라며 한화건설 해외사업지원팀 오장희 차장이 수주 계기를 밝혔다.

그는 또한 "인산 생산 시설은 처음이었어요. 그래서 세부 공정에 대한 리스크를 없애기 위해 기본설계(FEED, Front End Engineering Design) 검토 업체로 벨기에 SNC Lavalin을 선정, 철저히 검증을 하여 많은 것을 다잡았어요. 사실, 그 SNC Lavalin도 입찰에 참여했던 기업이었는데, 아마도 가격 조건 때문에 밀려났던 것 같았습니다. 그렇지만 수주를 하고 상세설계 착수 전 사업주에서 제공한 FEED에 대한 검토를 SNC Lavalin에게 맡기자는 아이디어를 떠올려 결국 그들과 계약을 맺고 4개월간 우리와 함께 상주토록 하여 철저히 검토하게 하였습니다. SNC Lavalin은 이전부터 동일한 공정의 인산 생산 시설을 설계부터 시운전까지 성공적으로 마친 경험을 많이 보유하고 있었기 때문입니다. FEED는 한마디로 공장 건설에 대한 기본설계 데이터로 잘못된 FEED는 설계, 구매, 시공뿐만 아니라 최종 성능에까지 악영향을 끼칠 수 있기 때문에 설계 초기부터 철저한 준비를 했습니다."라며 최초 설계 과정을 매우 중요시했음을 강

◤◢ 발주처의 무재해달성 표창 수여식

조했다.

    EPC 단계별로 전체 사업 예산을 분배하는 과정도 매우 중요했다. 대체로 설계 10%, 구매 60%, 시공 30% 내외로 구성하는 것이 보통이지만 철저히 분석해서 작업 공정에 따라 분배하지 않으면 추후에 불필요한 자금이 지출되거나 정작 필요한 부문에서 자금이 부족하여 손해를 볼 수가 있다. "회사는 이윤을 남기려 영업을 하고 사업을 추진하기 때문에 손실이 발생하지 않도록 예산 편성에 특히 신경 써야 하죠. 우리는 기존에 타사가 수행했던 공사와 관련된 자료를 입수하여 그것을 바탕으로 사전에 우리가 진행할 프로젝트에 적용해서 시뮬레이션을 해봄으로써 각 부문 세부 항목별 예산을 적절히 분배할 수 있었습니다." 오 차장이 예산 편성 리스크를 줄일 수 있었던 방안에 대해 언급했다.

> "어떤 일이든 설계가 중요하기에 철저히 계획하고 대비할 수 있는
> 마스터플랜을 수립하고자 했다"

프로젝트 성공의 관건

    한편, 설계 단계에서는 위에서 말한 SNC Lavalin을 상주시켜 철저히 검토하도록 이끌었던 것과 별개로 발주처 소속 설계 승인 담당자들 또한 한국으로 초빙, 본사 한 층을 두 구역으로 나누어 한쪽은 한화건설 설계팀이 근무하고 다른 쪽은 그들이 머무를 개별 사무실과 회의실을 여러 개 만들어 1년 6개월 동안 서로 수시로 미팅을 하고 토론할 수 있도록 하였다. 그렇게 함으로써 발주처로부터 승인 받는 절차와 시간을 단축시키고 빠른 진행을 가능케 했던 것이다. 구매 단계에서는 고가의 핵심 장비들을 개별적으로 소싱하는 대신, 협력사와 Frame Agreement를 맺어 그 업체가 해당 종목의 모든 아이템을 공급하도록 조치했다. "예를 들면, 펌프가 8종, 700대 정도가 소요되는데 종별로 각각의 업체를 컨택하는 것이 아니라 한 개 업체에 발주를 내서 전체를 공급하도록 관리하였습니다."라며 오 차장이 구매 관리 과정을 설명했다. 구매 루트를 단일화, 체계화함으로써

장비를 표준화하고 구매단가 또한 낮출 수 있었던 것이다. 시공에 있어서는 그 어떤 플랜트 사업과 마찬가지로 공기를 맞추는 것이 가장 중요했다. 계약 시 약속했던 공기를 넘기게 되면 발주처에 지체보상금을 지급하게 되어 사업 수익률이

매월 진행된 한국인, 삼국인 단체 생일파티

대폭 떨어질 수 있다. 최대 10%에 이르는 지체보상금은 이윤보다도 큰 금액인 것이다. 따라서 처음부터 스케줄 관리를 철저히 함으로써 약속한 대로 공사를 끝낼 수 있었다고 한다.

프로젝트를 본격적으로 추진하면서는 발주처와의 신뢰관계를 구축하는 데 각별히 노력을 기울였다. 오 차장은 "발주처와의 신뢰관계는 계약할 때부터 프로젝트 완료 시까지, 심지어 그 이후에도 매우 중요합니다. 사람이 진행하는 일들이고 본인들이 만족해야 다음 단계가 진행되는데, EPC 업체가 투명하지 않고 잘못을 숨기거나 이익만을 챙기려 하면 결국엔 의심을 사게 되고 그때부터 매 공정마다, 서류마다 자세히 들여다보겠다고 나서게 되면 승인이 늦어지거나 협의가 원활치 않게 되어 결국 EPC 업체가 손해를 보게 됩니다. 그래서 우리는 웬만한 것은 발주처에 모두 오픈해서 있는 그대로 모두 보여줬고 결과물뿐만 아니라 진행 과정도 투명하게 볼 수 있도록 했습니다. 또, 함께 상주하는 발주처 임직원들에게 인사동 거리 방문이나 한국 음식도 체험할 수 있게 해주고 이태원에 데려가 사우디아라비아 음식도 먹을 수 있도록 배려해주었어요. 그러면서 개인적인 친분도 쌓고 업무상 신뢰감도 두터워져 결국 구매와 시공을 하는 과정에서도 승인하는 시간이 짧아 사업이 원활하게 진행될 수 있었습니다."라고 말하며 발주처와의 신뢰 형성 과정에 대해 밝혔다.

발주처와의 신뢰관계 유지뿐만 아니라 한화건설의 치밀한 계획 수립과 조직력 또한 프로젝트 수행에 중요한 성공 요인이었다. 마스터플랜 외에 각 공정마다 시뮬레이션을 하고 담당자별로 각자가 세운 실행 계획을 수합, 우선순위를 정하고 어느 단계에서 어느 작업이 가능한지를 판단해 진행하도록 하였다. 또, 현장에서도 동료들은 물론, 근로자들과 친밀감을 형성하기 위해 노력을 하였다고 한다. "지붕 설치 작업을 끝냈는데 나중에 안에 들어가야 할 장비가 지붕 때문에 못 들어가는 경우가 생길 수 있어요. 그럼 지붕을 다시 뜯어내야 하죠. 이런 시행착오를 줄이려면 사전에 공정 순서와 작업 단계를 정해 놓아야 하죠. 조직력을 키우기 위해서는 수시로 미팅을 하고 서로 보완해주도록 했어요. 특히 우리 회사는 멀티플레이어가 많아 자기가 맡은 일 외에 다른 파트에 결손이 생기면 적극 나서서 협력하는 가족적인 분위기로 일을 했습니다. 또, 현지 근로자들과도 항상 같이 일하는 관계로서 인간적으로 존중해주고 절대 하인 부리듯 하지 않았습니다. 인도, 필리핀, 파키스탄 근로자들이 많았는데 많게는 8개 국가에서 온 사람들로 구성된 적도 있었어요. 한 달에 한 번씩 생일 파티도 해주고 체육 대회도 함께 하고 팀 회식 때도 서로 어울려 현지 음식을 함께 먹기도 했죠. 인도 출신 근로자 아들이 교통사고로 수술을 하게 되었는데 현장 직원, 근로자 모두가 모금을 해서 수술비를 지원해준 적도 있었어요." 오 차장이 차질 없이 프로젝트를 완수할 수 있었던 비결과 숨은 노력들에 대해 설명했다.

"발주처와의 신뢰관계가 두터워짐에 따라
설계, 구매, 시공 관련 승인 절차가 간소해져
사업이 원활하게 진행될 수 있었다"

애로사항과 이슈를 해결해가다

여러 가지 애로사항과 이슈에 직면하기도 했다. 발주처에서 파견된 사람들과 회의를 할 때도 여러 나라에서 모인 사람들이라 사고방식과 문화가 달라 진행이 원활하지 않았던 적도 있었다. 즉, 한화건설측은 EPC 업체로서 전반적으로 사업 내용을 파악하고 대비해야 하는 반면, 다국적기업 소속 사람들은 자신이 맡은 분야만 다루다 보니 회의 중 디테일한 부분은 직접 담당하는 담당자를 일일이 불러야 회의 진행이 가능했다고 한다. 또, 발주처는 최고 사양, 최고 성능을 갖춘 장비나 기기를 요구하기 마련이었던 반면, 한화건설측은 비용 측면을 간과할 수 없어 일정 수준의 스펙을 가진 장비와 기기라면 성능에 문제가 없음을 설득하는 과정도 수월치만은 않았다. 거꾸로 협력 업체와는 한화건설이 발주처가 되어 저가의 비용으로 건설 작업을 진행하려는 협력 업체를 관리하는 데도 각별히 신경을 기울였다. "구두로만 전하면 이행되지 않기 때문에 데이터를 분석해서 공문을 작성하고 전달해서 적정 인원과 장비를 투입하게 하고 공정과 시간을 맞추도록 했어요." 라며 오 차장이 협력 업체와 문제의 소지가 없도록 조치한 사례를 밝혔다.

▪️▪️▪️ 사우디아라비아 현지인을 위해 마련한 교육시간

◢◣◢ 눈이 내리는 사우디아라비아의 현장 풍경

기후나 환경, 치안 문제로 인한 어려움은 크게 없었다고 한다. 다만, 폐쇄적인 나라라서 서비스 업종이나 판매점에 가게 되었을 때 간혹 불친절한 응대나 답답함을 느끼곤 했다고 한다. "과거 사우디아라비아 중부 지역에서 플랜트 사업을 진행할 때는 낮 12시에서 3시까지는 일을 못하게 할 정도로 폭염이 심했지만 새로 수주한 인산 생산 설비 프로젝트 현장이 있는 사우디아라비아 최북단 접경 지역은 항상 날씨가 좋고 비도 일 년에 세번 정도만 내려 공사하는 데 최적의 조건을 갖추었어요. 하지만 겨울에는 영하 8도까지 내려가고 눈이 와서 쌓일 정도입니다. 처음 이곳에 오는 사람은 더운 지역이라고만 생각해 겨울옷을 가져오지 않는 경우도 많았습니다. 그리고 의외로 치안 상태는 좋아요. 외국인들이 많아서인지 길거리에서 경찰이 수시로 검문도 하고 강력 사건이 거의 발생하지 않는다고 합니다. 여성들은 모두 아바야라는 전통의상으로 몸 전체를 가리고 다니죠. 또, 여성들이 낯선 남자들과 대화할 수 없는 규율과 전통으로 인해서 어딜 가나 서비스하는 사람들 거의 대부분이 남자예요. 외국인들에겐 특히나 불친절하고요. 은행에 가서 줄을 서다 보면 현지인들이 보란듯이 새치기해도 아무런 제재가 없어 우리는 마냥 기다려야 하는 때도 있었어요."

"사고방식과 문화가 달라 회의 진행이 원활하지 않기도 했고

발주처를 설득하는 과정도 쉽지만은 않았다"

성공 노하우와 새로운 비전

　사우디아라비아 인산 생산 설비 건설 프로젝트는 2013년 12월 19일 계약되어 51개월 만인 2018년 3월 21일 모든 테스트를 성공적으로 마치고 계약 기간 내 발주처에 인계되었다. 한화건설이 사우디아라비아에서 쌓아온 플랜트 건설 기술력과 노하우, 본사및 현장 임직원들과 발주처, 제삼국 근로자들이 모두 힘을 합해 이룬 땀의 결실이었다. 그런 만큼 성공의 의미와 의의도 남달랐다. 그 가운데 특별한 것을 손꼽는다면 첫째, 사우디아라비아 움 우알 플랜트 사업은 단일 계약건이 아닌 Complex 형태로 진행된 것으로 크게는 4개, 작게는 10개 패키지별로 나뉘어 각 EPC Contractor에 발주된 것으로서 전체 이정표를 기준으로 한 패키지 내에서 한화건설의 공기 준수 실적 및 성능을 비교 평가한 결과 발주처로부터 감사패를 받았을 정도로 크게 호평을 받았다는 점이다.

◀▶ 최종 준공기념식 후 전체 수행인원 기념촬영 사진

둘째, A부터 Z까지 모든 설계를 3D Modelling을 통해 공정별로 철저히 검증하여 공사 중 발생할 수 있는 모든 시행착오나 리스크를 사전에 제거함으로써 공기 단축과 비용 절감을 실현했다는 사실이다. 셋째, 주요 기자재의 공장 내 제작 단계부터 감독관을 파견, 상주시켜 혹시 발생할 수 있는 불량이나 오류를 체크하고 파악하도록 조치함으로써 공사 일정에 맞춘 납기에 차질이 없도록 하였고 1,200km에 달하는 내륙 운송과 관련해서도 사전에 모든 루트에 대해 검증하고 사우디아라비아 교통 당국과 협의를 거쳐 모든 기자재를 차질 없이 납품하는 등의 철저한 공정 관리 능력을 발휘했다는 점도 간과할 수 없다. 마지막으로, 공사 과정에서는 항상 시뮬레이션 미팅을 통해 설계, 기자재 보급, 현장 상황 등 모든 부문에서 발생 가능한 장애, 위험 요소를 사전에 파악하여 제거함으로써 원활한 공사가 진행되도록 하였다는 점에서 차별화된 수행 능력과 사업 추진 동력을 갖추었다는 점이었다.

한화건설은 위와 같이 사우디아라비아 움 우알 플랜트 사업에서 발휘한 역량과 기술력을 바탕으로 새로운 해외 사업들을 계획, 추진 중이다. 움 우알 플랜트 성공 사례는 오랫동안 준비하고 업그레이드 해왔던 한화그룹의 글로벌 전략과도 맥을 같이 하며 국내를 비롯한 해외 사업 전반에 대한 시스템 구축, 수주 및 공사 수행 역량 강화에 힘써온 결과라 하겠다. 앞으로 한화건설은 사우디아라비아뿐만 아니라 다른 중동 국가 및 동남아시아 등으로 사업 영역을 확장, 발전소를 포함한 공공 플랜트와 기획 제안형 사업을 추진함으로써 세계적인 플랜트 업계 선도 기업으로 거듭나기 위해 새롭게 각오를 다지고 있다.

"세계적인 플랜트 업계 선도 기업으로 거듭나기 위해

새롭게 각오를 다지고 있다"

■▪■ 한화건설 대표이사 현장방문 기념사진

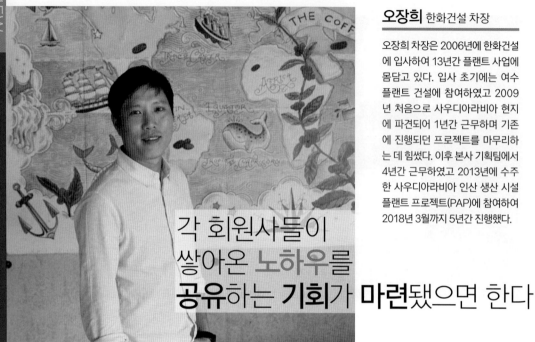

오장희 한화건설 차장

오장희 차장은 2006년에 한화건설에 입사하여 13년간 플랜트 사업에 몸담고 있다. 입사 초기에는 여수 플랜트 건설에 참여하였고 2009년 처음으로 사우디아라비아 현지에 파견되어 1년간 근무하며 기존에 진행되던 프로젝트를 마무리하는 데 힘썼다. 이후 본사 기획팀에서 4년간 근무하였고 2013년에 수주한 사우디아라비아 인산 생산 시설 플랜트 프로젝트(PAP)에 참여하여 2018년 3월까지 5년간 진행했다.

각 회원사들이 쌓아온 노하우를 공유하는 기회가 마련됐으면 한다

Q 해외 플랜트 프로젝트 추진 과정에서 개인적으로 가장 힘들었던 때와 가장 기뻤던 순간이 있다면 언제인가요?

힘들었던 점을 말하자면 언어 문제가 제일 컸던 것 같습니다. 사람이 하는 일이라서 간혹 이슈나 팩트 전달 외에 감정적인 내용이나 표현도 전하고 싶은데 여의치 않아 사무적으로만 말하게 되어 아쉬웠던 적이 많았습니다. 합리적으로 판단해서 전달하고자 하는데 설득력 있게 전달하기 어렵고 상대방도 영어로만 이해하는 데 한계가 있어 답답한 느낌이 든 적도 있었습니다. 예를 들면, 상대방이 무조건 고사양, 고성능 장비 도입만을 고집할 때 주어진 예산 범위 내에서 이러이러한 스펙이라면 충분하다고 설득을 하고 싶은데 일반적인 표현으로 전달하게 되니까 상대방 입장에서는 우리가 마치 핑계를 대거나 무조건

받아들이지 않는 것처럼 느낄 수 있죠. 만약 우리나라 말로 한다면 적절한 비유나 사례를 들어 납득할 만한 설명을 할 수 있었을 텐데 말이죠. 가장 기뻤던 때라면 PAP 프로젝트 완공 단계에서 점등 테스트를 해서 모든 불들이 아무 이상 없이 켜지고 멋진 야경을 연출하는 것을 지켜봤던 순간이었습니다. 최고 50m 높이의 건물로 올라가 전체 플랜트 시설을 조망하니 그 웅장하고 화려한 모습에 나도 모르게 뿌듯함이 밀려왔습니다.

Q 해외 플랜트 프로젝트 추진 과정에서 개인적으로 쌓은 노하우가 있다면 대표적으로 어떤 것이 있나요?

실질적인 업무를 할 때는 매니저가 직접 하는 것이 아니라 현지 근로자들이 하는 것이고 매니저는

조율하고 관리하는 것인 만큼 상대방에 대한 배려와 이해가 중요합니다. 보통 인도인이나 필리핀인이라 하면 하대하듯 하는 경우가 있는데 이는 매우 잘못된 것이죠. 매니저가 위에서 군림하기보다는 근로자들 모두를 인간적으로 동등하게 대해주어야 합니다. 그렇게 대하면 동기부여는 물론, 근로자 자신이 혹시 실수를 하더라도 감추지 않고 문제가 심각해지기 전에 자연스럽게 보고를 하게 되어 해결책을 강구할 기회가 생깁니다. 결국, 개인적으로 쌓은 노하우라면 제3국에서 온 근로자들에 대한 배려와 존중을 통한 리더십이라고 하겠습니다.

Q 사우디아라비아 플랜트 시장에 진출하고자 하는 국내 기업에게 조언을 해주신다면?

먼저 사우디아라비아 현지에 대한 이해가 매우 중요합니다. 대개 한국 사람은 굳이 지켜보지 않아도 맡은 일을 어느 정도 완성도 있게 마무리하는 편이지만 해외 플랜트 현장은 전혀 다릅니다. 일을 시키고 수시로 점검하지 않으면 일을 하지 않거나 빈둥거리는 경우가 많기 때문이죠. 그것이 무조건 잘못되었다고 보는 것이 아니라 차이를 이해하고 대안을 마련하는 쪽으로 생각해야 합니다. 그 사람들의 능률은 한국인의 절반 수준으로 보고 한국인 한 명이 해야 하는 일이라면 두 명을 투입한다거나 공정 관리를 보다 철저히, 계획적으로 해야 한다는 것이죠. 그 다음 중요한 것은 사업주와의 신뢰관계를 초창기부터 쌓아야 한다는 것입니다. 일반적으로 욕심을 부리거나 뭔가 감추려 하면 종국에는 의심을 사고 예기치 않은 불이익을 당할 수 있습니다.

Q 정부, 유관 기관, 한국플랜트산업협회에 바라는 점이 있다면?

우리나라 기업들이 아직까지는 유럽 여러 나라 기업들과 비교할 때 매니지먼트 수준이 뒤떨어지는 것

이 사실입니다. 따라서 그러한 매니지먼트 기법을 포함하여 회원사들이 쌓아 온 노하우를 공유할 수 있는 기회를 마련해 주었으면 합니다. 해외 플랜트 사업은 국내 사업과 비교할 때 훨씬 더 복잡하고 어렵기 때문이죠. 지금 이렇게 플랜트 성공 사례집을 발간하듯, 매니지먼트 성공 사례를 공유하고 서로 질문하고 대답하는 방식이면 좋겠습니다. 문화, 사회적 차이가 있지만 유럽에서는 이직도 자유롭고 프로젝트에 따라 회사를 옮기는 것에 거부감이 없다 보니 서로 간의 기술 공유가 활발하다고 합니다. 한국은 한 직장에서 오래 근속하다보니 그것이 불가능하죠. 그래서 어떤 식으로든 해외 플랜트 사업의 경쟁력을 키워가기 위해서는 그러한 기술, 노하우 등에 대한 공유의 장이 필요하다고 생각합니다.

Q 플랜트 산업에 몸담고자 하는 청년들에게 조언한마디 부탁드립니다.

플랜트 산업은 EPC를 수행하는 것인데, 각 수행 부문 간의 유기적인 관계를 파악해야 합니다. 우리 회사는 신입사원 채용 후 교육할 때도 특정 부문에만 치우치지 않고 EPC 모든 부분에 대해 공부를 하길 권합니다. 대개 신입사원들은 화이트컬러라는 느낌을 받아서인지, 무조건 설계를 하려는 경향을 띠곤 합니다. 하지만 오로지 설계만 하다 보면 자신이 한 설계가 어떻게 구매 과정에 반영되고 어떻게 시공되는지 파악하지 못하게 되고, 그러다보면 결국 현장과 동떨어지거나 현실성이 없고 낮은 품질의 설계만 양산할 우려가 있습니다. 그보다는 오픈마인드를 갖추고 여러 경험을 하는 것이 좋습니다. 한편, 플랜트 산업은 규모도 클 뿐만 아니라 앞으로 발전할 가능성 또한 크고 매력적인 분야인 만큼 많은 청년들이 적극적으로 지원해서 원대한 꿈을 펼쳐나갔으면 합니다.

민관협력으로 시너지를 극대화시키다

Al-Zour LNG Import Project 공사 현장

프로젝트 국가 : 쿠웨이트
프로젝트명 : Al-Zour LNG Import Project 공사
발주처 : Kuwait Integrated Petroleum Industries Company(KIPIC)

Q | 쿠웨이트 프로젝트는 어떠한 사업이었는지 설명 부탁드립니다.

'Al-Zour LNG Import Project 공사'는 쿠웨이트 수도 쿠웨이트시티에서 남쪽으로 90km 떨어진 알-주르(Al-Zour) 지역에 하루 3,000BBTU의 가스를 액화 처리하는 재가스화(Regasification) 시설과 22만 5,500㎥ 규모의 LNG 저장탱크 8기를 건설하는 프로젝트로, 준설(1,400만㎥), 매립(700만㎥) 및 해안접안시설을 설치하는 토목공사도 함께 진행됩니다. 이 프로젝트는 인근에 새롭게 건설 중인 Al Zour Refinery 공장과 기존 운영 중인 KNPC Refinery에 LNG를 공급하기 위해 진행되며, 발주처는 Kuwait Petroleum Corporation(KPC) 산하의 Kuwait Integrated Petroleum Industries Company(KIPIC)로 쿠웨이트 내 석유화학 및 LNG 생산 기지 운영을 담당하는 회사입니다. 컨소시엄 멤버인 한국가스공사(KOGAS)는 국내외 LNG 터미널 운영 경험을 토대로 발주처 인원에 대한 교육(Training)과 시운전(Commissioning)을 담당하고 있으며, 자회사인 한국가스기술공사(KOGAS TECH)는 현대건설의 협력 업체로서 LNG 탱크 8기에 대한 상세 설계 역무를 담당하고 있습니다.

Q | 쿠웨이트 프로젝트에 참여하게 된 계기는 무엇인가요?

지난 한 해 장기화된 저유가 흐름으로 해외 건설 시장은 중동 지역을 중심으로 대형 공사의 발주가 취소 또는 지연되는 등 위기가 심했습니다. 이 시기에 쿠웨이트에서 대형 공사인 Al-Zour LNG Import Project가 계획대로 발주·진행되었고, 현대건설은 국내 LNG 탱크 건설 경험 및 매립, 준설 등의 강점을 바탕으로 공사 참여를 결정하였습니다. 또한, 세계 최초로 LNG 탱크 8기를 동시에 건설하는 공사로 당사의 우수한 시공능력을 세계에 알릴 수 있는 기회였습니다.

Q | 현대엔지니어링, 한국가스공사와 컨소시엄을 이룬 배경이 궁금합니다.

발주처의 사전적격심사(Pre-Qualification) 시, 현대건설, 현대엔지니어링, 일본 Mitsubishi Heavy Industries(MHI)의 컨소시엄으로 발주처 승인을 얻었으나, MHI의 갑작스러운 컨소시엄 멤버 탈퇴로 인하여 해외 LNG 프로젝트의 경험을 갖춘 업체의 참여가 필요한 상황이었습니다. 따라서 국내외 LNG 프로젝트의 경험을 보유한 한국가스공사를 새로운 컨소시엄 멤버로 참여시켜, 발주처 승인을 얻었고, 새로운 컨소시엄 구도로 입찰에 참여할 수 있었습니다. 당사의 LNG 탱크 건설 경험 및 시공능력, 매립, 준설 공사의 강점, 자회사인 현대엔지니어링의 우수한 설계능력 및 중앙아시아에서의 우수한 EPC 실적, 한국가스공사의 많은 LNG 터미널 운영 경험을 토대로 컨소시엄 멤버 간의 강점을 극대화하여 수주 경쟁력을 확보할 수 있었습니다.

Q | 입찰 과정에 대한 자세한 설명 부탁드립니다. 타 업체와의 경쟁은 없었나요?

2015년 5월말 총 9개의 컨소시엄에 입찰초청서(Invitation To Bid)가 발급되었으나, 입찰 진행 과정에서 다소 짧은 공사기간 및 준설, 매립 공사에 부담을 가진 일부 컨소시엄에서 입찰을 포기하여 총 4개의 컨소시엄(현대-KOGAS, Petrofac-Vinci-B&V, T/

◢◣ Roof Plate 설치

R-GS건설, Flour-대우건설)에서만 입찰서를 제출하였습니다. 입찰 과정에서 타 컨소시엄의 전략 및 금액에 대해 알 수가 없으므로 눈에 보이는 경쟁 과정은 없었습니다. 그러나 입찰초청서에 포함된 Specification, Drawings에 대한 검토 후 예산 증가가 예상되는 아이템에 대해서는 발주처 질의응답을 통해 타 경쟁사와 공유하여 모든 입찰 참여 업체가 해당 아이템에 대해 누락 없이 입찰 금액에 반영될 수 있도록 전략을 수립하였습니다.

Q | 프로젝트 진행 시 발주처와의 마찰은 없었는지요?

발주처(KIPIC)에서 PMC(Project Management Consultant)를 고용하여 발주처 대신 프로젝트 관리 업무를 담당하고 있습니다. 컨소시엄 구성과 동일하게 PMC도 각 파트(Process, Tank, Marine)별로 3개사(Wood, Felguera-IHI, Proes)로 구성이 되어 있어서, 제출된 성과물에 대해 3개사의 각각 다른 코멘트에 대응을 하는 데 많은 시간이 소요되었습니다. 또한, LNG 탱크에 대한 설계, 시공 콘셉트가 PMC를 수행한 유럽의 LNG 탱크와 일부 상이하여 관련 성과물에 대한 승인을 얻는 것이 힘들었습니다.

Q | 쿠웨이트가 갖는 지리적 특성으로 인해 발생한 사업 진행상의 이점 또는 제약점이 있다면 어떤 것들일까요?

도시국가인 쿠웨이트는 면적이 17,818㎢로 우리나라 경상북도 면적(19,029㎢)과 유사합니다. 이 때문에 기자재 수입 후 현장까지 운송 기간이 많이 걸리지 않는다는 장점이 있습니다. 또한 연평균 강수량이 15~20mm로 우천으로 인한 공사 지연이 거의 발생하지 않습니다. 다만, 2018년 11월에 기록적인 폭우로 3일간 공사 지연이 발생하기도 하였습니다. 쿠웨이트는 아라비아 반도에서 가장 더운 지역이며, 연평균 기온은 18~32°C

◤◢◤ Suspended Deck 설치

입니다. 5~8월은 최고 기온이 수시로 50°C 이상을 상회하여 공사수행에 어려움이 있으며, 쿠웨이트법으로 혹서기(6~8월)에는 오전 11시부터 오후 4시까지 야외 작업이 금지되어 있어 해당 시간을 피해 근무 시간을 조정해야 하는 어려움이 있습니다.

Q │ 기억에 남는 쿠웨이트만의 독특한 사회, 문화, 역사, 정치, 경제적 특징에는 무엇이 있나요?

쿠웨이트는 다른 이슬람 국가와 같이 대부분은 평상시에 전통 아랍 복장(Dishdasha)을 착용하나 공식적인 비즈니스 상담 등의 행사에 참석하는 경우는 정장을 입습니다. 다른 이슬람 국가와 달리 외국인 여성에게는 히잡 등의 착용을 요구하지 않습니다. 또한, 이들은 선물을 주고받는 것이 일반적이며, 인삼의 효능에 대한 과신이 있어 한국 인삼 제품에 대한 선호도가 높은 편입니다. 정치체계는 국왕이 최고 통치권자로서 헌법에 따라

국가를 통치하는 입헌군주제 국가입니다. 또한 GCC(Gulf Cooperation Council) 국가 중 유일하게 국회가 있는 것도 하나의 특징입니다.

Q │ 프로젝트 진행 중 각 과정에서 겪었던 난관들에 대해 말씀해주십시오. 또 난관을 어떻게
    │ 극복했는지 구체적으로 설명 부탁드립니다.

　　LNG 탱크 콘크리트 타설량은 약 23만㎥이며, 대물량(1회 타설 900㎥이상) 타설 횟수는 총 120회입니다. 이러한 물량을 소화하기 위해서는 토목공사 공사 기간(약 22개월) 동안 한 달에 최소 5회 이상의 대물량 콘크리트 타설이 필요 합니다. 특히 쿠웨이트의 낮 기온을 고려하여 6~9월까지는 야간 콘크리트 타설을 실시하여 담당 직원들은 밤과 낮이 바뀐 채 3달을 근무하면서 계획된 공사완료 일정을 맞추기 위해 최선을 다했습니다. 장시간에 걸친 타설 시간 동안 품질 확보를 위해 토목팀 직원뿐만 아니라 전 현장 직원이 타설에 동원되어 협력 업체 및 근로자를 관리 감독하며 큰 문제없이 진행하고 있습니다. 또한, 콘크리트 타설을 위해서는 콘크리트 생산 품질이 무엇보다도 중요한 요소입니다. 하지만 현지 콘크리트 생산 업체는 국내에 비해 생산 품질이 많이 떨어지는 것이 사실입니다. 이러한 문제점을 인지하고 한국인 관리자를 현지 업체 Batch Plant에 사전 배치하

Base Slab 콘크리트 타설

Tank Wall 콘크리트 타설

여 콘크리트 품질 확보에 만전을 기하였으며, 당사 연구개발본부의 콘크리트 박사들도 직접 현장에 방문하여 품질 점검 및 배합설계에 대한 점검을 완료하였습니다. 현재 프로젝트의 첫 번째 관문인 토목 공사(Outer Tank)가 대부분 마무리되어 가고 있는 시점이며, 후속 공사인 기계공사(Inner Tank)가 내년 본격적으로 진행될 예정입니다. LNG 탱크 시공의 핵심 공정인 Inner Tank 설치 공사도 무사히 마무리하여 현대건설의 위상을 세계에 떨칠 수 있게 모든 임직원이 최선을 다하고 있습니다.

Q | 쿠웨이트 프로젝트의 성공적인 수주가 현대건설에 갖는 의의는 무엇인가요?

이번 사업을 통해 현대자동차그룹 건설계열사인 현대건설과 현대엔지니어링의 협력을 통한 시너지가 극대화되었습니다. 현대건설이 해외에서 쌓아온 풍부한 플랜트·인프라 공사 수행 경험과 우수한 기술력을 바탕으로 현대엔지니어링의 우수한 플랜트 설계 역량이 더해져 수주에 성공할 수 있었습니다. 이번 수주를 통해 양사의 기술력을 바탕으로 한 경쟁력을 입증했을 뿐만 아니라 현대자동차그룹 편입 이후 펼친 수익성 중심의 '선택과 집중'의 수주 전략이 결실을 맺은 것이라 할 수 있습니다. 앞으로도 현대건설과 현대엔지니어링은 수익성 높은 양질의 공사를 선별 수주하기 위해 양사가 보유한 강점을 적극 융합할 계획입니다. 이 사업에 국내 130여 개 협력 업체가 참여하여, 11억 불 규모의 한국산 기자재가 사용될 예정이며, 우리나라 중소기업의 동반 진출이라는 의의가 있습니다. 또한, 한국무역보험공사와 한국수출입은행에서 공동으로 각각 11억 5,000만 불의 수출금융을 제공하기로 결정하였습니다. 이 사업은 국내 민간 건설사, 에너지 공기업, 정책금융기관이 민-관 합동으로 해외 프로젝트를 수주한 모범사례이며, LNG 인수기지 분야 기술력을 세계에 과시할 수 있는 좋은 기회입니다.

Q | 향후 계획 중에 있는 프로젝트가 있다면 말씀해주십시오.

쿠웨이트 공사로는 현재 KIPIC에서 발주 예정인 쿠웨이트 Olefins-3 &Aromatics-2 공사에 참여 예정이며, 공사 참여를 위한 PQ(Pre-Qualification) 자료를 금년 12월 중으로 제출할 예정입니다.

Q | 쿠웨이트에 진출하고자 하는 타 업체에 권할 만한 조언을 해주십시오.

쿠웨이트 현장은 국내 대부분의 EPC 업체에서 공사를 수행하고 있으며, 여러 가지 사유로 많은 어려움을 겪고 있습니다. 특히 발주처 검사자의 까다로운 검사 진행 및 기존 공장 공사의 경우, 작업허가서 발급 지연 및 생산성 저하로 인해 공사 지연 발생이 잦으므로 관련 사항에 대해 면밀한 검토 후 공사 참여가 필요합니다.

Q | 한국플랜트산업협회로부터 해외 수주에 지원받은 사항 혹은 한국플랜트산업협회나 정부 유관 기관에 바라는 점이 있다면 말씀해주십시오.

현재는 국내 EPC 업체가 직접 사업을 발굴하여 입찰 참여 및 공사를 주도적으로 수행하고 있습니다. 민간기업뿐만 아니라 한국플랜트산업협회 및 정부 유관 기관에서도 적극적으로 해외 사업을 발굴하여 국내 민간기업이 쉽게 사업에 참여할 수 있는 지원이 필요할 것 같습니다.

Part. 2

아직 도전은
끝나지 않았다

Japan

Vietnam

Malaysia

Indonesia

동남아시아   일본

두산중공업
신흥 아시아 석탄 화력 발전 시장을 주도하는 글로벌 기업
끈기 없이는 성공할 수 없는 곳(베트남)

대림산업
세계적인 플랜트 기업 '알스톰'을 능가하다
난관을 극복한 아이디어(말레이시아)

GS건설
플랜트 시장이 있는 한 도전은 멈추지 않는다
경험과 자신감이 새로운 도전을 이끈다(인도네시아)

도화엔지니어링
엔지니어링에서 EPC 업체로 도약하다
신뢰가 바탕이 된 신규 프로젝트 수주(인도네시아)

도화엔지니어링
신재생에너지 EPC 사업 확대로 해외 시장을 개척하다
일본 신재생에너지 시장 진출(일본)

한국전력공사
발주처의 신뢰로 베트남 화력 발전 시장의 거점을 확보하다
보이는 것보다 더 중요한 것(베트남)

[두산중공업]

신흥 아시아
석탄 화력 발전 시장을 주도하는
글로벌 기업

프로젝트 국가 : 베트남

프로젝트명 : Vinh Tan 4 Thermal Power Plant Project(600MW × 2Unit)(빈탄 4 화력 발전소)

발주처 : EVN(Vietnam Electricity, 베트남 전력청)

계약 공기 : NTP+52개월

계약일 : 2013년 12월

계약 금액 : 15억 불 규모

사업 개요 : 베트남 남부 Binh Thuan Province(호치민시 동쪽 230km)에 600MW급 석탄 화력
발전소 2기를 건설하는 프로젝트

빠르게 성장하는 베트남

　동남아시아의 인도차이나 반도에 위치한 베트남은 서북쪽에서 동남쪽까지 약 1,650km에 이르고 동서 간 최대 넓이가 북부 550km, 남부 340km에 이르는, 위아래로 길게 뻗은 나라로서 북쪽으로는 중국, 서쪽으로는 캄보디아 및 라오스와 국경을 접하고 있으며 남서쪽으로는 타이만, 남쪽과 동쪽으로는 남중국해와 통킨만에 접해 있다. 19세기 프랑스의 지배를 받다가 1945년 독립선언을 하고 프랑스와 인도차이나와의 전쟁 이후 다시 소련이 지원하는 북부와 미국이 지원하는 남부로 나뉘어 내전(베트남 전쟁)을 치른 뒤 1976년 베트남 사회주의 공화국으로 통합되었다. 이후 1980년대까지는 이웃한 캄보디아를 침공하고 중국과도 전쟁을 치르는 등 주변국과 많은 갈등을 초래하다가 1991년 소련이 붕괴된 이후 많은 아시아 국가 및 서방 국가들과의 관계 개선을 도모하여 국제적인 고립상태에서 벗어나기 시작했다. 특히, 1980년대 중반부터 개혁·개방 경제 정책을 채택하여 민간 기업이 자유화되고 자유무역이 확대되었으며 국내 개혁 및 공

빈탄4 화력 발전소 전경

공 투자를 확대하는 한편 해외로부터의 직접 투자(FDI) 유치를 성장 동력으로 삼아 오늘날까지 성공적으로 산업화를 추진해가고 있다.

한편, 1992년 한국-베트남 수교 이후 양국 간 교역 규모는 90배 이상 성장해 2016년에는 470억 불을 달성하였다. 2017년 기준 베트남은 중국과 미국에 이어 한국의 수출 대상국 3위에 해당하며 제1위 아세안 교역 대상국이다. 특히, 양국은 2015년 발효된 한국-베트남 FTA는 물론 경제, 과학 기술, 비자, 관광, 투자, 교육, 항공, 관광 등 많은 협정과 양해 각서를 체결하여 긴밀한 경제 및 문화 교류를 해오고 있는 긴밀한 관계이다. 이러한 경제 교류 가운데 베트남 현지 플랜트 사업 또한 양국 기업들 간 중요한 협력 사업으로 자리매김하고 있으며, 그 가운데 두산중공업은 주력 사업인 석탄 화력 발전소를 비롯한 여러 플랜트 사업을 베트남 현지에서 추진하고 성공시킴으로써 베트남 플랜트 시장 진출의 교두보를 구축해왔다. 최근에는 대규모 사업으로서 'Vinh Tan 4 석탄 화력 발전소 프로젝트'를 완공하였다. 'Vinh Tan 4 석탄 화력 발전소 프로젝트'는 베트남 남부 최대 도시인 호치민시에서 동쪽으로 약 230km 떨어진 Binh Thuan 지역에 600MW급 석탄 화력 발전소 2기를 짓는 것이었다.

> *"베트남은 중국과 미국에 이어 한국의 수출 대상국*
> *3위에 해당하며 제1위 아세안 교역 대상국이다"*

석탄 화력 발전소 건설 수주의 배경

1995년부터 동남아시아 주요 국가들 가운데에서도 경제 성장 속도가 빠른 베트남 시장을 눈여겨보며 지속적인 시장 조사와 마케팅 활동을 해온 두산중공업은 베트남 현지에 기계장치 및 운반 설비 등의 생산 공장인 '두산 비나(VINA)'를 세워 현지 투자 및 사회공헌 활동 등 현지화 노력을 지속한 결과 2010년 1조 4,000억 원 규모의 '몽중(Mong Duong) 2' 석탄 화력 발전소 건설 프로젝트를 수주하였고 2013년 15억 불 규모에 해당하는 'Vinh Tan 4 석탄 화력 발전소 프로젝트'를 추가로 수주하게 되었다. 당시 베트남 정부는 남부 지역의 전력 수급 부족 문제에 직면하여 Fast Track으로 신규 발전소를 건설하고자 하였고 그 일환으로 Vinh Tan 2 석탄 화력 발전소 후속 플랜으로서 Vinh Tan 4 프로젝트를 발주하였다. 다만, 경쟁 입찰은 아니었고 발주처 요구 사항에 맞게 컨소시엄을 구성하고 제안하여 최종 수주를 한 프로젝트였다.

"이전 프로젝트에 대한 만족도 외에 베트남 정부가 추진하고 있는 발전 사업 국산화(Localization) 확대 정책에 부합하는 계약 구조에 부응하고 국가신용도가 낮은 베트남을 대상으로 금융지원을 한 것 또한 그러한 대규모 프로젝트를 수주하는 데 일조를 하였다고 봅니다."라며 Vinh Tan 4 프로젝트에 참가했던 VT4 사업관리팀 김민수 과장이 수주 배경을 설명했다.

"Vinh Tan 4 프로젝트는 2013년 12월 23일 계약해서 2018년 3월 말에 완수했어요. 베트남이 위아래로 길어서 그간 남쪽 전력 공급이 부족했기에 발전소 추가 설립이 절실했었죠. Vinh Tan 1은 아직도 건설 중에 있고 인근의 Vinh Tan 2가 가장 먼저 끝났는데, 그 다음 Vinh Tan 4가 최근에 완공되었고 Vinh Tan 3는 건설 예정에 있어요. 두산중공업의 타깃 시장은 동남아시아, 인도, 중동인데 동남아시아 중에서도 특히 베트남에 집중했습니다. 베트남 연간 경제성장률이 7%에 육박해서 발전소 수요 또한 늘어나리라 예측했고요. 약 10년 동안 베트남 지사를 통해 마케팅과 영업활동을 해왔어요. 그렇게 여러 루트로 정보 수집을 하던 중 Vinh Tan 4 프로젝트에 대한 정보를 얻게 되었고 일본 종합상사, 로컬 기업 두 곳과 함께 컨소시엄을 구성해서 들어간 거죠."

2010년에 수주해서 진행한 몽중 2 프로젝트가 베트남에서의 첫 EPC 프로젝트로서 발주처의 만족감을 이끌어냈다는 점에서 신뢰를 얻고 특히, 2009년부터 베트남 꽝응아이 성 쭝꾸엇 경제특구 지역에 대규모 생산공장인 두산 비나를 세워 운영하는 등 투자 및 사회공헌 활동을 해왔던 것도 수주하는 데 도움이 되었다는 점에서 두산중공업의 현지 사업 전략이 주효했음을 알 수 있다. "두산 비나를 설립한 이유는 우선 베트남 시장 진출에 대비한 생산기지로써 현지의 저렴한 노동력을 활용, 해외 플랜트에 소요되는 각종 기계와 장비를 직접 생산해서 동남아시아, 인도, 중동 지역에 보급하는 것이 효율적이라고 생각했기 때문이었다."고 김 과장이 두산 비나에 대해 좀 더 구체적으로 밝혔다. 즉, 두산 비나는 크레인을 포함한 각종 플랜트 관련 기계장치 및 운반설비 등을 직접 생산해서 주력 사업 분야인 발전소, 또는 해수담수화 프로젝트에 공급하고 수출한다는 것이었다.

> "베트남 현지에 생산 공장을 세워 현지 투자 및 사회공헌 활동 등
> 현지화 노력을 지속한 결과 새로운 프로젝트를 수주하게 되었다"

끈기가 없으면 성공할 수 없는 곳

한편, 베트남 정부가 추진하고 있는 발전 사업 국산화 확대 정책 또한 두산중공업이 프로젝트를 진행하며 만난 까다로운 조건 중 하나였다. 발전소 건설에는 수천 가지 이상의 품목들이 소요되는데 이들 중 일부를 베트남 현지 로컬 기업에서 생산하여 공급하도록 하는 정책이었다. 문제는 현지 업체의 역량이었다. 두산중공업 입장에서는 한국의 검증된 업체와 거래를 하고 싶지만 발주처의 조건에 따르자면 베트남 현지 업체를 물색해야 하는데, 그들의 제작 역량이나 품질 수준이 그리 높지 않아 또 다른 리스크를 야기할 수도 있다는 것이다. 실제로, 현재 진행 중인 확장 공사에서 그러한 리스크가 증가하고 있다고 한다.

베트남 정부나 행정관서의 요식행위가 까다롭고 느린 것도 크나큰 애로사항이었다. "아직도 전자 결재나 승인, 발급 방식이 아닌 서면 제출, 서면 발급 방식이라 아무리 먼 곳이라도 직접 찾아가서 담당자의 사인을 받아야 했고 준비해야 할 서류도 엄청 많았어요. 공사 초기에는 각종 도서/도면 및 서류 등이 승인되는 데 너무 오래 걸려 관련 공사가 적기에 시행되도록 우리 회사 엔지니어가 발주처 사무실에 상주하면서 담당자를 밀착 관리했습니다. 다른 프로젝트를 할 때는 무리 없이 자연스럽게 진행되던 것들조차 베트남 전력청과 함께 일할 때는 하나하나 코멘트를 해줘야 했고요. 도면에 대해 승인이 되어야 공사를 진행하는데 계속 지연되어 스케줄 관리에 어려움이 많았습니다. 기자재 납

품을 할 때 승인이 잘 안 되기도 해서 난감할 때가 있었지요."라며 김 과장이 행정관서의 승인 과정에서 겪었던 애로사항을 전했다. 그 밖에도 계약과 동시에 발주처에서 가장 먼저 처리해줘야 할 것이 공사를 진행할 부지를 마련해서 EPC 업체에 넘겨줘야 하는데, 부지 인계 지연에 따른 프로젝트 납기 지연을 고려하여 정해진 일자까지는 부지를 마련해 달라 했지만 그것 또한 예정된 날짜에 처리되지 않았다고 한다.

"한편으론 발주처가 진행하는 서류 작업에 속도를 내도록 신경을 많이 썼어요. 업무상 미팅이나 논의를 하는 것 외에도 SNS로 안부를 묻는다든지, 생일을 챙겨준다든지, 한국 여행을 계획하는 사람에게는 여행 코스를 추천해준다든지 하면서 개인적으로도 친분을 유지하기 위해 노력했어요. 하지만 결국 그들과의 신뢰관계라는 것은 업무관계로 맺어진 것이기 때문에 업무적인 측면에서 발주처의 신뢰를 얻어야 했고 특별히 저 같은 경우는 발주처에서 다소 인지가 얕은 수출신용기관(ECA, Export Credit Agency)과 관련된 그들의 물음이나 부탁에도 적극적으로 답을 해주면서 상호 신뢰관계를 구축했습니다."

환경오염과 관련된 이슈도 문제가 없도록 챙겨야 했다. 석탄 화력 발전소의 오염군으로는 주로 가스와 폐수가 있는데 이에 대해서는 계약서에 일정 수준을 지켜야 하는 요구치가 있었다. 베트남 내에서 환경 문제가 부각되던 때였기에 정부 차원에서 매우 민감하게 다루었고 두산중공업은 그에 부합하는 설계를 하고 공사를 했음에도 주기적으로 와서 점검을 했다고 한다.

공사 대금이 지연되었던 점도 사업 추진에 장애가 되었다. 원활한 공사를 진행하기 위해서는 각종 자재 구입비나 인건비, 운영비 등 많은 자금이 즉시 집행되어야 하는데 발주처로부터의 수금 과정이 순탄치 않아 사업 추진과 운영에 부담을 주기도 했다. "사업관리팀이 베트남에 파견된 이유는 공정 관리를 포함해서 자금 집행과 수금이 원활하게 돌아가도록 관리하는 것인데 자금 운용에 어려움이 많았습니다. 게다가 행정 처리가 너무 복잡한 거예요. 예를 들어, 몽중 2 프로젝트를 진행할 당시에는 Invoice(청구서)가 한 장이었다면 Vinh Tan 4 프로젝트는 많은 서류를 요구하는 식이죠. 그리고 특정 시스템에 소프트파일을 업로드해서 대금을 지급해주는 방식이 아니라 하드카피로 서식을 작성해

빈탄 4 화력 발전소 전경

서 서명을 하고 제출해야 하는 방식이었어요. 철자 하나만 틀려도 반려되기 십상이었고요. 어떤 담당자는 출장으로 자리를 비우는 바람에 허탕을 친 적도 여러 번이었답니다." 라며 김 과장이 직접 겪었던 경험을 전했다.

"아무리 먼 곳이라도 직접 찾아가서 담당자의 사인을
받아야 하고 준비해야 할 서류도 엄청 많았다"

현지 문화와 현지인 특성 파악

한국에 '빨리빨리' 문화가 있다면 베트남은 정반대이다. 사회주의 국가라는 이유 때문이기도 하겠지만 행정관서 외에 발주처나 로컬 업체들조차 의사소통, 의사결정 과정이 매우 느리다. 예를 들어, 어떤 프로젝트에서 베트남 담당자들은 이슈가 발생하면 책임질 부분을 책임지고 공기를 지키기 위해 계속 추진해나가는 것이 아니라 프로젝트를 추진하면서 향후 자신에게 올지도 모르는 불이익 여부에 대해 초점을 둔다는 것이다. 그렇기에 의사결정이 지연되고 프로젝트를 원활하게 수행하는 데도 지장을 초래한다고 한다.

해외 플랜트 사업인 관계로 당연히 언어 및 의사소통 문제는 있기 마련이기에 항상 통역을 대동했다. 베트남에서는 일반인은 물론, 회사에서도 영어를 구사하는 사람이 극히 일부이기 때문이다. 다행히, 동남아시아 국가임에도 불구하고 비가 많이 내리지 않아 날씨 때문에 토목 공사나 건축 공사가 지연되거나 하진 않았다. 다만, 바람이 많이 불었기 때문에 그로 인한 안전사고에 각별히 유의해야 했으며 교통이나 도로 여건이 좋지 않고 안전 불감증 등으로 인해 해외에서 가져온 자재 등을 트럭으로 현장까지 운송하는 과정이 순탄치 않았다.

그 밖에 김 과장이 개인적으로 느꼈던 베트남의 특성에 대해 언급했다. "베트남은 빈부격차가 매우 심해요. 잘사는 사람은 아주 잘살고, 가난한 사람은 너무 가난한 나라예요. 그러한 격차가 금방 해소되긴 어렵다고 봅니다. 대외적으로는 중국과 사이가 좋지 않

■■■ "지난 10년간 MOC 산하 프로젝트 중 최우수 프로젝트로 선정" MOC(베트남 건설부)에서 설치한 표지석

습니다. 역사적으로 오랫동안 중국의 침략을 받은데다가 남중국해 관련 분쟁이 있어서 반중 감정이 살아있답니다. Vinh Tan 2가 막바지 단계일 때 프로젝트 수주 업체가 중국 회사라서 중국 사람도 많았는데 베트남 사람들이 우리를 중국인으로 오인할까봐 우리가 타고 다니는 차에는 모두 태극기를 달아 놓았었습니다."

"행정관서 외에 발주처나 로컬 업체조차
의사소통, 의사결정 과정이 매우 느리다"

대한민국을 대표하는 글로벌 기업으로

다른 나라에서, 특히 베트남이라는 사회주의 국가에서 대규모 플랜트 사업을 진행한다는 것은 어쩌면 모험일 수도 있다. 문화와 환경, 정치, 경제 제도가 확연히 다른 것은 물론, 사회 구조, 사람들의 습성과 행동양식조차 사업 추진에 영향을 미치기 때문이다. 국가신용도 또한 그리 높지 않기 때문에 항상 리스크를 안고 가야 하는 부담도 있다. 그러나 두산중공업은 1995년 베트남 플랜트 업계에 진출한 이래 여러 경로의 네트워크 구축, 시장조사와 마케팅, 사업 타당성 분석을 통한 내실 있는 프로젝트 추진을 바탕으로 사업을 계속 확대하여 현재는 타의 추종을 불허하는 베트남 제1의 석탄 화력 발전소 건설업체로 거듭나게 되었다. 2010년 이후 몽중 2, Vinh Tan 4, Song Hau 1, NghiSon 2 등, 총 7조 원 규모의 수주 실적을 달성한 것이다. 향후 두산중공업은 2020년까지 약 30GW 규모의 베트남 발전 시장뿐 아니라 인도, 태국, 말레이시아 시장에서도 그간 쌓아 온 석탄 화력 발전소 플랜트 건설 기술력과 노하우를 최대한 발휘함으로써 대한민국을 대표하는 플랜트 전문 기업으로서의 위상을 드높이는 한편, 동남아시아는 물론, 중동, 남미, 중앙아시아, 아프리카 등 전 세계 플랜트 현장을 누비는 글로벌 기업으로 도약할 것을 꿈꾸며 힘차게 매진하고 있다.

"전 세계 플랜트 현장을 누비는 글로벌 기업으로
도약할 것을 꿈꾸며 힘차게 매진하고 있다"

3개월 조기 준공 감사장 수여식 및 MOU(RTCS) 체결식
(왼쪽부터 윤석원 두산중공업 부사장, 중꽝탄 EVN 회장, 박지원 두산중공업 회장)

김민수 두산중공업 과장

김민수 두산중공업 과장은 2011년 하반기 공채로 입사하여 공정 관리팀에서 프로젝트 스케줄을 작성하고 관리하는 업무를 맡았다. 이후 2013년부터 베트남 빈탄 4 프로젝트에 참여, 2015년 9월부터 2018년 8월까지 3년 동안 현지에서 발주처 및 계약 관리, 수금 관리 업무를 수행하였고 현재도 Vinh Tan 4 프로젝트 관련 업무를 진행하고 있다.

새로운 것을 **경험**하면서 자신을 성장시키는 기회가 된다

Q Vinh Tan 4 석탄 화력 발전소 플랜트 사업 성과와 성공 의의는 무엇인가요?

먼저 두산중공업이 쌓아온 풍부한 경험과 기술력을 바탕으로 최초 계획했던 공기보다 3개월을 앞당겨 완수함으로써 베트남 현지에서 두산중공업의 위상과 입지를 확고히 다졌다는 점입니다. 이는 EVN이 추진한 프로젝트들 가운데 최초 사례로서 이에 대한 공로로 2018년 3월 한국–베트남 경제교류사절단 방문 시 EVN으로부터 감사패를 받았습니다. 또한, 베트남 건설부(MOC, Ministry of Construction)로부터는 Vinh Tan 4가 과거 10년 동안 MOC 산하에서 수행된 최우수 프로젝트로 선정되어 그 업적을 기리는 표지석을 발전소 내에 설치

하였습니다. 두 번째는 베트남 현지 생산기지인 '두산 비나'에서 발전소 핵심 기기인 보일러를 100% 제작, 납품함으로써 베트남 시장에서 보일러 제품에 대한 납기와 품질 경쟁력을 갖추었다는 점입니다. 이를 토대로 현재 당사가 수행 중인 Song Hau 1 프로젝트에도 납품했으며 최근 착수한 Nghi Son 2 프로젝트에도 검증된 두산 비나 제품들이 보급될 예정입니다.

Q 해외 플랜트 프로젝트를 성공적으로 수행하기 위한 가장 중요한 요소는 무엇인가요?

기본적으로 갖춰야 할 프로젝트 수행 능력 외에 비즈니스 상대와의 신뢰관계 구축과 파트너십이 가

장 중요하다고 봅니다. 대규모 플랜트 사업을 추진하다 보면 수많은 난제들이 발생하는데, 서로 이해하고 배려하면서 함께 논의하고 협력해야만 문제를 해결하고 궁극적으로 사업을 성공시킬 수 있습니다. 프로젝트 수행 이후에도 사후 관리를 철저히 해주면서 신뢰관계를 지속적으로 유지해야 후속 사업을 함께할 기회를 찾을 수 있기 때문입니다.

Q 베트남 시장에 진출하고자 하는 국내 기업에게 조언을 해주신다면?

제가 3년간 베트남 현지에서 발주처와 동고동락하며 느꼈던 단점 중 하나는 베트남이 의사결정이 매우 느리고 합리적으로 생각해서 제안하는 일들도 순조롭게 진행되지 않는 경우가 많다는 것입니다. 발주처, 현지 협력사분만 아니라 플랜트 설계, 조달, 시공 관련 승인을 하는 행정관서의 업무 처리와 절차가 까다로우면서도 매우 느립니다. 하지만 끈기 있게 매달려 사업을 추진해가면 결국 해결되기 마련이므로 절대 포기하지 않길 바랍니다.

Q 정부, 유관 기관, 한국플랜트산업협회에 바라는 점이 있다면?

여러 가지가 있지만 특히 플랜트 사업 수주, 계약과 관련하여 보증 관련 제도, 규정, 절차를 개선해주었으면 합니다. EVN의 신용도가 낮은 관계로 한국의 수출입은행이나 투자기관에서는 자금 지원과 관련해 베트남 정부의 보증을 요구하고 이자율 또한 상대적으로 높습니다. 중국의 경우엔 보증을 필수적으로 요구하지 않고 이자율도 낮아 베트남 내 석탄 화력 발전소 및 기타 아웃소싱 프로젝트 수주 경쟁력이 큽니다. 베트남 정부가 부채율에 대한 부담을 느껴 EVN에 대한 보증을 하는 데 부정적인 입장이라 발주처인 EVN 또한 반중 감정이 있음에도 어쩔 수 없이 한국 대신 중국 업체를 선정할 수밖에 없다고 하소연 내지는 입찰 관련 압박을 하고 있는 실정입니다.

Q 플랜트 산업에 몸담고자 하는 청년들에게 조언 한마디 부탁드립니다.

해외 플랜트 현장은 환경, 문화적으로 적응하기도 쉽지 않고 외로움이나 불편함을 겪거나 때로는 현지에서 발생하는 여러 가지 제약과 난제로 두려움과 고달픔이 다가오기도 하는 곳입니다. 하지만 규모가 큰 프로젝트에 참여하여 새로운 문물과 기술을 익히고 경험하면 자신을 성장시킬 수 있는 좋은 기회가 되기도 합니다. 자신감과 의지가 확고하다면 어려움은 충분히 극복할 수 있고 불가능한 것은 없습니다. 또한 플랜트 산업은 발주처와 협력 업체 직원들, 현장 근로자들을 포함하여 많게는 수만 명이 함께 참여하고 제조업, 건설업, 서비스업이 어우러진 종합예술과 같은 산업입니다. 그러한 대규모 프로젝트에 참여하고 색다른 경험을 한다는 것은 아무나 가질 수 없는 기회이며, 특히 오랫동안 경험을 쌓고 플랜트 업계의 전문가가 된다면 향후 정년퇴임을 한 이후에도 충분히 활동할 수 있을 정도로 그 경력을 인정받는 분야입니다. 모쪼록 젊은 청년들이 플랜트 산업에 적극적으로 진출해서 새로운 문물을 익히고 경험과 경력을 쌓아 해당 국가 및 지역사회에 공헌함은 물론, 자신이 몸담은 회사에 기여하고 자아성취를 하며 미래를 설계해나가길 기대합니다.

세계적인 플랜트 기업 '알스톰'을 능가하다

준공을 마치고 상업운전 중인 만중 5 석탄 화력 발전소 야경

프로젝트 국가 : 말레이시아
프로젝트명 : Fast Track Project 3A 1×1,000MW(Mega Watt) Coal Fired Power Plant
발주처 : TNB Western Energy Berhad
공사 기간 : 2014년 1월 2일 ~ 2017년 9월 28일
계약 금액 : 11억 8,900만 불(약 1조 3,241억 원)

말레이시아 플랜트 사업 진출

동남아시아에 위치하며 남한의 세 배 이상 면적, 인구 3,200만 명, 수도는 쿠알라룸 푸르, 이슬람교가 국교인 열대우림의 나라 말레이시아에서 불굴의 개척정신과 도전정신 으로 대한민국 해외 플랜트 건설 성공 신화를 일군 기업이 있다. 1939년 설립되어 건설 산업과 석유화학 산업 부문 80년 역사를 이어온 대림산업이 바로 그 주인공이다.

대림산업은 1966년 베트남에 최초로 진출한 이래 세계 40여 개국에서 건축, 토목, 플 랜트 등 다양한 프로젝트를 수행하며 기술력과 신뢰를 쌓아온 글로벌 EPC 선두주자 반 열에 속한 기업이다. 해외 진출은 동남아시아가 최초였지만, 해외 플랜트 건설 부문으로 는 수십여 년간 중동 지역 진출을 통한 EPC 프로젝트에 힘을 쏟아오고 있었다. 그러던 중, 2011년 배럴당 110불이었던 국제 유가가 점차 하락 추세를 거듭, 중동 산유국들의 건설 경기가 주춤거리고 그에 따른 수주 경쟁이 치열해짐으로 인해 전략적으로 새로운 시장을 발굴하지 않으면 안 되는 상황에 직면하게 되었다.

"비가 많이 오는 지역이라 우기와 태풍이 발생하는 시기,

심지어 하루 중 가장 비가 많이 오는 시간까지도 조사했다"

2012년, 당시 건설 사업부 소속으로 프로젝트 수주 및 수행을 담당하던 이종운 부장 은 그간 맺어온 국내외 협력 업체들과의 정보 교류, 현지 인적 네트워크, KOTRA(대한무 역투자진흥공사), 각종 매체와 해외 뉴스 등을 지속적으로 탐색하던 중 눈이 번쩍 뜨이는 소식을 접하게 되었다. '말레이시아 6자회담(Manjung) 지역의 화력 발전소 5호기 입찰 공고'가 떴다는 것이었다. 하지만 이내 걱정이 앞섰다. 왜냐하면, 그동안 말레이시아 발 전소 건설 시장은 세계적으로 유명한 프랑스 기업 알스톰이 주도하고 있었기 때문이었 다. 서둘러 상부에 보고를 마친 뒤 주최한 회의 참석자들의 면면에는 과연 우리가 알스톰 을 누르고 화력 발전소 건설 프로젝트를 수주할 수 있을지에 대해 우려스러워 하는 분위 기가 감지되었다. 하지만 그간의 중동 지역 프로젝트 성공 경험과 노하우를 기반으로 한 자신감의 발로였을까, 이내 회의실은 모두가 이구동성으로 "도전해봅시다."라고 외치며 의기투합하는 장으로 바뀌었다.

알스톰을 이기다

　발전소는 어느 나라에서든 전력수급 계획 수립에 따라 추진하는 국가주도형 사업이다. 따라서 입찰 조건으로 요구하는 사안들이 매우 까다롭고 복잡하다. 프로젝트에서 가장 중요한 관건은 공사 기간과 발전 효율, 즉 공사 기간 준수와 발전 성능이라고 할 수 있다. 엔지니어링 능력, 보일러와 스팀 터빈의 효율, 각종 기기 선정과 조달, 공기 준수(COD, Commercial Operation Date) 등 특히 종합적이면서도 복합적인 EPC 능력이 필요한 사업인 것이다.

◢◣◥◤ 성공적인 준공을 마치고 사업주와 함께한 준공식 이후 기념사진

알스톰은 그러한 능력에 있어서 이미 세계적으로 인정받은 기업으로서, 말레이시아 만중 지역에 화력 발전소 1, 2, 3호기를 준공하였고 당시 4호기를 시공하고 있던 중이었다. 그러한 상황에서 5호기에 대한 입찰 공고가 나왔으니, 그 누가 보더라도 당연히 알스톰이 수주를 할 것이라 생각하는 것이 당연했다. 하지만 대림산업은 면밀한 데이터 분석과 조사, 수차례에 걸친 회의를 통해 해볼만 하다는 결론을 내고 입찰에 참여하기로 하였다.

단, 입찰 참여 및 수주를 위해서는 두 가지 선결 과제가 충족되어야만 했다. 첫째는 경쟁력 있는 보일러 업체를 선정하는 것이었다. 입찰이 진행되던 2012년 당시 세계적으로 단일 기준 1,000MW 석탄 화력 발전소의 보일러 납품 업체는 알스톰, MHI, IHI, BHK(추후 MHI와 합병하여 MHPS가 됨) 등 4개 업체였다. 대림산업은 당시 국내 화력 발전소 건설 프로젝트로서 당진, 태안 지역에서 4대의 1,000MW 보일러를 BHK와 함께 건설하고 있었기 때문에 협업 경험이 축적된 BHK 보일러를 선택하였다. 둘째는 입찰 자격사전심사(PQ, Prequalification) 조건으로 700MW 이상 석탄 화력 발전소 EPC 실적 보유 조건을 갖춰야만 했다. 당시 대림산업은 그러한 실적을 보유하고 있지 않았기 때문에 실적 보유 업체와의 컨소시엄이 필요했다. 이때 BHK의 소개로 말레이시아 입찰에 필요한 실적을 보유하고 있는 스미토모 상사와 컨택하여 최종적으로 스미토모 상사가 Commercial Leader로, 대림산업이 Technical Leader로 컨소시엄을 구성하여 입찰에 참여하게 되었다. 스미토모는 사업 실적을 제공하여 입찰 참여 요건만을 갖추게 해주었고 실제 모든 설계, 구매, 시공 등 EPC 프로젝트는 대림산업이 전담하여 수행하였다.

> "발주처와의 수주 계약서에 사인을 하던
> 그 뿌듯했던 순간을 아직도 잊을 수가 없다"

결국 대림산업이 높은 보일러 효율, 적정 가격, 짧은 공사 기간에서 높은 점수를 받고 사업주의 마음을 사로잡아 말레이시아에서의 시공 실적이 전무했음에도 불구하고 경쟁 입찰에 참여했던 알스톰, MHI 등 유수의 업체를 따돌리고 말레이시아 만중 지역에 석탄 화력 발전소 5호기 건설 프로젝트(Fast Track 3A Project)를 수주하게 되었던 것이다. 발주처와의 계약서에 서명하는 순간 모든 임직원들이 전율과 가슴 뿌듯함을 느꼈음은 물론이었다. 굴지의 경쟁사들을 제치고 어려운 입찰에서 승리했기에 실무진이었던 이 부장 또한 그때가 가장 보람 있었던 순간 중 하나라고 말한다.

난관을 극복한 시공 아이디어

갖은 노력 끝에 입찰 수주를 하긴 했지만, 갈 길은 멀었다. 대림산업은 사우디아라비아를 중심으로 이란, 쿠웨이트 등 중동에서 다수의 프로젝트를 수행한 경험이 있었으나 말레이시아는 20여 년 만에 진입하는 신규 시장이었던 만큼 보다 철저한 준비가 필요하였다. 따라서 최우선적으로 말레이시아라는 나라의 특성을 고려했다. 말레이시아는 이슬람 문화권으로 말레이계, 중국계, 인도계 등이 모여 사는 다민족 국가이다. 특히, 하루에 5번 기도하는 이슬람 종교문화의 특성을 감안하여 현장 사무소(Site Office)에 별도의 기도실을 마련하여 현지 직원들이 업무 중 편하게 기도를 할 수 있는 장소와 분위기를 제공해주었다. 또한, 할랄 음식만을 먹는 현지 직원들의 음식문화를 고려하여 그에 맞게 조리하고 식사할 수 있는 별도의 식당과 조리사를 배치하고 운영하였다.

두 번째로 환경적 요인을 고려하였다. 사업주가 제공한 현장부지는 바다를 매립하여 만든 매립지였다. 그러다 보니, 통상적으로 채택하는 보드파일(Bored Pile) 공법(지반을 파서 굴착된 구멍에 콘크리트를 굳혀 말뚝이 되도록 하여 건축물을 지탱하게 하는 공법)은 지반이 무르면 무너져 내리고 구멍을 뚫어도 제 모양을 유지하지 못하고 공사 기간도 오래 걸리는 관계로, 그 대신 60m 길이의 강관을 땅에 박아 건축물을 지탱하는 강관파일(Steel Pile) 공법(쇠로 된 원통형 말뚝을 땅속에 항타하여 말뚝이 되도록 하는 공법)을 채택하였다. 이 과정에서 지반이 무른 것을 감안하여 일정 깊이 이상 쇠말뚝이 땅속으로 내려가지 않도록 하는 '플러거(Plugger) 공법'을 병행 적용한 것이 현지인들의 놀라움과 찬사를 불러일으켰다. 또한, 인허가 과정에서 차질을 빚지 않도록 현지 인허가 전문 업체

강관파일 설치 작업 모습

를 발굴하고 본사 상주 인력을 배치함으로써 복잡한 현지 행정 절차에 대처하였다.

세 번째로, 발전소 건설 프로젝트의 특성을 감안, 알스톰이 제시했던 48개월보다 짧은 45개월이라는 공기를 맞추기 위해 기존 석탄 화력 발전소 건설 공사에서는 쓰지 않던 새로운 공법들을 과감하게 접목하였다. 그 가운데 대표적인 것은 '스트랜드 잭(Strand Jack)' 공법이었다. 석탄 화력 발전소의 보일러는 높이가 100m 정도 되는 50층 아파트 크기 규모를 지니고 있다. 석탄을 연료로 이 보일러에서 물을 끓여 수증기로 터빈을 돌려 전기를 생산하는 것이다. 또한, 1,000MW는 만중 지역 약 20~30만 가구에 전기를 공급할 수 있는 전력량이다. 그러한 규모의 발전소 보일러를 지탱하는 대들보로서 330톤 중량의 헤비거더(Heavy Girder)를 상량하는 작업에 초대형 크레인 대신 스트랜드 잭 공법을 활용한 것이었다. 크레인을 사용하려면 3,000톤급 크롤러 크레인을 도입해야 하고, 이 경우 크레인 조립, 해체를 위한 면적이 상대적으로 넓어야 하며, 최종적으로 설치하는 데만 한 달이 걸린다. 따라서 공사가 중단되는 유휴 시간(idle time)이 불필요하게 많이 소비되는 단점이 있다. 반면, 스트랜드 잭 공법은 펌프로 유압을 발생시켜 물체를 끌어올리는 방식으로서, 설치 기간이 짧고 좁은 공간에서도 구현이 가능하다는 장점이 있었다. 단점으로는 공사 중에 적용할 수 없고 설계 단계에서 미리 계획을 세워야 도입, 운용이 가능하다는 점이 있으나 대림산업은 사전에 현장 조사를 철저히 하여 맞춤형 설계 단계에서 이미 스트랜트 잭 공법을 채택하기로 결정함으로써 보다 수월하게 시공하고 공기를 단축시켜 비용을 절감할 수 있었던 것이다.

만중 석탄 화력 발전소는 시간당 3,000톤의 물을 끓여 증기를 발생시키는데, 이 증기를 다시 식혀 물로 저장하기 위해 그 뜨거운 증기를 식히는 역할을 하는 냉각수로서 차가운 바닷물을 발전소까지 끌어와야 했다. 이를 위해서는 바다로부터 발전소까지 2.5km 되는 거리에 파이프라인을 설치하는 공사를 해야만 했다. 하지만 기존의 파이프라인이나 네모관 방식은 말레이시아 당국의 환경훼손 규제로 인해 채택이 불가능하였기에, 대림산업 임직원들은 머리를 맞대 '쉴드 터널(Shield Tunnel) 공법'을 적용하기로 했다. 직경 5.2m, 시간당 19만 톤의 바닷물이 흐를 수 있는 터널을 땅속으로 파서 연결하는 방식

◢◣ TBM 공법이 적용되어 시공 완료된 Cooling Water Intake

을 채택하여 작업 안전성과 속도를 높인 것이다. 쉴드 터널 공법은 원통형 굴착기로 땅굴을 파고 콘크리트로 마감하는 방식으로 해저 터널과 지하철 공사에 주로 사용되지만, 말레이시아 플랜트 건설 현장에 도입된 것은 최초였다. 또한, 협소한 사업부지의 단점을 극복하기 위해 플랜트 건설 현장에서 일반적으로 사용하지 않는 40톤급 타워크레인을 적용하였다. 40톤급 대형 타워크레인을 말레이시아 플랜트 현장에서 사용한 사례가 없어 초기 인허가 과정에서 어려움이 있었으나 지금은 현지 업체들로부터 선호되고 인정받는 최고의 인기 상품이 되었다.

"불가능을 가능하게 한 것은 임직원들의
면밀한 현지 탐사와 새로운 아이디어였다"

싱크로(Synchro) 및 1,000MW에 도달하다

2017년 9월 28일, 본사 임직원, 발주처 관계자, 현장 근로자 모두가 모인 가운데 공기 준수(COD)에 따른 전력 송출 시연을 개시하였다. 2014년 1월 2일에 착공하여 많은 우여곡절과 심혈을 기울인 공사 과정 및 모든 시험을 마치고 드디어 최초로 상업운전을 위한 전력 송출 버튼을 누르고 전력이 정상적으로 전력망에 송출되던 순간, 모두가 "와~!" 하는 탄성을 내질렀고, 이윽고 목표치인 1,000MW에 도달했을 때 그 함성과 박수는 발전소가 떠나가라 할 정도였다. 성공이었다. 모두가 가슴 벅찬 마음으로 기쁨의 환호성을 지르는 순간이었다. 일부는 기쁨에 눈물을 흘리며 서로 껴안고 그간의 수고와 고생을 위로하며 자축을 했다. 그렇게 45개월간의 역경을 극복한 대림산업의 말레이시아 화력 발전소 건설 프로젝트는 성공적으로 마무리되었고 발주처와 현지 근로자들로부터 격려와 찬사를 한껏 받을 수 있었다.

대림산업의 말레이시아 플랜트 건설 프로젝트 성공 요인은 여러 가지가 있을 수 있으나, 그중 가장 손꼽히는 동력은 대림의 저력인 '팀워크'였다. 설계, 조달, 시공팀의 모든

▗▄▖ 싱크로(Synchro) 성공 직전 숨죽이고 있는 사업주 및 대림산업 임직원

구성원들이 혼연일체가 되어 하나의 목표를 공유하고 자유롭게 의견을 개진하는 문화가 형성되어 입찰과 설계 단계에서도 꼼꼼히 준비할 수 있었고 문제가 발생할 시에도 모두가 합심하여 아이디어를 내고 적극적으로 대응하여 실제 현장 시공 단계에서도 무난한 일처리와 함께 공기 단축과 성능 효율이라는 가장 중요한 목표를 달성할 수 있었던 것이다. 더불어, 수십 년간 축적해온 기술력과 노하우뿐만 아니라 불가능해 보였던 입찰 조건과 짧은 공사 기간에 대해서도 결코 포기하지 않고 적극적으로 준비하고 경쟁하고 시도했던 '도전정신'이야말로 남들은 불가능하리라 여겼던 대규모 외국 국책 사업을 성공리에 마무리지을 수 있었던 배경이었다고 할 수 있다.

"싱크로(Synchro) 및 목표치인 1,000MW에 도달했을 때
그 함성과 박수는 발전소가 떠나가라 할 정도였다.
성공이었다"

이종운 대림산업 부장

이종운 대림산업 부장은 두산중공
업(옛 한국중공업) 원자력 발전소
건설사업부에 근무하다가 2008년
경력직으로 대림산업으로 이직하
였다. 대림산업 입사 직후 입찰팀에
근무하면서 당진 화력 발전소 9호
기, 10호기 건설 수주에 기여하였
고, 이후 말레이시아 만중 석탄 화력
발전소 수주 및 건설 프로젝트 수행
에 참여하였다. 현재는 신서천화력
보일러사업팀 부장으로 근무 중이
다.

플랜트 산업은
공학의 집약체이다

**Q 해외 플랜트 건설 외 직접 참여했던 플랜트 건
설 프로젝트로는 어떤 것이 있나요?**

2008년 두산중공업에서 대림산업으로 이직한
후 입찰팀에 근무하였고 당시 일본의 보일러 업체
인 MHPS와 함께 수행했던 충남 당진 화력 발전소
9호기, 10호기 건설 프로젝트 입찰, 수주에 성공한
경험이 있습니다.

**Q 해외 플랜트 프로젝트와 관련, 가장 어려웠던
순간과 가장 성취감을 느꼈던 순간은 언제였
나요?**

크게 어려웠던 순간은 없었습니다. 다만, 해외 출
장이 잦고 공기를 맞추는 데 몰입하다보면 어느 정

도 스트레스는 항상 품고 다니기 마련이죠. 출장이
잦다 보니 개인 시간이 많지 않았고 명절이나 연말
연시에도 업무차 출장을 가야 하는 것이 남들보다는
좀 더 감내해야 하는 점이었습니다. 그래도 몸은 힘
들지만 개인적으로는 재미있게 일할 수 있는 시간
이었습니다. 가장 좋았던 것은 프로젝트 수행에 여
러 가지 단계와 사이클이 있지만 하나하나 완수해갈
때, 문제가 발생했을 때 순차적으로 해결해나갈 수
있었을 때 가장 성취감을 느꼈습니다.

**Q 성공적인 프로젝트 수행에 필요한 요소는 무엇
이라 생각하나요?**

담당자, 혹은 직원으로서는 업무 범위와 목표에

대해 명확히 이해하고 있는지, 업무 추진 방향성은 직시하고 있는지, 또한 그 업무에 어떻게 임할 것인가에 대해 항상 생각하고 준비하는 자세가 중요하다고 봅니다. 특히, 약속된 시간 내에 업무, 또는 프로젝트를 완수하기 위해 꾸준히 매진하고 연구(study)하는 노력이 필요하다고 생각합니다. 회사 차원에서는 각 팀별, 팀 간에 필요한 부분이 무엇인지 먼저 탐색하여 배려해주고, 빠르고 합리적인 의사결정과 부서 간 업무 조율, 업무 수행을 위한 여러 가지 자원을 적시에 지원해주는 것이 목표 달성에 큰 도움이 된다고 봅니다.

Q 다른 기업과 차별화된 대림산업만의 경쟁력은 무엇인가요?

대림산업은 1939년 설립 이래 건설, 플랜트, 석유화학제품 부문에서 뛰어난 기술력과 노하우를 쌓아온 기업입니다. 시공 역량 또한 뛰어나기에 국내분만 아니라 중동, 동남아시아에서 많은 플랜트 프로젝트를 수행하였고 현재도 국가기반산업 건설에 힘쓰고 있습니다. 크게는 건설 산업부와 유화 사업부가 있으며, 특히 건설 산업부는 주택, 토목, 플랜트 건설 사업에 매진하고 있습니다.

Q 향후 계획 중에 있는 프로젝트가 있다면?

현재 제가 속해 있는 팀의 주력 업무로서 신서천 화력 발전소 건설을 진행 중에 있으며 대외비로 구체적으로 밝히기는 어렵지만 또 다른 해외 플랜트 프로젝트를 추진 중에 있습니다.

Q 정부 관련 기관이나 한국플랜트산업협회에 바라는 점이 있다면?

현재 해외 플랜트 건설이 전 세계적으로 활성화

되지 않고 있는 추세이기에 경쟁이 심하며 입찰, 수주에 여러 가지 제약과 난관이 따릅니다. 국내 기업들이 원활한 입찰, 수주활동을 할 수 있도록 다양한 정보 제공 및 정책적 지원을 해주길 바랍니다.

Q 대림산업이 바라는 인재상은 어떤 것인가요?

대림을 한자로 표시하면 '大林'으로서 한숲(큰숲)을 뜻합니다. 대림의 인재상인 '한숲인'은 약속을 지키고, 멀리 내다보고, 새로운 것을 찾고, 자기 일에 으뜸이 되고, 팀워크를 이루고, 근검절약을 하며, 고객을 잘 파악하는 7가지 덕목을 갖춘 사람을 가리킵니다. 개인적으로 덧붙이자면 업무에 있어서 디테일하고 집요해야 스케일이 큰 프로젝트를 차질 없이 수행해나갈 수 있다고 봅니다.

Q 플랜트 산업에 몸담고자 하는 청년들에게 전할 조언이 있다면?

플랜트 산업은 모든 공학의 집약체입니다. 따라서 이공계 각 분야의 조화가 필요한 분야입니다. 또한, 다소 부침은 있겠지만, 플랜트 산업은 앞으로도 지속적으로 발전할 것이기에 충분히 도전할 만한 분야입니다. 다만, 대학 내에서 전공 서적과 강의 내용만으로는 시야가 좁아질 수가 있기에, 재학 중에도 플랜트 산업에 대해 미리 충분히 탐색하고 파악해 둘 필요가 있습니다. 예를 들면, 기계공학이 플랜트에서 어떻게 적용되고 활용되는지를 파악해보는 관심과 노력이 필요할 것 같습니다. 말 그대로 산업 기반과 발판을 마련해주는 산업이기 때문에 향후에도 많은 기회가 있는 분야이므로 많은 학생들이 적극적으로 도전하길 바랍니다.

플랜트 시장이 있는 한 도전은 멈추지 않는다

인도네시아 찔라짭 중질유 분해 설비(RFCC) 현장 전경

프로젝트 국가 : 인도네시아

프로젝트명 : 인도네시아 찔라짭(CILACAP) 중질유 분해 설비(RFCC) 프로젝트

발주처 : 인도네시아 국영석유공사 페르타미나 (PT. PERTAMINA)

로컬 컨소시엄 : 인도네시아 국영공사업체 아디 까르야(Adhi Karya)

공사 기간 : 2011년 9월 ~ 2014년12월

총 사업비 : 8억 5,000만 불(약 9,400억 원)

GS 건설 수주 금액 : 6억 불(약 6,600억 원) – 총 사업비의 70%에 해당

설비 규모 :
- RFCC(중질유 분해) 62,000 BPSD(배럴/일)
- NHT(나프타 탈황공정) 37,600 BPSD(배럴/일)

중질유 분해 설비 최강자 GS건설

휘발유, 경유, 등유 등 수많은 석유제품은 모두 원유에서 만들어지는데, 이처럼 원유를 재료로 하여 각종 석유제품과 반제품을 만드는 과정을 정유 과정이라고 부른다. 산유국으로부터 수입된 원유는 용도에 따라 대형 탱크에 저장한 후 정유 시설로 옮겨지게 되고, 정제 설비의 증류탑으로부터 각 끓는점에 따라 LPG, 휘발유, 등유, 경유, 벙커C유(중질유) 등으로 분리되며, 그 외에도 각종 윤활유, 아스팔트, 코크스 또한 추출된다. 이 가운데 중질유는 다시 고도화 시설을 통해 경유, 휘발유 등 고부가가치 정제 제품으로 만들어진다. 이렇게 원유를 가공하여 에너지와 화학제품 등 고부가가치 제품을 생산해내는 정유공장 및 석유화학공장은 고도의 기술력과 자본, 설비를 요하는 대표적인 플랜트 산업으로서 우리나라도 오직 소수의 대기업만이 국내 정유, 석유화학단지 조성은 물론, 해외 플랜트 건설 사업을 펼쳐나가고 있다. 그 가운데에서도 GS건설은 1969년 창사 이래 토목, 건축, 주택 사업 및 플랜트, 전력, 환경 부문의 사업을 전개하며 꾸준히 성장해옴으로써 2016년 세계적 건설전문지인 ENR로부터 세계 250대 건설사 중 22위에 선정되기도 한 종합 건설사이다.

위와 같이 GS건설의 사업 영역이 다변화된 가운데 특히 해외에서 각광을 받고 있는 분야는 플랜트 사업 부문이다. 플랜트는 일반적인 건설이 아닌, 원료나 제품 생산을 하는 시설, 또는 공장을 짓는 사업으로서 말 그대로 EPC(Engineering, Procurement, Construction)가 필수적으로 요구되며, 그에 필요한 기술력과 노하우가 필요한 사업 영역이라 할 수 있다.

GS건설은 그와 같은 수많은 공사 경험과 다년간 축적된 기술력을 바탕으로 국내는 물론, 해외에서도 정유, 가스, 석유화학 플랜트 사업 또한 활발히 전개해오고 있는데 특히 아시아 시장에서 성공한 프로젝트 가운데 대표적인 것이 2011년에 수주, 착공하여 2014년 완수한 '인도네시아 찔라짭 중질유 분해 설비(RFCC)' 건설 프로젝트이다. 중질유 분해 설비(RFCC) 플랜트는 증류탑에서 원유를 끓여 액화석유가스(LPG), 휘발유, 등유, 경유 등을 생산하고 남은 잔사유를 리액터로 반응시켜 휘발유, 등유, 경유 등을 다시

뽑아내는 고도화 설비로서, 수익성이 높아 '지상 유전'으로까지 불리고 있어 산유국들이 기존 정유공장에 RFCC 설비를 추가로 지으면서 2010년대에 들어 발주량이 증가했다.

　"이미 국내에서 정유 고도화 설비 공사에 대해 탁월한 수행 능력을 입증한 GS건설은 2009년경 세계 최대 규모의 중질유 분해 설비 플랜트인 UAE 루와이스 정유 정제 시설을 31억 불에 수주하는 쾌거를 올리게 되었고 여세를 몰아 인도네시아 국영 석유회사인 PERTAMINA가 추진하는 찔라짭 중질유 분해 설비 플랜트 공사 입찰에 참가하게 되었습니다." 인도네시아 플랜트 사업 수주 배경 설명이다. 이 사업은 인도네시아의 수도 자카르타에서 남동쪽으로 약 500km 떨어진 찔라짭 정유공단 내에 대형 고도화 설비를 건설하는 프로젝트로, 완공 후 하루 6만 2,000배럴의 중질유를 분해, 고부가가치의 제품을 생산하는 사업이었다.

"UAE 루와이스 정유 정제 시설을 31억 불에 수주했던 여세를 몰아

인도네시아 찔라짭 중질유 분해 설비 플랜트를 수주하였다"

까다롭고 치열했던 수주 경쟁

　　인도네시아 사업을 수주하게 된 구체적인 계기를 묻자 "인도네시아는 약 2억 8,000만 명의 인구를 가진 나라로 중국, 인도, 미국에 이어 세계 4위의 인구 대국이자 경제성장 가능성이 높은 이머징 마켓(Emerging Market)의 선두주자로 꼽힙니다. 또, 동남아시아 최대의 산유국으로 석탄, 주석, 금, 동, 니켈 등 천연자원도 풍부한 자원 부국이죠. 특히 인도네시아는 GS건설이 1990년 초부터 25년 이상 정유, 석유화학, 인프라 및 개발 사업을 꾸준히 추진해왔던, 베트남, 태국과 함께 동남아의 주요 타깃 시장으로서 당시에 현지 발주처, 동종 업체, 협력사와 지속적인 신뢰관계를 쌓고 풍부한 공사 경험 및 노하우 등의 강점을 키워온 곳이었습니다. 이러한 강점을 비롯하여 정유 고도화 설비에 대한 세계적인 수준의 수행 능력, 인도네시아 시장에 대한 자신감이 바탕이 되어 찔라짭 프로젝트를 수주할 수 있었다고 봅니다."라는 답이 돌아왔다.

　　GS건설 플랜트 사업의 강점 중 하나가 정유 사업 부문으로 관계사로는 GS칼텍스가 있다. 현재 여수산업단지에서 하루 79만 배럴의 정유를 생산하고 있다고 한다. 단일 정유 공장으로는 세계 3위에 해당하는 규모이다. 그러한 정유공장의 중요 설비를 GS건설이 건설하여 활발히 운용하고 있었고 중동의 아랍에미리트(UAE)에서도 세계에서 가장 큰 정제 설비인, 총 사업비 31억 불에 달하는 중질유 분해 설비(127,000BPSD) 건설 프로젝트(2009년 12월~2015년 3월)를 수주했음은 물론, 아시아의 대만에도 대규모 중질유 분해

🔳 장비 설치에 사용되었던 3,200톤 자이언트 크레인

설비 단지(Complex)를 건설함으로써 GS건설이 보유한 세계적인 기술력과 노하우가 인도네시아 발주처에 크게 어필했다. "당시 인도네시아 국영 석유공사 PERTAMINA가 사업주로서 100% 투자하는 프로젝트였기 때문에 로컬 회사들이 참여하고 외국 기업이 협업해서 입찰하는 형태였어요. 그래서 우리 회사와 파트너가 된 기업이 인도네시아 국영 공사업체인 아디 까르야(Adhi Karya)였고 그들과 컨소시엄을 이룬 것도 강제 규정인 입찰 조건에 부합했던 것이죠"라며 수주 과정의 비하인드 스토리를 전했다.

첫 심사는 기술적인 역량에 치중하여 이뤄지고 이를 통과한 기업들을 대상으로 가격 심사를 했다고 한다. 아무래도 낯선 환경이기 때문에 정확한 공사비를 산출하여 견적을 내야 할 필요가 있었다. 수익성을 고려하되, 최대한 현실성 있는 가격을 얻기 위해 실제 공사에 참여할 업체들로부터 견적서를 받고 면밀히 분석을 해서 합리적인 가격을 제시한 결과, 최고 점수를 얻었다. 특히 수주 과정에서 이탈리아의 사이펨(Saipem), 일본의 도요엔지니어링, 중국의 시노펙(Sinopec) 등과 치열한 경쟁을 벌이기도 하였으나 기술력, 가격 경쟁력에서 GS건설이 모두 앞서 그들을 누르고 최종 낙찰자가 되었던 것이다.

"이탈리아, 일본, 중국 기업과 치열한 경쟁을 벌인 결과
기술력, 가격 경쟁력에서 GS건설이 모두 앞서 최종 낙찰자가 되었다"

▟◣ 공사가 한창 진행 중인 찔라짭 중질유 분해 설비(RFCC) 현장

난관을 극복하고 갈등을 해소하며

"당시에는 GS건설뿐만 아니라 다른 플랜트 업체들도 중동, 동남아시아 등으로 적극적인 해외 진출을 모색하고 있었어요. 그래서 경영진도 적극적으로 지원을 해주었기 때문에 내부 의사결정 과정에서는 큰 문제가 없었어요. 인도네시아에서는 1997년 우리나라가 IMF사태를 겪을 때 빠져나왔다가 약 15년 만에 다시 진출한 것이었는데 태국과 함께 동남아시아 주력 시장인 인도네시아 시장을 탈환한 셈이지요. 더욱이 2011년 당시 인도네시아에는 대형 프로젝트가 없었고 우리가 수주한 찔라짭 프로젝트가 가장 규모가 컸습니다."라며 인도네시아 시장 재진출의 의미를 덧붙였다.

프로젝트 수주 및 계약을 맺고 사업을 진행하는 데 여러 가지 난관에 부딪쳐 애를 먹은 적도 많았다. "컨소시엄 방식으로 업무가 구분이 되었기 때문에 로컬 파트너사와의 큰 마찰은 없었어요. 그들은 주로 토목 쪽에 강점이 있었고 우리는 플랜트 프로세스, 즉 공정 쪽을 수행했기 때문에 결과적으로 협업은 잘 되었답니다. 다만, 초기 단계에서 공사 현장 부지 정지 작업 도중에 과거 공장 건설 과정에서 묻어두었던 엄청난 양의 폐기물이 발견되어 이로 인해 공기가 지연되고 예기치 않은 막대한 추가 비용이 발생되어 갈등이 있었던 적도 있어요. 발주처는 공기가 지연되는 것에 대해 우려를 하는 입장이었고 우리 입장은 공기가 지연되는 것은 물론, 추가 비용이 문제였기에 이에 대한 보상을 하도록 발주처를 설득하는 과정이 힘들었습니다. 결국은 발주처가 공기를 연장해주고 금전적으로도 보상을 하는 식으로 협의가 되었고 우리도 지연되었던 공기를 다시 앞당기고자 많은 노력을 했기 때문에 그 이후론 관계가 더더욱 좋아지고 협업도 더 잘 되었습니다."

공사 초기 발주처도 예상치 못한 폐기물의 발견으로 인해서 공사 일정과 비용이 영향을 받을 것으로 예상되자, 계약서 조항을 근거로 GS건설에 모든 책임을 전가시키려고 하기도 했음에도 GS건설은 서로 신뢰를 바탕으로 갈등을 해소하고자 많은 노력을 했다. 특히 뒤처진 공기를 만회하려는 노력과 어려움을 헤쳐가며 일하면서도 수시로 연락을 하고 교신하고 소통하려 애쓰는 GS건설의 진심을 헤아린 발주처가 그때부터 적극적으로 협조를 해줌으로써 공사가 예전보다 더 활발히 진행될 수 있었고 결국 파트너사를 포함하여 삼자가 모두 원활한 협력관계를 유지함으로써 프로젝트를 성공적으로 완수하는 계기가 되었다.

"의사소통 문제가 있기는 했지만 인도네시아어는 배우기가 쉬운 편이라 큰 문제는 없었어요. 문화적인 차이가 있는 것은 당연한 사실이지요. 한국인과 비교하자면 인도네시아 현지인들은 그리 부지런하지 않은 듯하고 시간 개념도 약해요. 약속도 잘 안 지키는 편이고요. 월급이 나오면 다음날 현장에 안 나오는 사람도 많았을 정도로 돈을 벌어 열심히 저축하겠다는 마음보다는 돈이 생기면 그저 즐기는 데 쓰는 것 같았습니다. 그러한 노동 환경이다 보니 근로자들에게 성과급을 주면서 동기부여도 하고 업무도 단위별로 쪼개서 부여하면서 공정 관리를 하고자 노력을 많이 했어요. 업무 효율이 떨어지는 만큼 인건비가 상대적으로 저렴하니까 인력 충원으로 효율을 높이기도 했고요. 한국에서의 관리 방식을 적용하기보다는 현지 사정을 잘 아는 협력 업체를 섭외하여 인력 관리를 잘 하도록 맡긴 점도 또 다른 비결이었습니다." GS건설이 인도네시아 현지 근로문화에 대처했던 방식이었다.

> *"뒤처진 공기를 만회하려는 노력과 원활한 소통을 위해*
> *먼저 다가서는 GS건설의 진심을 헤아린 발주처가*
> *적극적으로 협조를 하기 시작했다"*

<table>
<tr><td>주 반응기 설치 작업</td><td>촉매 재생기 설치 작업</td></tr>
</table>

인도네시아는 더운 나라라서 일 년 내내 일할 수 있지 않을까 하겠지만 실상은 비가 많이 내리는 나라여서 공사를 할 수 있는 날이 생각보다 적다. 어느 달엔 통계치보다도 훨씬 많은 양의 비가 쏟아져 공사가 지연된 적도 많았다고 한다. "비가 올 때도 공사를 진행할 수 있는 방안을 모색하기도 했고 지연된 만큼 공기를 앞당기는 방안을 강구해야만 했어요. 한 번은 인근 지역에 있는 화산이 폭발하는 바람에 화산재와 먼지가 너무 많이 쌓여 공사를 못 했던 적도 있었고 인도네시아 대통령이 공사 현장을 방문한다고 작업 중이던 것을 치우고 정리하는 바람에 공사를 중단한 적도 있었습니다."라며 현지 사정으로 공사가 지연되었던 때를 설명해주었다.

인도네시아인 가운데 90% 이상이 무슬림이기 때문에 그로 인한 종교문화 또한 직간접으로 프로젝트에 영향을 미쳤다고 한다. "이슬람교뿐만 아니라 개신교, 가톨릭교, 불교, 유교 등도 동등하게 배려하고 인정하는 문화라서 각 종교와 관련된 휴일 모두를 쉬더군요. 무슬림이 금식하는 라마단 기간에는 업무를 일찍 시작해서 사무실 문을 일찍 닫고요. 또 라마단이 끝나고 시작되는 명절인 르바란 기간은 원래 공식적으로는 이틀이나 삼일 정도 쉬도록 되어 있지만 대개는 2주 정도를 다 쉽니다. 회사에서도 뭐라 하지 않아요."

경험과 자신감이 새로운 도전을 이끈다

"수도 자카르타에서 찔라짭까지 기차로 갈 수도 있고 12인승 경비행기로 갈 수도 있어요. 도로는 왕복 2차선에 비포장도로라 시간이 많이 걸려요. 기차는 창문도 많이 깨져 있고 바퀴벌레도 많아요. 아마도 찔라짭이 시골이라서 노선이 열악한 것이겠죠. 비행기로 갈 때는 소형 경비행기라 마치 롤러코스터를 타는 느낌이 들곤 했어요."라며 당시의 불안했던 탑승 소감을 밝혔다. 그 밖에도 현지에 근무하다 보면 물갈이로 인해 한동안 설사로 고생하는 사람도 많고 병이 나서 위급한 상황에 빠지는 경우도 생겼다고 한다. "병원들이 좀 열악한 편이라서 진단이 정확하지 않은 경우가 많아요. 언젠가 한 번은 프로젝트 관리하는 분께서 몸이 편찮아 자카르타에 있는 병원으로 안내를 했는데 감기약만 처방을 받았더라고요. 근데 얘기를 들으니 심상치 않아 피검사를 받으라고 했어요. 그런데도 정확한 진단을 못하기에 다른 병원에 갔더니 결국 맹장염으로 밝혀져 급히 수술을 해야 했지요. 그만큼 병원들 수준이 좀 낮은 편이에요. 상수도도 미비해서 자카르타만 해도 보급률이 20% 미만이고 지하수를 많이 쓰는 것 같습니다. 우리 직원들에게는 위생교육을 철저히 하고 음식이나 식수를 엄격히 관리했기 때문에 다행히 큰 문제는 발생하지 않았습니다."

이렇듯 인도네시아 프로젝트 자체로 인한 이슈와 난관은 물론 현지 자연환경과 문화적인 특성으로 인해 겪게 되는 여러 가지 애로사항이나 불편함이 많았다고 한다. 하지만 해외 플랜트 사업 수주와 추진에 있어서 그러한 크고 작은 문제들은 언제나 있기 마련이다. 중요한 것은 그것들을 어떻게 바라보고 어떤 대안을 마련하고 어떻게 극복할 것인가이다.

"수많은 난관과 어려움이 따르는 해외 플랜트 프로젝트를 준비하는 이유는
새로운 도전을 기다리는 플랜트 현장이 있기 때문이다"

GS건설의 인도네시아 찔라짭 프로젝트 참여자들은 문제를 만났을 때 대안과 해결방안을 찾아 끈기 있게 매달린 결과 프로젝트를 성공리에 완수할 수 있었다고 한다. 특히 인도네시아 문화, 특히 발주처가 만장일치에 가까운 합의를 중시하고 누군가 혼자서 결정하는 것에 거부감을 느끼는 조직이었기에 의사결정이 느리고 시간 소모도 많아 그러한 사람들을 설득해가며 움직이게 하는 것이 결코 순탄치 않았다고 한다. 또, 한 사람만 설득해서 되는 것이 아니라 관련된 부서를 찾아다니며 일일이 동의를 얻어내야 했고 그 모든 과정을 프로젝트에 참여한 임직원들이 끈기 있게 노력했기에 가능했던 프로젝트였음을 강조한다. GS건설은 그러한 과정에서 발주처의 신임을 얻고 적극적인 협조를 얻어 찔라짭 프로젝트를 성공적으로 완수할 수 있었으며 설계용량 대비 115%까지 초과하여 운전이 가능할 정도로 좋은 품질로 설비를 공사하여 최종적으로 발주처에 인계할 수 있

■■■ 찔라짭 중질유 분해 설비(RFCC)공장 완공 모습

었다고 한다.

　현재 GS건설은 찔라짭 프로젝트 성공을 바탕으로 총 사업비가 약 4조 원에 달하는, 또 다른 인도네시아 대규모 플랜트 사업에 도전할 준비를 하고 있다. 동남아시아 가운데 특히 인도네시아는 발전 가능성이 클 뿐만 아니라 설비투자를 늘리는 데 적극적인 나라로서 시장 규모와 잠재력이 크다. 하지만 이러한 이유뿐만 아니라 RFCC 플랜트 분야의 세계 최강자로서 GS건설만이 가진 해외 플랜트 기술력, 경험, 노하우와 불굴의 도전정신, 자신감은 그 어떤 어려움이라도 극복하고 성공으로 이끌 수 있는 동력이었다.

플랜트 사업은 회사의 **모든 역량**이 발휘되는 종합예술이다

임병구·정충영 GS건설 부장

GS건설 임병구 부장은 1997년에 GS건설에 입사하여 전략기획 부서에서 근무하다가 플랜트 해외 영업 부서로 자리를 옮겨 많은 해외 플랜트 건설 프로젝트 영업에 참여해왔다. 2014년부터 2017년까지는 인도네시아 자카르타 지사장을 역임한 뒤 본사로 복귀하여 현재 플랜트 해외영업팀에서 근무하고 있다

GS건설 정충영 부장도 1997년에 GS건설에 입사하여 카타르 정유 프로젝트, 이란 가스 처리 프로젝트 등 대형 프로젝트에 엔지니어로서 참여했다. 2006년부터 플랜트 해외 영업 부서로 자리를 옮겨 동남아시아, 중앙아시아, 중동 등 다양한 지역과 국가의 영업 및 수주·계약 달성을 통해 플랜트 해외 영업 전문가로서 내공을 단련해왔다.

Q 발주처 또는 고객사와의 신뢰관계를 유지하는 노하우는 무엇인가요?

임병구 부장_ 그 무엇보다 프로젝트를 성실히 수행하고 완수하는 것이 중요하죠. 그렇게 하면 발주처가 우리를 다시 찾을 수밖에 없다고 봅니다. 찔라짭 프로젝트 완수를 계기로 현재도 인도네시아 발주처와는 돈독한 신뢰관계를 유지 중이며, 총 사업비 4조 원에 달하는 후속 프로젝트에 대한 입찰을 준비하는 데 좀 더 유리한 위치에 설 수 있다고 생각됩니다.

Q 인도네시아 시장에 진출하고자 하는 국내 기업에게 조언을 해주신다면?

정충영 부장_ 인도네시아 시장 진출에 장애 요소가 많아 부정적으로 생각할 수도 있지만 장애 요소들은 발주처와 함께 풀어갈 수 있는 문제이기 때문에 긍정적인 요소 또한 많다고 봅니다. 방법을 강구하면 대체로 해결책을 마련할 수 있는 나라입니다. 특히 규모가 작은 프로젝트들도 많기 때문에 중소기업의 진출도 바람직하고요.

임병구 부장_ 인도네시아 시장은 규모도 크고 언어장벽도 높지 않아요. 인도네시아어는 세계에서 가장 배우기 쉬운 언어라고 해요. 또 인도네시아에서 한류가 인기를 얻고 있는 만큼 우리나라에 대한 호감과 존중이 있습니다. 인구도 많고 한창 성장하고 있는 나라라서 잠재력과 시장성이 있는 나라예요. 다만, 실망스럽거나 부정적인 면도 없진 않죠. 사업 측면에서 볼 때 너무 느긋해 답답한 경우가 많답니다. '우리나라 시계는 뛰어가고, 일본 시계는 걸어가고, 인도네시아 시계는 기어가다가 가끔씩 잔다'라는 우스갯소리가 있을 정도죠.

Q 해외 플랜트 프로젝트 추진 과정에서 개인적으로 가장 힘들었던 때와 가장 기뻤던 순간이 있다면 언제인가요?

정충영 부장_ 플랜트 사업은 어느 한 사람이 혼자서 할 수 있는 일이 아니고 EPC를 포함해서 기술력, 공정 관리, 인력 관리 등 회사의 모든 역량이 한꺼번에 투여되고 발휘되는 종합예술과 같은 사업입니다. 그래서 모든 사람들이 합심해서 정유공장, 석유화학공장을 만들어 공장들이 돌아가고 제품이 나올 때 가장 큰 성취감을 느끼게 됩니다. 물론, 수주산업이라서 영업 또한 중요한 일이고 수주를 했을 때의 기쁨도 역시 간과할 수 없지요.

임병구 부장_ 저는 2000년대 초반부터 후반까지 기획 쪽에서 일을 하면서 우리나라 플랜트 산업이 비약적으로 발전하는 과정을 직접 보고 체험할 수 있었습니다. 우리 회사만 해도 매출이 10배 이상 성장할 정도로 우리나라 플랜트 엔지니어링 회사들이 도약하는 과정을 직접 목격할 수 있어서 좋았습니다. 비록 지금은 우리나라 엔지니어링 업계가 어려움을 겪고 있지만, 머지않아 또다시 예전과 같이 발전하고 성장할 수 있는 기회가 오리라 기대합니다.

Q 정부, 유관기관, 한국플랜트산업협회에 바라는 점이 있다면?

정충영 부장_ 얼마 전 인도네시아 대통령이 방한해서 성대한 의전을 베풀어주기도 했는데 정상외교를 통해 국가 간 관계를 친밀하게 유지한다면 현지에 진출한 기업이나 회사들도 사업하는 데 도움이 많이 됩니다. 현지 정부나 발주처, 협력 업체로부터의 협력과 지원도 수월해질 수 있고요. 인도네시아 같은 경우 해외로부터 투자 유치를 많이 받으려 하는데 우리나라의 경우는 실질적으로 사업성 및 금융 측면에서 제한 사항이 있어 투자가 이루어지지 못할 때가 많은 것 같습니다. 한국 기업이 인도네시아에 진출할 때 수출입은행 등에서 보다 적극적으로 지원해준다면 사업을 추진하고 성공시키는 데 커다란 도움이 되리라 생각합니다.

Q 플랜트 산업에 몸담고자 하는 청년들에게 조언 한마디 부탁드립니다.

임병구 부장_ 플랜트 산업계가 최근에 해외 사업에서 많은 손실로 큰 어려움을 겪어왔습니다. 힘들었던 과정을 겪은 후에 이제 좀 안정화되었다고 볼 수 있습니다. 이 업계에 몸담고자 하는 청년들은 외형에만 집착하지 말고 획기적인 비즈니스 모델을 새로 발굴하고 개척해서 우리나라 엔지니어링 업체들을 세계 시장에서 내실 있고 선도적인 역할을 하는 업체로 거듭나도록 도와주길 바라는 마음입니다.

정충영 부장_ 역동적인 산업이라 여러 가지 어려움도 극복해야 하겠지만 다른 한편으로 성취감과 만족감이 큰 분야라고 할 수 있습니다. 고생한 만큼 성장도 하며 역량도 키울 수 있기 때문에 청년들에게 적극 추천하고 싶은 분야입니다. 글로벌 시대 흐름에 맞춰 전 세계가 자신의 활동 무대가 될 수 있기 때문에 진취적이고 미래지향적인 젊은이들이라면 자신의 역량을 발휘하면서 자기 계발을 하고 성취감을 얻을 수 있는 이 분야가 최적이라고 할 수 있습니다.

엔지니어링에서
EPC 업체로 도약하다

기존 공장 철거 및 보강 공사 후 파일 시공 준비 중인 현장(건설 전 전경)

프로젝트 국가 : 인도네시아

프로젝트명 : ASPEX Steam Turbine Expansion Project(EPC)

발주처 : ASPEX(인도네시아 KORINDO 그룹 자회사)

사업 기간 : 2015년 2월 ~ 2016년 7월(약 17개월 소요)

사업 개요 : 인도네시아 Cileungsi, Bogor, West Java에 위치한 PT. ASPEX
KUMBONG(KORINDO 그룹의 제지사업부)의 기존 열병합 발전소(보일러 50ton/hr x 3units, 스팀
터빈 20MW)로부터 발생되는 잉여 스팀 약 50ton/hr를 활용한 13.1MW 용량의 스팀 터빈 증설

신뢰가 바탕이 된 신규 프로젝트 수주

동남아시아의 열도로 이루어진 나라 인도네시아는 약 2억 7,000만 명이 살고 있는, 세계에서 네 번째로 인구가 많은 나라다. 수도는 자카르타, 서쪽 수마트라섬에서 동쪽의 뉴기니섬까지 약 5,100km, 남북으로는 약 1,600km에 걸쳐 길게 펼쳐진 섬나라이다. 동쪽으로는 파푸아뉴기니와 아라푸라해, 남쪽과 서쪽으로는 인도양, 북서쪽으로는 안다만해, 북쪽으로는 말라카 해협, 남중국해, 셀레베스해, 태평양 서부 해역과 이웃하고 있다. 종교는 이슬람교가 88%, 나머지는 개신교와 천주교이다. 인도네시아의 주요 섬들은 열대림으로 뒤덮인 화산성 산들로 이루어져 있는데, 남쪽에는 수마트라, 자바, 발리, 롬보크, 숨바, 플로레스, 티모르섬이 서에서 동으로 늘어서 있고, 북쪽에는 세계에서 세 번째로 큰 섬인 칼리만탄(보르네오)섬이 있다. 목재 산업이 계속 성장하여 석유와 천연가스와 함께 비중이 큰 수출품이 되었으나 급속한 개발 사업으로 광대한 열대우림이 점차 줄어들게 됨에 따라 인도네시아 정부는 최근 원목 수출이나 산림 개발에 제동을 걸고 있다.

용역명 : Aspex Coal Fired Power Plant EPC in Indonesia
(Steam Turbine Expansion)
시설용량 : S/G 13.4MW

▪▪ 준공 조감도 및 전경

광업 부문은 주로 수마트라와 칼리만탄을 중심으로 한 석유, 천연가스 생산에 집중되어 있다. 1970년대부터 우리나라 건설 업체들이 진출하여 공사를 수주하고 마두라 유전개발에 참여하는 등 민간 교류가 활발하게 이루어져 왔으며, 2,000개 이상의 한인 기업이 활동하고 있다.

그 가운데 1969년 설립된 코린도(KORINDO) 그룹은 목재, 제지, 화학, 물류, 금융 등 30여 개의 자회사와 2만 5,000여 명의 직원을 둔 인도네시아에서 대표적인 한국 기업으로서, 2014년 제지 사업을 담당하는 자회사 아스펙(ASPEX)이 제지 공장 내에서 발생되는 잉여 스팀을 활용해 스팀 터빈을 돌려 전력을 생산해 자체 소비함으로써 전력비를 절감하려는 계획을 세웠다.

'ASPEX Steam Turbine Expansion Project'라는 이름에서 알 수 있듯, 기존에 있던 열병합 발전소의 스팀 터빈을 확장하는 공사로서 이를 한국의 도화엔지니어링이 수주하게 되었다. 이 프로젝트를 수주하게 된 가장 큰 계기는 사업 수행 경험이었다. 도화엔지니어링은 이 프로젝트 이전에 코린도 그룹에서 발주한 BPP(Biomass Power Plant) EPC 사업을 성공적으로 수행한 경험이 있었다. 도화엔지니어링 박준희 부사장은 "이미 신뢰 관계가 굳게 형성되어 있었기 때문에 후속 프로젝트로서 아스펙 프로젝트를 수주하는 데 큰 어려움은 없었다."고 당시를 회상했다.

> *"신뢰관계가 있었기 때문에 후속 프로젝트로서*
> *ASPEX 프로젝트를 수주할 수 있었다"*

코린도 그룹은 60년대 말부터 인도네시아 칼리만탄에서 대규모 조림지를 조성하고 이후 자회사를 통해 목재, 펄프 생산 사업을 지속해 오던 중 2011년에 코린도 그룹과 일본 Oji Paper(왕자 제지)가 합작해 PT. Korintiga Hutani(KH)를 설립했다. KH는 연간 100만 톤에 달하는 펄프 칩 생산에 필요한 전력을 원활하게 공급 받기 위해 바이오매스 발전 플랜트 건설 EPC를 발주하고 이를 도화엔지니어링이 수주하여 2011년 8월부터 2013년 3월까지 약 18개월 동안의 프로젝트를 성공적으로 완수, 그 실적은 새로운 스팀

착공식

터빈 확장 공사의 수주로 이어졌다.

코린도 그룹이 이전에 발주했던 EPC 사업을 수행한 경험이 있었기에 기존 공장 시설에 대한 지식과 경험으로 기존 시설과 추가 시설에 대한 연계성과 효율성을 높일 수 있었다. 자금 조달면에서도 발주처가 자금을 확충하고 투자하는 방식이었기 때문에 EPC 업체가 별도로 투자를 할 필요도 없었다. 이전 프로젝트를 수행하기 위해 2011년에 설립한 지사를 통해 수집해온 인도네시아에 대한 각종 정보와 시장 조사, 법규 검토 자료 등도 풍부했다. 발주처와 두터운 관계를 유지하면서 인도네시아 정부 부처 인허가 신청 및 발급 과정에서도 여러 가지 도움을 받을 수 있었다. 별다른 문제만 없다면 이번 프로젝트도 성공적으로 수행할 수 있을 것 같았다. 그러나 수월할 것 같았던 이번 프로젝트에도 복병은 있었다.

여러 난관과 시행착오를 극복해 나가다

프로젝트 수주는 순조로웠으나 실제 시공 과정은 그리 간단치 않았다. 박 부사장은 "아무래도 국외에서 진행하는 프로젝트이기 때문에 현지 정보를 충분히 파악했음에도 불구하고 여러 가지 상황 변화와 새로운 이슈에 대처를 해야 하는 것이 어려웠다. 또한 설계와 감리 부문에서는 많은 경험이 축적되어 있었지만 EPC 프로젝트의 특성상 포함된 조달 업무는 경험이 많지 않아 자재 확보와 통관 등, 여러 가지 어려움을 겪었다."고 아쉬움을 표시했다. 결국 인력과 장비 수급은 인도네시아 내에서 다수의 시공 경험이 있는 업체와 공동작업(Joint Operation) 계약을 맺어 해결할 수밖에 없었다.

> "현지 정보를 충분히 파악했음에도 불구하고
> 여러 가지 상황 변화와 새로운 이슈에 대처해야 했다"

난관은 공사과정에서도 이어졌다. 보일러가 가동 중인 공장을 확장하는 공사였기에 위험 요소가 적지 않았던 것이다. 기존 전기 시설과 수처리 시설을 이용하면서 보일러의 운전을 고려하는 계획이 수반되어야 했고, 당연히 전기와 수처리 용량이 증가되어 이를 모두 수용할 수 있는 새로운 설비가 필요했다. 보일러 후단에서 고압의 스팀을 뽑아 터빈으로 공급하는 데 안전상의 문제도 있었고, 기존에 있던 공장 운용 공정을 바꾸는 과

터빈동 철골 공사와 쿨링타워(cooling tower) 건설 공사 중 　　　쿨링타워(clooing tower) 건설과
데미 물탱크(demi water tank) 건설 중

정에 기존 공장과 신규 설비가 상충되지 않도록 해야 해서 신규 플랜트를 시공하는 것보다 오히려 더 까다로운 상황이었다. 더불어 신규 발전 시설 증설로 인해 인도네시아 전력청으로부터 공급받는 전기 사용량이 크게 감소함에 따라 시운전 때 전력청과 협의한 전력량 조율 일정을 지키기 위한 공기 준수가 매우 중요했다.

인력 관리 측면에서도 여러 가지 애로사항이 있었다. 이슬람 국가인 인도네시아는 우리나라와 휴일이 다르고 현지인을 고용해야 하는 규정이 있었다. 이뿐만 아니라 현지인이 문제를 일으켰을 경우 법적으로 대처하는 과정이 매우 까다롭기 때문에 사전에 문제가 발생하지 않도록 각별히 신경을 써야 했다. CCTV가 없을 때 고가의 케이블을 도난당한 적도 있었고 자잘한 기자재가 수시로 없어지곤 했다고 한다.

"현지 근로자들은 우리나라 사람들처럼 공기를 지켜야 한다는 절실함이 부족하고 적극적으로 일하지도 않아요. 용접공이 일하고 있으면 파이프 자르는 사람은 쉬고 있다든지, 비가 많이 오면 아예 나오지도 않는다든지, 일한다 싶으면 기도 시간이라고 손을 씻고 하루에 다섯 번씩 기도를 합니다. 일을 너무 많이 시킨다고 단체 행동에 나서기도 합니다. 인건비가 싸다고는 하지만 업무 효율이 떨어지니 결과적으로 볼 때 그리 싼 것도 아닌 셈이죠." 박 부사장은 인력 관리상의 어려움을 떠올렸다.

날씨 변수도 많았다. 인도네시아는 좌우로 길게 펼쳐진 섬들로 구성된 나라이기 때문에 각각의 섬마다 우기와 건기가 다른데, 작업 현장은 11월에서 2월까지 비가 많이 오는

▪▫ 건설 중인 사업부지 전경

메인 설비 터빈 설치작업   안정적으로 운전되고 있는 터빈

지역이었다. 평상시엔 스콜(열대 지방에서 오후에 갑자기 내리는 소나기와 세차게 부는 비바람)이 반복되지만 우기에는 폭우로 인해 다리가 끊기기도 했다. 그렇기 때문에 계절과 날씨 예보도 주시하면서 스케줄을 조절하는 것이 관건이었다.

외국인으로서 인도네시아 내에서 사업을 하기 위해 따라야 하는 인도네시아의 법규도 매우 까다로웠다. 박 부사장은 "건축은 해당 국가의 법에 따라 인허가를 받아야 하고 우리가 모르는 문제가 발생할 수도 있기 때문에 경험이 쌓이기 전까지는 로컬 업체에 맡겨야 한다. 예를 들면, 근로자 숙소가 공장 밖에 있어야 한다는 규정과 같은 것이 그렇다. 토목 공사 시에도 환경 관련 법규를 잘 알아야 시행착오를 줄일 수 있다. 메인 프로세스와 발전 공정, 스팀이 어디서 나와 어떻게 작동하는지 등의 기술적인 부분은 현지 업체가 잘 모르므로 어차피 우리가 해야 하지만 대기 오염, 폐수 등 환경 문제와 연계된 작업들은 규제가 강하므로 대비를 철저히 해야 한다."고 해외 사업의 팁을 전했다.

통관과 관련된 세관, 관세 등 규정에도 대비가 필요하다. 박 부사장은 "예전에 인도네시아 석탄 발전소 프로젝트를 1억 불에 수주했다. 인도네시아 세관에 기자재 리스트를 신고하여 이미 기자재 용량이 묶였는데, 추후 설계를 하면서 바뀐 부분을 다시 신고하지 않은 채 용량이 다른 기자재가 들어가니 신고한 리스트와 달라 6개월 동안 통관이 되지 않고 부두에 묶인 적이 있었다. 해결하려 동분서주했지만 소용없었고 결국은 5,000만 불을 손해볼 수밖에 없었다."며 장비 조달과 통관 업무의 중요성을 재차 강조했다. 사업을 끝내고 청산하는 과정도 신고를 소홀히 하면 법인세, 부가세와 관련하여 불필요한 세금이 부과될 수 있으므로 역시 주의해야 한다. 현지에서 경험을 쌓고 사업을 오래 하다보면 인적 네트워크로 해결할 수 있는 부분도 있지만, 처음 진출한 회사는 그러한 문제가 터지면 공사가 지연되어 페널티 등으로 고스란히 손해를 보고 최악의 경우 경영 위기 상황까지 초래할 수 있다.

그밖에도 계약 과정에서 대비해야 하는 것들도 많고 설계, 건축, 조달 업무 추진 과정에서 또한 여러 가지 난관과 예기치 않은 어려움을 겪을 수 있다. "환차손에도 주의를 기울여야 한다. 계약 당시와 준공 시기의 환율 차이로 인해 손해를 볼 수도 있다. 시공 과정의 실수도 치명적이다. 아스펙 프로젝트를 하면서도 터빈의 공차가 커서 다시 뜯어내고 재작업을 한 적이 있는데, 터빈이 정상적으로 작동하지 않아 조사해 보니 오일 탱크를 청소하지 않고 오일을 채우는 바람에 불순물이 끼어있었다. 결국 오일을 모두 버리고 다시 청소를 한 뒤 새로운 오일을 채운 적도 있다. 1년 중 한 달은 유지 보수를 하는 기간으로 그때를 제외하고 330일 발전기를 돌려야 하는데 하자가 발생해서 발전기를 못 돌리고 발주처에 손해를 끼치면 책임지고 보상해줘야 한다." 박 부사장의 경험이 녹아있는 생생한 조언이다.

▟▙ 준공 후 기념사진

■↗■ 인도네시아 아스펙(Aspex) 터빈 공사(13.1MW)와 KTH 바이오매스 발전소(7.3MW)의 준공 전경

프로젝트 성공과 의의

　도화엔지니어링은 수많은 어려움과 시행착오를 겪었지만 인도네시아 아스펙 프로젝트를 처음 예정되었던 공기보다 2개월이나 앞당겨 성공적으로 완수해냈다. 공기 단축에는 도화엔지니어링이 오랜 기간 쌓아온 설계, 시공 경험과 노하우, 많은 전문 인력이 도움이 됐다. 무엇보다 문제가 발생했을 때 내부적으로 기술 검토를 거쳐 해결책을 제시할 수 있는 역량이 있었다. 종합적인 문제 해결 능력이 새로운 사업을 수주하고 수행하고 신뢰를 얻으며 성과를 이루는 데 매우 큰 장점으로 작용한 것이다. 특히 시공 시에 문제가 발생하면 감추는 데 급급해하지 않고 적극적으로 발주처에 알리고 논의를 해서 설계를 변경하거나 재시공을 하여 문제를 해결하려고 했던 점이 발주처와의 신뢰관계를 유지할 수 있었던 비결이었다.

　아스펙 프로젝트는 기존 보일러가 운전되고 있는 상태에서 시행한 사업으로서 시공에 어려움이 많이 따르는 사업이었다. 그러나 발주처 및 현지 파트너 업체와 유기적으로 협조하고 인력 관리를 해나감과 동시에 당면한 문제점들을 슬기롭게 해결하는 과정을 통해 계획보다 2개월을 앞당겨 성공적으로 프로젝트를 준공함으로써 발주처와 회사의 이익을 동시에 실현할 수 있었다. 이는 회사 임직원들의 해외 프로젝트 경험치와 자부심을 향상시키고 해당 프로젝트 수행을 계기로 엔지니어링 회사에서 EPC 사업을 수행할

◾◾ 발주처 아스펙(ASPEX)이 진행한 조기 준공 및 안전한 공사에 대한 감사패 증정식

수 있는 회사로 거듭났다는 점에서 그 의의가 크다.

아스펙 프로젝트가 끝난 현재에도 일 년에 한두 번씩은 직원이 6시간씩 비행기를 타고 자카르타로, 다시 소형 비행기로 2시간을 날아 팔렘방으로, 또 다시 지프차로 갈아타고 2시간을 달려 현장에 도착해 시설과 장비를 점검하거나 문제점을 해결하고 있다. 그정도로 도화엔지니어링은 발주처와의 관계 유지와 신뢰 구축에 최선을 다하고 있다.

"엔지니어링 회사에서 EPC를 동시에 수행하는 회사로

거듭났다는 점에 큰 의의가 있다"

[도화엔지니어링]

신재생에너지 EPC 사업 확대로 해외 시장을 개척하다

하마다 II 태양광 발전소 전경

프로젝트 국가 : 일본
프로젝트명 : 하마다 태양광 발전 사업 건설 공사
사업주 : 합동 회사 CC Hamada Solar(태국계
대형 제철사 Chow Steel 그룹 자본 참여) EPC,
O&M(운영 및 관리)
대표수급인 : 도화엔지니어링
EPC 건설 수급인 : 파워맥스
O&M 하수급인 : 파워가드

계약일 : 2016년 11월 18일
착공일 : 2016년 6월 18일
완공일 : 2017년 4월 18일
계통 연계 및 FIT(Feed-in Tariff, 고정가격
매입제) 매전(賣電) 단가 : 36엔/kWh
발전소 형태 : 태양광 발전소
시설 용량 : 12MWp

파리기후변화협약

　오늘날 세계적인 산업화 추세와 자원남용으로 인한 환경파괴로 자연재해와 이상기후 현상이 발생하고 있다. 1997년, 이와 같은 문제를 해결하기 위해 전 세계가 협력체계를 마련하고자 채택한 교토의정서를 바탕으로 2005년 교토의정서 기후협약이 발효되어 온실가스 배출량을 1990년 수준보다 5.2% 감축하자는 구체적인 목표가 세워졌다. 1차 공약 기간 동안 목표치를 뛰어넘는 22.6%(이산화탄소 15억 톤 이상에 해당)를 달성하는 등의 성과를 얻으나 가장 많은 온실가스를 배출하는 국가인 미국이 참여를 거부했고, 중국이나 인도 같은 나라들은 온실가스 배출량이 상당함에도 개발도상국이라는 이유로 감축 의무에서 제외되었다. 결국 1차 공약 기간이 끝난 후 많은 국가들이 불참을 선언하며 교토의정서는 일부의 성공만 거두게 된다. 여러 가지 한계에 부딪히며 기후변화에 제대로 대응하기 위해선 새로운 체제가 필요함을 느낀 국제사회는 2012년부터 15차례에 걸친 협상을 통해 마침내 2015년 12월 12일 파리협정을 채택, 이를 기반으로 2016년 11월 4일 파리기후변화협약이 발효되었다.

하마다 II 태양광 발전소 설치 현장

교토의정서에 참여한 국가들의 온실가스 배출량 비중(14%)에 비해 파리기후변화협약에 참여하는 195개 국가들의 온실가스 배출량은 전체의 70%를 상회한다는 점에서 파리기후변화협약의 의의는 매우 크다. 협약에 따라 이들 국가는 단순히 온실가스 배출량만 감축하는 것이 아니라 적응, 재원, 기술 이전, 역량 제고, 모니터링을 위한 투명성 확보 등 다양한 수단과 방법으로 기후변화에 대비해야 한다. 특히 참여국들은 자발적으로 감축 목표(NDC, Nationally Determined Contribution)를 정해 5년마다 이를 점검하는 한편 세계적으로 온실가스 배출량을 감소시키기 위한 정책과 제도를 시행하고 있다. 또한 산업화 이전 수준과 비교해 지구의 평균 온도가 2℃ 이상 상승하지 않도록 구체적인 목표도 세웠다. 우리나라 역시 2030년까지 배출 전망치(BAU) 대비, 37% 감축하겠다는 목표를 UN에 제출하였다.

"국제사회가 기후변화에 제대로 대응하기 위한
파리기후변화협약이 2016년 11월 4일 발효되었다"

▟◤ 하마다 II 태양광 발전소 전경

일본 신재생에너지 시장 진출

일본도 예외는 아니었다. 일본은 2030년까지 온실가스 26% 저감을 달성하고 2050년까지 80% 저감을 목표로 지구온난화 대책 계획을 세웠다. 이를 위해 청정에너지와 신재생에너지 등 대체에너지를 개발, 보급하고 에너지 확충을 위해 풍력 발전, 태양광 발전, 바이오매스 발전 등 새로운 에너지 정책 신설, 관련 사업을 지원·확대해 나가는 추세다. 이런 가운데 일본은 국내 2,500개의 골프장 가운데 더 이상 운영되지 않고 폐쇄된 골프장 1,500여 곳에 태양광 발전소를 설치하는 사업을 진행하고 있다. 일본 태양광 발전소 시장 규모는 연간 9.7GW로 중국이나 미국만큼 큰 시장이지만, 까다로운 품질 규제로 외국 기업이 진출하기 쉽지 않은 상황이다. 그러나 이 까다로운 시장에서 우리 기업의 기술력을 널리 알리는 한국 기업이 있다. 바로 1957년 설립된 설계, 시공, 감리 분야 62년 역사를 보유한 종합 엔지니어링 컨설팅 기업 도화엔지니어링이다.

종합 엔지니어링 컨설팅 회사로 시작한 도화엔지니어링은 2010년 인도네시아 KORINDO 그룹의 KTH 바이오매스 발전소와 ASPEX 스팀 터빈 증설 프로젝트 등 까다로운 해외 사업을 성공적으로 수행한 경험을 토대로 신재생에너지 부문의 EPC 사업을 확대하고자 일본의 태양광 발전 사업에 뛰어들었다. 도화엔지니어링은 2016년에 시마네현 하마다 2단계 태양광 발전소를 시작으로 가고시마현 료마 태양광 발전소, 2018년 4월 후쿠시마현 이와키 태양광 발전소 건설 사업까지 4건의 프로젝트를 수주함으로써 일본 신재생에너지 EPC 시장에 입지를 넓히고 있다.

> *"신재생에너지 부문의 EPC 사업을 확대하고자*
> *일본 태양광 발전 사업에 도전하였다"*

도화엔지니어링 박준희 부사장은 "일본 내 태양광 발전소 프로젝트는 태국계 제철기업이 사업주가 되고 도화엔지니어링이 로컬 사업자인 '파워맥스'와 파트너를 구성해 참여했다. 특히 국내 금융기관의 투자를 바탕으로 설계에서부터 조달, 시공 등 EPC 사업을 일괄턴키 방식으로 추진하는 사업이며, 한국형 신재생에너지 비즈니스 모델로 자리매김하면서 일본 시장에 안착하고 있다는 평가를 받고 있다."고 말했다.

하마다 프로젝트 참여의 계기

　일본 츄고쿠 지방에 위치한 시마네현 하마다시에서 진행한 하마다 프로젝트는 도화엔지니어링이 일본에서 최초로 진행한 프로젝트다. 이는 12MWp 규모의 태양광 발전 프로젝트로 도화엔지니어링이 태국계 사업주 Chow Steel사에서 수주해 2016년 6월부터 2017년 3월까지 10개월에 걸쳐 EPC를 수행하여 준공한 후 2017년 4월부터 상업운전을 개시, 20년간 유지 관리 업무(Operation & Management)를 수행하는 사업이다.

　세계적인 에너지 정책의 변화도 있었지만, 일본이 2012년부터 태양광 발전 사업자 보호와 육성을 위해 태양광으로 생산된 전기를 전력 회사에 고정가격으로 팔 수 있도록 한 '고정가격도입제도(FIT, Feed-in Tariff)' 정책을 시행하며 신재생에너지 사업 신청 건수가 급증한 것도 사업 참여의 기회를 넓히는 계기가 되었다. 도화엔지니어링은 일본 오사카에서 운영하는 골프장 '아리지 GC'로부터 일본의 에너지 정책과 골프장을 활용한 태양광 발전소 건설 사업에 대한 정보를 입수할 수 있었다. 또 금융업뿐만 아니라 직접 사업을 모색하고 펀드를 조성하여 운용하는 특정 금융사의 주선과 협력도 있었다.

　2011년 3월 11일 발생한 지진과 쓰나미로 후쿠시마 원전에서 방사능 누출 사고가 발

태양광 모듈　　　　　　　　　　　　　　　　　　　특고압변전소

생한 이후 일본 내 원자력 발전소 가동에 대한 부정적인 인식이 높아진 것도 태양광 발전소 건설 사업의 기회를 높이는 계기였다. 원자력 발전소 가동률이 대폭 떨어지며 이를 대체할 에너지로 LNG에 비해 상대적으로 단가가 저렴한 태양광에너지가 각광을 받게 된 것이다.

박 부사장은 "사업적 측면에서도 킬로와트당 32엔~40엔에 책정되니 가격도 좋고 국가도 안정되어 있으니 외국 기업들이 이 사업에 많이 뛰어들었다. 일본 로컬 업체들은 자체적으로 결정을 내리는 데 2년 이상 걸리는데, 6개월이면 결정되는 한국, 중국, 태국 등 외국기업이 오히려 추진력을 갖고 수주하는 데 유리한 상황이었던 것도 장점"이라고 당시 상황을 설명했다.

> *"태양광 발전소 건설 사업에 대한 배경과 관련 정보를*
> *많이 입수하였고 직접 사업을 발굴, 투자하는*
> *금융사의 주선과 협력으로 참여하게 되었다"*

수주 과정에서의 일본 시장 파악

외부 환경이 순풍을 타는 것과 다르게 사업 참여를 위한 자사 경영진 설득은 힘들었다. 원활한 사업 진행을 위해서는 일본 내 파트너 업체에 공사를 맡겨야 하는데 일본은 '계약보증금'이나 '선급금이행보증증권', '하자보수이행보증증권' 등을 발주처가 받지 않기 때문에 선급금을 받고 공사를 소홀히 하거나, 부도를 내고 잠적하거나, 하자보수를 하지 않게 되면 도화엔지니어링이 손해를 볼 수도 있기 때문이었다. 신용사회로 정착한지 오래인 일본에서는 보증증권을 발급받게 되면 오히려 신용불량 업체로 간주되어 사업 수행이 어려워지는 인식이 있었다. 그 때문에 하자보수의 경우 일정 기간 발주처에 예치금을 맡기고 하자보수가 끝나고 약정된 기간이 지나면 찾아가는 방식을 택한다. 도화엔지니어링 경영진은 이러한 일본의 계약 방식과 사업 추진 제도에 부정적인 입장이었다.

그러나 일본에 정통한 오사카 아리지 GC측의 실제 거래 관행에 대한 보고를 통해 경영진을 설득해 나갔다.

첫 일본 진출 사업이었기에 일본의 법규, 제도, 관습은 물론, 한국이나 기타 해외 플랜트 사업에서 진행했던 과정 이상으로 타당성 조사, 토지 소유권 확보, 자금조달원 확보, 인허가 문제 등 제반 서류에 대한 검토에 특별히 신경을 썼다. 박 부사장은 "계약서를 꼼꼼히 살피지 않으면 나중에 파트너사가 일방적으로 요구하는 대금 지급 요청에 차질 없이 대응할 수 없다. 일례로, 파트너사가 우리에게 알리지도 않고 태양광 모듈 설치 지역에 배수로 확장 공사를 시행하고는 공사비를 달라고 한 적도 있었는데, 계약서에는 없던 사항이었다. 일본은 태풍이 많이 지나가고 보험으로 커버하는 것도 한계가 있기 때문에 배수로 확장은 일리가 있는 사안이었기에 협의해서 해당 공사비의 50%만 지급했던 적도 있다."며 사업 추진과 현장 시공 업무 관련 서류 검토의 중요성을 재차 강조했다.

*"타당성 조사, 토지 소유권 확보, 자금조달원 확보, 인허가 문제 등
제반 서류에 대한 검토에 특별히 신경을 썼다"*

시공 과정과 난관 극복

시공 과정에서 독일 MKG사가 참여한 것도 특별했다. 태양광 모듈을 떠받치는 가대(Support)를 공급하고 가대 설치 공사를 보조했다. 3m 길이의 지지대 절반 정도를 항타기 역할을 하는 타설 장비를 이용해 땅속에 박고 나머지 1.5m 정도 노출된 지지대에 가대를 설치하여 태양광 모듈을 얹어 조립하는 작업이었다. 하루에 300개씩 작업해 4만 개 분량을 두 달 이내에 끝내면서도 일정 깊이와 간격을 유지하며 지면과 조화를 이루고 지진에도 견딜 수 있도록 작업하는 기술과 전문성을 갖추고 있어 품질 제고는 물론, 공기를 앞당기는 데 도움이 되었다.

그러나 여러 가지 난관도 있었다. 태풍이 자주 오는 나라이다 보니 예보에 따라 공사

를 중단하거나 피해 예방 조치를 해야 했고 스케줄 관리도 철저히 해야 했다. 화산재가 많은 지대는 침수로 무너질 우려가 있으므로 보강 공사를 해야만 했고 흙이 흘러내리면 온천이 오염되므로 미리 방지해달라는 민원도 해결해주어야 했다. 간혹 다른 지역에 강도 높은 지진이 발생해도 함께 긴장되기 마련이었다. 지금은 큰 우려가 없지만 방사능에 대한 걱정도 있었다. 현장은 방사능 누출 사고가 발생한 후쿠시마에서 1,000km 떨어진 지역이라 아무런 문제가 없었지만 일본 출장을 보내야하는 한국 직원들의 가족은 염려와 우려를 표하기도 했다. 이렇게 잦은 지진과 태풍, 홍수, 쓰나미 등 자연재해가 우려되는 나라이다 보니 재해로 인한 손실에 대비한 보험은 필수고, 보험료도 상대적으로 높을 수밖에 없다.

가까운 나라지만 우리와 문화·관습 차이도 상당했다. 박 부사장은 "출장을 가면 아무리 공사 현장이지만 화장실도, 쉴 곳도, 밥 먹을 곳도, 풀 깎는 예초기를 보관할 곳도 없어 약 천만 원 정도 들여 관리 차원의 가건물이라도 짓자 하니 발주처가 설계와 계약에 없는 사항이라며 반대를 해서 난감했다. 전기 기술자와 잔디 깎는 사람들이 있으니 적어도 화장실은 필수적인데 일본 사람들도 별 불편함을 못 느끼는 것 같았다. 또 한 가지, 공사 현장의 일본 사람들은 점심시간을 밥 먹는 시간이 아닌 휴식 시간 정도로 생각하는 듯 했다. 밥을 제공해주는 경우도 없고 같이 점심을 먹으러 가거나 하지 않고 쉴 사람은 쉬고 편의점에서 도시락을 사다가 먹는 사람은 먹고, 잠을 잘 사람은 잠을 자기도 했다. 가족이나 친한 친구가 아닌 이상 누가 밥을 먹지 않아도 미안하게 생각하거나 상대를 안쓰럽게 보거나 하지 않는 편이다. 우리나라 사람들처럼 함께 움직이고 하는 편은 아니지만

지지대 타설 장비

그래도 일은 열심히 했다."며, "일본사람들은 처음엔 까다롭고, 계약서로 따지고 하도급 업체가 오히려 갑질을 한다는 느낌이 들 정도였는데 시간이 지나면서 저절로 친해지고 관계가 좋아졌다. 처음 사귀기가 힘들 뿐 친해지고 나면 우호적으로 잘 대해주는 편이었다."고 설명했다.

"잦은 지진, 태풍, 홍수, 쓰나미가 우려되는 나라이다 보니
재해로 인한 손실에 대비한 보험은 필수였다"

하마다 프로젝트 성과와 의의

하마다 태양광 프로젝트 사업부지는 츄고쿠 지방을 잇는 산맥과 그 사이를 흐르는 많은 하천들이 만나 해안선을 이루는 지역이다. 인근에 이와이 해변공원 등 관광명소가 있기 때문에 경관 유지에 각별히 주의를 기울여야 했다. 박 부사장은 "부지의 정지작업을 최소화함으로써 공기를 단축시키고 지형을 최대한 살리기 위한 태양광 모듈 레이아웃을 설계했다."며 환경과 조화를 이루면서 공기를 단축시키는 기술과 관련한 도화엔지니어링만의 노하우와 자부심을 피력했다.

하마다 태양광 발전소 건설 프로젝트는 도화엔지니어링이 EPC 사업자로서 일본에 처음 진출한 사업이다. 그런 만큼 사업 과정에 어려움도 많았지만, 도화엔지니어링은 이를 슬기롭게 극복하며 기존 계획보다 공기를 단축시켜 성공적으로 프로젝트를 완수할 수 있었다. 한국과 일본, 태국, 독일 네 나라의 자본과 기술력을 토대로 복잡한 지형 조사, 주민 설명회, 자금 조달, 최첨단 시공 기술 도입 과정을 거치고 부지 정지 공정을 줄여 친환경 태양광 모듈 레이아웃을 적용한 하마다 태양광 발전소는 총 발전량 1,200만 kWh를 생산하고 있다. 이는 일반 가정 3,300세대가 일시에 사용하는 규모의 발전 성능을 발휘하는 것으로서 일본 하마다 지역 내 전력 수급 안정화에 큰 기여를 하고 있다.

박 부사장은 "이전 프로젝트 완수 경험과 기술력을 바탕으로 신재생에너지 분야를 신

하마다 II 태양광 발전소 준공식

하토야마 유키오 수상(왼쪽)과 박승우 사장

성장 동력으로 삼아 글로벌 네트워크로 활용하여 해외 시장에 적극 진출하겠다."는 포부를 밝혔다. 현재 도화엔지니어링은 본격적인 EPC 사업 확대를 위해 국내 및 일본 그리고 베트남과 중남미 시장 진출에 박차를 가하고 있다.

"난관을 극복하고 공기를 단축시켜

성공적인 일본 진출 사례가 되었다"

함께라는
마인드를 갖춘다면
플랜트산업을 꽃피울
인재가 될 것이다

박준희 도화엔지니어링 부사장

박준희 도화엔지니어링 부사장은 현대엔지니어링, 대림산업에서 근무하며 석유화학 부문 설계, 정유공장 및 중동 건설 현장 등에서 근무하며 9년간 설계 및 시공 업무를 담당했다. 1985년 도화엔지니어링으로 자리를 옮겨 기전부, 감리부, 플랜트부에서 기계 분야 설계 및 감리 업무를 추진해온 엔지니어링 및 플랜트 업계의 산증인이다. 사업 추진과 현장 감리 경험에서 자연적으로 갖추게 된 '위기가 기회'라는 말을 좌우명 삼아, 그 어떤 힘든 과제도 힘써 노력하면 방법이 강구되기 마련이라는 자신감을 견지하고 있다.

Q 해외 플랜트 프로젝트 추진 과정에서 개인적으로 가장 힘들었던 때와 가장 기뻤던 순간이 있다면 언제인가요?

사실, 해외 프로젝트는 10번 시도를 해서 1번 수주하기도 힘든 것이 현실입니다. 하마다 프로젝트 또한 회사 내부적으로 심도 있는 타당성 조사와 리스크 분석, 견적 산출, 입찰가 산정 등 숙의 끝에 도전한 사업이었습니다. 힘든 것보다 입찰이나 수주 조건에 부합하는 실적이 모자라서 포기해야 할 때가 가장 아쉬웠고, 당연히 사업을 성공적으로 완수하고 준공식을 할 때가 가장 기쁜 순간이죠.

Q 해외 플랜트 프로젝트를 성공적으로 수행하기 위한 요소로 어떤 것이 가장 중요한가요?

체계적인 공정 계획과 팀워크, 리스크 관리가 사업의 성공 요소라고 생각합니다.

Q 도화엔지니어링만의 특화된 노하우가 있다면 어떤 것인가요?

발주처 및 고객사를 위해 신속하게 자문 및 피드백 업무를 추진하되 1차적으로는 협력 사업을 통한 실적과 신뢰를 쌓고 2차적으로 파트너쉽을 지속적으로 유지하며 후속 사업을 창출하는 데 중점을 두고 있습니다.

Q 발주처 및 고객사와의 신뢰관계를 구축하기 위한 구체적인 방법으로는 어떤 것이 있나요?

현장에서는 파트너사들 간의 의사소통 중재자 역할을 하며 갈등을 해소하고 유기적이고 친밀한 협력 관계를 도모하면서 당사의 문제 해결 능력을 증명하고 각인시킵니다. 또한, 현장 파견 직원들에게 파트너사들과의 소통 내용을 업무일지에 정리하고 보고하도록 함으로써 본사 담당자들 또한 고객사의 요청 사항이나 사업 추진 과정상의 이슈와 문제점을 함께 파악하여 개선하거나 해결해 나가고 있습니다.

Q 일본 하마다 태양광 발전소 프로젝트의 성공적인 수행이 갖는 의의는 어떤 것인가요?

EPC 사업자로서 선진국에 진출하여 신재생에너지 사업을 성공리에 완수할 수 있었다는 점에서 자부심과 긍지가 있죠. 이를 계기로 가고시마, 후쿠시마 지역에 신규 프로젝트를 추진할 수 있게 되었습니다. 유럽 국가들과 중국이 설치한 타 지역 태양광 발전소를 직접 답사하고 탐구하며 선진 기술을 습득한 것도 또 다른 자산이 되었습니다. 앞으로 이와 같은 실적 및 특화된 기술력과 노하우를 바탕으로 향후 베트남과 남미 등에서 보다 스케일이 큰 신재생에너지 발전소와 바이오매스 발전소 등을 추진할 계획입니다.

Q 일본 플랜트 시장에 진출하고자 하는 기업에 권할 만한 조언이 있다면?

일본은 신용거래가 정착되고 조직 전체가 단합이 되어 움직이는 사회라는 점, 상호 신뢰를 중시한다는 점을 강조하고 싶습니다. 절차나 과정을 중시해서 업무와 관련해 까다롭고 복잡한 심의나 협의 과정을 거쳐야 할 수도 있지만 의외로 기성 지급이나 검사 등에 대해 융통성을 발휘하여 신용만 있다면 선급금을 받는 데에도 큰 어려움은 없는 것이 장점입니다. 태양광 발전소 공사에 한정해 말한다면, 궁극적으로 청정에너지 개발이라는 취지를 공감을 해서인지 공사 기간 중 민원이 전혀 발생하지 않는다는 점도 국내 사업 환경과는 다른 면입니다.

Q 한국플랜트산업협회에 하고 싶은 말이 있다면?

민간 기업이 해외 정부기관이나 고위 관료를 상대하거나 단독적으로 사업 정보를 입수하고 타당성 조사를 하기에는 역부족인 만큼, 정부 차원이나 정부산하단체에서 중소기업에 대한 지원을 확대해 주었으면 하는 바람입니다. 대기업은 인지도와 브랜드 네임이 있고 광고나 홍보도 많이 하지만 작은 기업들은 정보력과 자금력이 부족해 사업 기회가 있어도 도전하기 쉽지 않은 현실입니다. 저희는 한국플랜트산업협회로부터 타당성 조사나 사업 대상 국가의 의사결정자 면담 등과 관련해 여러 가지 지원을 받을 수 있었지만 이러한 지원 정책이 다른 중소기업들에게도 보다 확대, 적용되어 나가길 바랍니다.

Q 플랜트 산업에 몸담고자 하는 청년들에게 조언 한마디 부탁드립니다.

도화엔지니어링의 핵심 가치는 '인본, 화합, 창의'입니다. 사람이 하고, 사람을 위해 일한다는 것, 상호 신뢰와 배려로 마음을 모아야 한다는 것, 새로운 시각으로 보며 창의적으로 생각해야 한다는 것을 강조하고 있습니다. 이러한 가치를 지향하고 혼자가 아니라 함께하는 마인드를 갖춘 청년들이 도전한다면 우리나라 플랜트 산업의 꽃을 활짝 피울 수 있는 훌륭한 인재가 되리라 생각합니다.

발주처의 신뢰로
베트남 화력 발전 시장의
거점을 확보하다

베트남 응이손(Nghi Son) 2 석탄 화력 발전소 조감도

프로젝트 국가 : 베트남
프로젝트명 : 베트남 응이손(Nghi Son) 2 석탄
화력 건설·운영 사업
발주처 : MOIT(베트남 산업통상부)
사업주 : KEPCO(50%), Marubeni(50%)
사업 기간 : 25년, PPA/EVN(베트남 전력공사)
총 사업비 : 25억 불

사업 방식 : BOT
설비 용량 : 1,200MW(600MW×2기)
연료 : 유연탄
EPC/O&M : 두산중공업 / 사업주 자체 수행
현장 위치 : 탱화성 Nghi Son(응이손) 경제구역

Q | 베트남 응이손(Nghi Son) 2 프로젝트에 대한 설명을 부탁드립니다.

본 사업은 베트남 산업통상부(Ministry of Industry and Trade, MOIT)가 2008년 발주한 대용량 석탄 화력 사업으로 베트남에서 수입 유연탄을 사용하는 최초의 대용량 석탄 화력 IPP 국제 경쟁 입찰 사업입니다. 본 사업은 BOT 형태의 민자 발전 사업으로 사업주가 재원 조달을 통해 발전소를 건설하고 25년간 발전소 운영을 통해 투자비를 회수하는 형태의 사업이며, 사업주의 장기간 투자비 회수를 담보하기 위해 베트남 정부는 지급보증, 태환보증 등 법률적 안정성을 제공하였습니다.

베트남 산업통상부(MOIT)는 2007년 7월 제6차 전원개발계획 발표를 통해 연 7% 수준의 경제 성장과 2008년 이후 전력 소비 증가율이 연 15~17%로 전망됨에 따라 전력 수요에 대응하기 위해 IPP 사업 확대를 결정하고 2008년 1월 베트남 북부에 위치한 탱화성 응이손 경제구역에 1,200MW 석탄 화력 발전소 BOT 입찰 사업을 국제 경쟁 입찰로 발주하였습니다.

이에 한국전력공사와 마루베니(일본)는 컨소시엄을 구성하여 입찰에 참여하였으며 2013년 3월 최종 낙찰자로 선정되었습니다. 본 사업은 베트남 정부가 세계은행 산하 IFC의 자문을 받아 국제 입찰로 추진된 사업이었기에 베트남 내 여타 사업과는 달리 국제 표준(International Standard)에 근접한 계약 내용이 담보될 것으로 판단하여 한국전력공사는 2008년 입찰 계획 발표 초기부터 적극적으로 참여하였습니다.

Q | 프로젝트 참여 여부를 두고 사내 의견 마찰은 없었나요?

특별한 마찰은 없었으나 2008년 입찰 계획 최초 발표 이후, 본 입찰 일정이 계속 연기됨에 따라 베트남 정부의 추진 의지에 관해 회사 안팎의 의구심이 제기되긴 했습니다. 이에 따른 실무진의 입찰 준비 동력이 약해지기도 했지요.

Q | 마루베니와 컨소시움을 이룬 데에는 어떤 배경이 있었나요?

공동 사업주인 마루베니는 국제 IPP 사업의 경쟁사이자 한국전력공사의 필리핀 일리한 사업의 공동 사업 파트너로 총 22개국 53개 IPP 사업을 수행하는 등 해외 발전 시장 경험이 풍부했습니다. 게다가 베트남전력공사에서 발주한 응이손 1 발전소의 EPC사로 참여한 강점이 있어 컨소시엄을 구성하게 되었습니다.

마루베니는 사업 초기부터 한국전력공사의 선행 해외 사업의 성공과 국내에서 보유하고 있는 석탄 화력 기술력에 주목하고 있었습니다. 마루베니는 한국전력공사에 본 사업 입찰의 공동 참여를 먼저 제의해왔습니다. 한국전력공사는 일본 상사 중에서 해외 IPP 사업에서 가장 두각을 나타내고 있는 마루베니의 공격적 마케팅과 현지 전략 등을 고려하며 공동 참여하기로 결정하였습니다.

Q | 입찰 과정에 대한 자세한 설명 부탁드립니다. 타업체와의 경쟁 과정이 있었다면 덧붙여 말씀해주십시오.

한국전력공사-마루베니 컨소시엄은 2008년 6월 PQ 통과 후 2011년 7월 본 입찰에 참여하였습니다. 당시 EDF(프) 및 Suez(프)-Mitsui(일) 컨소시엄 등이 입찰에 참여하였으나, 해당 업체들은 기술 입찰에서 탈락하였으며, 한국전력공사-마루베니 컨소시엄만 기술 입찰을 통과하여, 2013년 3월 최종 낙찰자로 선정되었습니다.

사업 수주의 가장 큰 요인은 본 사업 직전에 동일 자문사(IFC) 주관으로 시행된 인도네시아 석탄 화력 입찰에서 입찰 안내서(RFP)상 금지된 조건부 입찰을 한 컨소시엄들이 대거 탈락된 사실에 착안하여, Clean Bidding을 하여 1차 기술 입찰을 단독으로 통과할 수 있었던 점이라고 할 수 있습니다. 타 경쟁사는 조건부 입찰로 탈락하였던 것과 대비되는 점입니다.

또한 본 사업이 베트남 최초 초임계압(Super-critical) 발전소로서 갖는 중요성에 주목고, 발주처가 이러한 결정을 내릴 수 있도록 당시 사회 문제로 대두된 가격 경쟁력만 앞세운 중국 EPC의 문제점(공기 지연, 성능 미달, 불법 노동 등)에 대비하여, 한국 EPC의 성공적인 국내외 발전소 건설 경험과 사업주로서 한국전력공사의 우수한 발전소 운영 경험을 부각하는 영업전략이 주효했다고 할 수 있습니다.

Q | 베트남 정부와 4년 반이라는 기나긴 협상과 설득 과정을 거쳤는데요. 베트남 정부와 쉽사리 합의점을 찾지 못했던 부분들에는 어떤 것들이 있었나요? 이러한 난관을 어떻게 풀어나가고 극복하셨는지 말씀해주십시오.

입찰 시 제공된 계약서가 국제금융기관 기준에서 볼 때 PF(Project Finance)를 통한 금융가능성(Bankability)이 부족하였으며, 발주처의 입찰 준비 기간 동안(2008~2011년) 대주단이 요청한 사업계약에 대한 수정 요구 사항이 제대로 반영되지 않은 상태에서 입찰이 시행되었습니다. 사업 수주 후 이러한 사항을 반영하지 않을 경우, 사실상 재원 조달이 불투명하여 후속 절차인 사업계약 체결이 불가능한 상황이었습니다.

이에 따라 2013년 3월 사업 수주 후, 대주단 요청 사항을 베트남 정부와 협상·설득하는 과정이 오래 걸렸으며 특히 베트남 정권 교체기와 맞물리면서 대부분의 발주처 관계자들이 의사결정을 지연·유보하는 등 사업 계약서 수정에 대한 베트남 정부 설득에 상당한 어려움이 있었습니다.

이 과정에서 한국전력공사는 우수한 국제 신용도를 바탕으로 한국에서 베트남전력공사(EVN)와 같은 위치에 있는 장기 협력 동반자 및 안정적 투자자로서의 역할을 강조하면서 새로 교체된 발주처 핵심 관료들을 설득하는 데 성공하여 사업계약 협상을 신속하게 진행시킬 수 있었습니다. 그 결과로 대주단-사업주-베트남 측의 입장을 모두 충족하는 합의점을 도출하여 계약 체결에 성공했습니다.

Q | EPC 업체로 두산중공업을 선정한 배경에 대해 자세한 설명 부탁드립니다.

2009년 당시, 두산중공업은 세계 17개국에서 67건, 16억 불 규모의 발전 플랜트 건설 공사를 완료 또는 수행 중인 검증된 EPC 업체였습니다. 해외 발전 플랜트 경험이 많고, 보일러, 터빈, 발전기 전반에 대한 원천 기술 보유로 자체 생산이 가능하고, 기자재 제작과 발전소 시공이 동시에 가능한 장점을 보유한 업체였습니다. 또한, 베트남 현지의 두산비나 공장에서 보일러, 석탄하역 설비 및 컨베이어 등 보조 기기를 제작함으로써 EPC 가격경쟁력을 극대화할 수 있어 EPC 계약자로 최종 선정하게 되었습니다.

Q | 프로젝트 진행 시 발주처와의 마찰은 없었나요?

베트남의 정치 구조는 일종의 집단지도체제이기 때문에 대부분의 기관과 기업의 주관 부서는 책임 있는 의사결정을 내리기 힘든 구조를 가지고 있습니다. 담당 실무자들은 주요 미결 현안에 대해 관련 부서의 동의(이견 여부)를 확인하고 진행하기 때문에 협상이 더디고 동의를 확보하는 데 어려움이 많았습니다. 예컨대, 상급자가 동의 의사를 밝혀도 하급자나 관련 부서에서 이견을 달면 합의가 이루어지지 않는 것이 다반사였는데요. 이러한 점들이 어려웠습니다. 2007년 리만사태 후 국제 금융위기로 인한 경제 악화에 따라, 사업주 투자비 회수에 대한 정부 보증을 극도로 꺼리는 베트남 정부측의 내부 분위기도 협상 지연의 주요한 원인이었습니다.

Q | 예산 확보 과정에서 겪은 어려움은 없었나요?

입찰 시에는 가격 경쟁력을 확보하기 위해 통상 금액을 최적화하는데 사업 수주 후 협상 과정이 길어짐에 따라 입찰 당시 대비 공사예상금액(EPC Cost) 상승 압박에 어려움이 있었으나, EPC 계약자와 협력을 바탕으로 한 비용 최적화(Cost Optimization)를 통해 이를 해소하였습니다.

Q | 베트남에서 언어·문화적 차이로 오해를 빚은 일은 없었는지요?

베트남어는 습득하기 어려운 언어입니다. 베트남에서 공식 협상은 주로 베트남어-영어 순차 통역으로 진행되는데 통역사가 기술 용어 등 전문 지식이 부족한 경우에 불필요한 오해가 자주 발생하였습니다. 더구나 발주처 담당자가 영어에 능통함에도 불구하고 베트남어 통역을 하게 될 경우 우리 쪽 내부에서 영어로 협의되는 내용이 노출되는 경우도 종종 있었습니다.

김종갑 한국전력공사 사장(좌측)과 쩐 뚜언 아잉(Tran Tuan Anh) 베트남 산업통상부 장관의 전력 사업 상호 협력 방안 논의(2018)

문화적으로 베트남은 경로사상 등 유교적 관습이 생활에 남아 있습니다. 때문에 형식적 예의를 잘 지키는 것이 중요하다고 할 수 있습니다. 베트남어로 짧은 인사를 하더라도 나이에 따른 호칭을 잘 구분해서 사용해야 하는 것이 그 예입니다. 베트남 사람들 사이에서 남녀불문하고 나이를 먼저 물어보는 것이 외국인에게는 당황스러운 일일 수 있으나 그들에게는 예의를 지키기 위한 당연한 질문입니다.

Q │ 베트남이 갖는 자연·지리적 특성으로 인해 사업 진행상 겪었던 제약점에는 어떤 것들이 있었나요?

칠레만큼은 아니지만 영토가 남북으로 길게 뻗어 있기 때문에 전력망 또한 남북으로 길게 뻗어 있어 전력 수급 관리에 어려움이 있습니다. 전력 수요가 많은 남부 지역과 북부 지역에 발전소 건설이 집중되고 있는 상황입니다. 이에 따라 발전소 등 플랜트 건설을 위한 적정 부지를 확보하는 것이 어려운 사항이라 할 수 있습니다.

Q │ 기억에 남는 베트남만의 독특한 사회·문화적인 특징에는 무엇이 있나요?

베트남은 중국과의 전쟁, 프랑스 식민지 시절 독립전쟁, 미국과의 전쟁 등의 역사를 지니고 있습니다. 이러한 과정에서 다자 외교를 통한 생존을 해왔기 때문에 사회·문화적으로도 중국, 유럽, 미국의 문화가 혼재되어 있는 것이 특이한 점이라 할 수 있습니다. 다른 아시아 국가들과 달리 예외적으로 빵 문화가 발달되어 있으면서도 전통음식은 중국과 남방의 영향을 많이 받았습니다.

Q | 프로젝트 진행 중 겪었던 난관에 대해 말씀해주십시오.

　　본 사업은 초임계 석탄 화력이라는 사업 특성상 환경단체들이 환경에 미치는 악영향에 대해 우려를 표명하였습니다. 베트남 정부의 입찰서상의 요구에 따라 초임계압 발전소를 건설하게 되었습니다. Worldbank, IFC, 적도기준 등의 국제환경기준을 충족하여 시행함으로 베트남 정부로부터 환경 관련 인허가를 획득한 점 등을 적극 표명하여 우려를 불식시켰습니다.

　　한국전력공사는 베트남 정부 및 지역사회와 긴밀히 협조하여 다양한 지역 발전 프로그램을 도입하는 등 지역사회 발전에 기여할 것이며, 또한 한국전력공사의 높은 기술력과 국내외에서 축적된 경험을 바탕으로 본 사업을 성공적으로 수행하여, 국부 증대뿐 아니라 한국, 베트남 상호 관계 증진에도 기여하도록 최선의 노력을 다하겠습니다.

▪▪▪ 응이손 2 전력판매계약을 포함한 주요 사업계약 체결(2017)
(우측부터 조환익 前 한국전력공사 사장, 브엉(Vuong) 베트남 산업통상부 차관,
카키노키(Kakinoki) 마루베니 Power Project & Plant group CEO, 히라이(Hirai) 前 응이손현지법인장)

Q | 추가적으로 특별히 기억에 남는 사항에 대해 한 말씀 부탁드립니다.

본 사업은 한일 합작 투자로 이루어진 최초의 베트남 에너지 산업으로 기록될 것입니다. 한일 양국은 동일한 사업 지분으로 사업을 개발해왔습니다. 이러한 과정 속에서 업무의 관행이나 문화가 달라 불협화음을 내기도 하였으나 양사는 경영진과 실무진 간의 협력관계를 유지하면서 원만하게 사업을 진행시켜왔습니다. 앞으로 진행될 건설 및 발전소 운영 기간에도 이러한 상호 협력의 기조를 잘 유지해야 할 것으로 보입니다.

Q | 어려운 해외 수주 환경을 견뎌내고 사업을 수주하고 착공할 수 있었던 동력은 무엇이었나요?

수차례 어려운 상황이 있었으나 최정예의 사업개발팀, 본사-현지 간 긴밀한 협력, 경영진의 전폭적인 지원을 통해서 극복해나갈 수 있었습니다. 현장의 프론티어 정신과 이를 뒷받침해준 실무팀의 노력, 그리고 이러한 부분들이 조화롭게 움직일 수 있도록 세밀하게 관리해준 경영진의 끈기가 본 사업 성공의 핵심 열쇠였다고 할 수 있습니다.

Q | 한국전력공사만의 특화된 프로젝트 진행 노하우에는 어떤 것들이 있을까요?

입찰 경쟁력 향상과 O&M 비용 경쟁력 확보를 위한 사업주 자체 O&M 방식을 추진하는 점과 한국전력공사 전력연구원의 우수한 기술력을 바탕으로 계획·고장 정비 관리를 통하여 발전소의 안정적 가동 및 발전소 효율 극대화를 동시에 달성할 수 있는 점이 한국전력공사의 특화된 노하우라 할 수 있습니다.

Q │ 발주처나 고객사와의 신뢰관계를 구축하기 위한 방법에는 어떤 것이 있을까요?

한국전력공사는 공기업입니다. 이윤만을 추구하는 기업이 아닌 동반 성장하는 장기 협력 파트너로서의 이미지를 현지에 강화하기 위해 베트남 정부 관계자 및 전력 분야 관계자와의 커뮤니케이션 채널을 상시 운영했습니다. 핵심 관계자들에게는 국내 전력 설비 견학, 벤치마킹 프로그램 제공 등을 통하여 긍정적인 기업 이미지를 심어주기 위해 노력했습니다.

Q │ 베트남 프로젝트의 성공적인 수주가 한국전력공사에 갖는 의의는 무엇인가요?

베트남 응이손 2 석탄 화력 사업은 한국전력공사 최초의 베트남 진출로 향후 베트남 전력 시장의 모델 IPP 사업이 될 것으로 기대되고 있습니다. 기존 주력 시장인 필리핀을 넘어 동남아시아 화력 발전 시장의 거점을 확보했다는 점에서 큰 의미가 있다고 할 수 있습니다.

한국전력공사의 화력 분야 해외 사업 중 최대 규모 사업으로 사업 기간 동안 한국전력공사가 발전소 운영 관리를 주도함으로써 한국전력공사의 우수한 기술력을 홍보하고, 국가 위상을 제고하였습니다. 베트남 산업통상부, 베트남전력공사 등 유관기관은 한국전력공사의 본 사업 수행에 높은 만족과 신뢰를 표명하였습니다.

특히 베트남 응이손 2 사업은 두산중공업이 EPC Turnkey 계약자로 발전소 건설을 담당하였고 국내 다수 중소기업들이 발전소 보조기기 공급자로 참여하여 한국전력공사와 한국 기업들이 해외 전력 시장에 동반 진출한 좋은 사례입니다.

Q │ 향후 계획 중에 있는 프로젝트에 대해 말씀해주시고 베트남에 진출하고자 하는 타 업체에 권할 만한 조언을 해주십시오.

석탄 화력 및 가스복합 사업 등 후속 사업 기회를 모색 중에 있습니다. 특히 태양광 등 신재생 사업 참여를 위한 타당성을 면밀히 검토하고 있습니다.

본 사업은 최초 사업 참여 검토 단계부터 입찰, 협상, 계약 체결, 그리고 지금의 착공에 이르기까지 10여 년이 소요된 장기 프로젝트입니다. 그만큼 많은 사람들의 땀과 노력으로 현재의 단계에 이를 수 있었다고 생각합니다. 베트남 특유의 진입장벽과 어려운 상황이 산재해 있는 것은 사실이나 선행적으로 이뤄졌던 해외 진출 성공 사업의 모델을 참고해 현지 네트워크 구축부터 차근차근 진행해가는 것이 중요하다고 생각됩니다.

보이는 것보다
보이지 않는 것이
더 **중요하다**

최정호 한국전력공사 부장

한국전력공사 최정호 부장은 20년 간 한국전력공사의 해외 사업 분야에서 근무해오며 해외 사업 기획·전략, 수주 사업 운영 및 신규 사업 개발을 담당했다. 2013년에는 플랜트 유공 산업부 장관상을 수상하였으며 2014년부터 현재까지 베트남 응이손 2 합작 법인에 파견되어 CFO로 근무 중이다.

Q 해외 프로젝트를 진행하는 데 가장 중요한 요소는 무엇인가요?

남들이 믿지 않는 것을 증명해 내는 것이 해외 사업을 담당하는 사람들의 숙명이라고 생각합니다. "보이는 것보다 보이지 않는 것이 더 중요할 수 있다."는 믿음을 바탕으로 해외 사업 성공 가능성을 높이기 위해 보이지 않는 잠재적 리스크를 조기에 파악하는 면밀함과 문제 해결에 선제적으로 대응하는 적극성을 잃지 않으려고 노력하고 있습니다.

Q 베트남 이외에 경험한 다른 해외 플랜트 프로젝트 중 기억에 남는 프로젝트가 있다면 말씀해주십시오.

2009년 한국전력공사 최초의 전력 시장 내 상업용 발전소(Merchant Plant) 사업을 성사시켰던 필리핀 세부(Cebu) 석탄 화력 건설 및 운영 사업이 가장 기억에 남습니다. 2006년경 필리핀이 전력 시장을 확장한 이래, 한국전력공사가 많은 난관을 뚫고 신규 사업(Greenfield)으로는 처음으로 필리핀 에너지규제위(ERC)의 승인을 받아 건설 및 운영한 사업입니다.

당시에는 정부 보증이 제공되지 않는 상업용 발전소 사업에 대한 회사 내외의 우려와 반발이 많았습니다. 그럼에도 우여곡절 끝에 사업을 성사시켜 현재까지 안정적인 발전소 운영 및 눈부신 재무 성과를 이루어 내고 있습니다.

Q 해외 플랜트 프로젝트 진행에 있어 '개인적으로' 가장 어려움을 겪었던 순간과 가장 성취감을 느꼈던 순간에 대해 말씀해주십시오.

해외에서 사업을 추진할 때 종종 통제할 수 없는 변수들이 많이 발생하고 이에 따라 때때로 프로젝트 진행이 소강상태로 접어들거나 어려움에 봉착하는 상황이 생길 수밖에 없는데 이럴 때에는 스스로도 위축이 돼서 긍정적인 생각을 하기 어려워 정신적으로 많이 힘듭니다. 하지만 좀 더 담대한 마음으로 문제를 풀어낼 방법들을 찾아내어 사업을 본궤도에 올려놓으면 그 무엇과도 바꿀 수 없는 성취감을 느낍니다.

본 사업의 PM으로 2010년부터 최근까지의 성과를 이루어 내기까지 여러 가지 어려움을 극복해왔습니다. 이러한 과정 속에서 늘 저를 믿고 따라준 팀원들과 함께 행복한 여정을 했다고 생각합니다. 또한 어려운 상황에서도 저를 지켜주신 경영진께도 감사의 마음을 잊지 않고 전합니다.

Q 해외 사업을 진행하며 얻은 개인적인 노하우가 있는지요?

사업 협상이 난관에 봉착해 거의 모든 팀원들이 자포자기한 때가 있었습니다. 그때 새로 취임한 발주처의 고위급 관료를 만나려고 무작정 쫓아다닌 적이 있는데요. 비행기 안에서 우연을 가장한 만남 속에서 "도와달라(I am Desperate)"고 간곡하게 부탁을 했습니다. 그 후 협상이 재개되어 신속하게 협상을 마무리할 수 있었는데요. 나라마다 사람마다 차이가 있겠지만 백 마디 유창한 영어보다 진실한 마음이 전달될 때 상대방의 마음을 얻을 수 있다는 점을 새삼 깨달았습니다.

Q 성공적인 프로젝트 수행을 위해 필요한 요소에는 무엇이 있을까요?

IPP 사업과 같은 대규모 프로젝트의 개발은 다양한 이슈들을 균형감 있게 살필 수 있어야 하며 때로는 진취적으로 전진할 수 있어야 합니다. PM 개인의 경험과 역량이 매우 중요하다고 할 수 있겠지만 결코 개인이 혼자서 이룰 수 있는 성격의 것이 아닙니다. 분야별로 면밀한 검토가 뒷받침되어야 하는데 이는 주변의 많은 조력자들을 통해 이뤄집니다.

"회사는 사업 개발·수주를 위한 터전을 제공해줄 수 있지만 진정한 성과는 현장(Front Line)에 있는 사람들의 몫이다. 그들의 팀워크 역량에 달려있다." 오랜 경험을 가진 해외 IPP 사업 개발 실무자들이 하나같이 공감하는 점이라 할 수 있습니다.

Q 다른 기업과 차별화를 갖는 한국전력공사만의 경쟁력은 무엇일까요?

단기 성과에 매몰되지 않고 긴 안목을 갖고 사업을 추진해가기 위해 장기 투자자의 입장에서 발주처와의 관계를 설정합니다. 국내 전력 사업 인프라를 운영해온 노하우와 전력 분야 신기술을 활용한 건설 및 운영의 안정성 또한 해외 경쟁사와 대비하여 비교 우위에 있다고 할 수 있습니다.

Q 플랜트 산업에 몸담고자 하는 청년들에게 조언 한마디 부탁드립니다.

한국전력공사는 국내 최고의 공기업으로 공무원에 준하는 안정적 일자리로 각광받고 있지만, 해외 사업과 같은 분야에서 사기업 못지않은 진취적인 인재를 필요로 하는 기업이기도 합니다. 해외 사업 진출이 더 활성화되고 많은 성과를 내기 위해서 창의력, 도전정신 그리고 소통과 협력이라는 새로운 시대정신에 충만한 젊은 인재들이 역할을 다해주길 바랍니다.

Part. 3

머나먼 얼어붙은 땅에도
봄은 오듯

Russia ⊙
⊙ Uzbekistan
⊙ Turkmenistan

CIS 국가

거친 원석에서
보석 같은 기업으로 거듭나다

프로젝트 국가 : 러시아
프로젝트명 : 200TON/HR STATIONARY CRUSHING PLANT
발주처 : DRC ENGINEERING INC.
계약일 : 2018년 3월(2018년 7월 선적)
계약 금액 : 95만 불(약 10억 7,000만 원)

돌멩이 보기를 황금과 같이 하라

고려시대 명장 최영 장군은 "황금 보기를 돌 같이 하라"는 아버님의 유훈을 평생 받들며 살았다고 전해진다. 그만큼 재물이나 뇌물을 탐하지 말고 돌처럼 하찮게 여겨 청렴하게 살아야 한다는 유지였음은 누구나 아는 사실이다. 그런데 오늘날, 그 말을 무색하게 할 정도로 돌을 황금처럼 대하는 플랜트 기업이 있다. 우리나라 크러셔(Crusher, 암석이나 돌덩이를 부수어 자갈이나 모래를 생산하는 기계) 생산 및 플랜트 기업 가운데 가장 독보적인 명성을 가진 삼영플랜트가 바로 그 주인공이다.

1994년 창립해 25년간 크러싱 플랜트, 샌드 플랜트, 리사이클링 플랜트 시장을 선도해오고 있는 삼영플랜트는 지난 2006년에 INI STEEL(구 강원산업)의 크러셔 사업 부문을 총괄 인수함으로써 명실공히 파쇄설비 부문의 선두주자가 된 강소기업이다. 빌딩, 도로, 항만, 공항, 철도 등 모든 건축 토목 공사에는 골재와 모래가 필수적이기 때문에 크러셔 장비를 이용해 암석을 파쇄하여 골재나 모래로 가공한 뒤 공급해야 한다. 따라서 내구성을 갖추고 있으면서 고장이 없는 튼튼한 기계와 그러한 기계들을 운용하는 플랜트 시스템 구축은 숙련된 설계 및 설치 기술력과 노하우 없이는 쉽게 덤벼들 수 없는 산업이다.

"굴러다니는 돌만 봐도 돈으로 보였다"

돌보다 단단한 기계를 개발하라

해외 시장에서 한국 기업의 이름을 알리는 것은 결코 쉬운 일이 아니다. 이미 세계 시장을 선점한 업체들에 비해 외국 바이어의 선호도가 낮은 것이 현실이기 때문이다. 그러나 삼영플랜트는 기술력에 있어서는 유럽산 장비의 95% 이상에 달하는 수준에 도달해 있다고 자부할 만큼 자신감이 있었다.

우리나라에서는 단단한 화강암을 많이 다루다 보니 이를 견디는 장비에 대한 연구가 상대적으로 발달하였고, 이러한 국내에서의 경험과 성과가 해외 영업에서 큰 강점으로 작용할 것이라 판단했다. 그 예상은 주효했다. 국내든 해외든, 기계를 직접 다루는 현장 작업자들은 고장이 잦지 않고 튼튼한 기계를 선호하기 때문이다. 튼튼한 장비에 국한되지 않고 꾸준한 연구개발을 통해 다양한 성능 또한 갖춘 뛰어난 한국 크러셔가 되었다. 특히 최근 세계적인 추세에 맞춰 개발 완료한 모바일 크러셔는 특수 전자장비나 리모컨 등이 장착되었으며 유럽산 장비 대비 나은 성능을 보여주고 있는 국내 유일의 이동식 크러셔이다.

삼영플랜트는 바이어의 도로 건설, 댐 건설, 항만 공사 등의 현장에 따라, 아스팔트나 콘크리트 등 골재 생산 목적에 따라, 크러싱 플랜트의 전체 시스템을 고객 맞춤화하여 제공하고 있다. 또한 바이어가 직접 건설 사업을 추진하는 경우뿐만 아니라 용역을 주거나 장비 공급만 하는 경우 등 각각의 요구에 맞추어 플랜트를 설계하고 제안하여 장비를 추천한다.

이를 위해 수차례의 사전 협상과 미팅을 통해 견적을 내고 다시 여러 차례 사업 추진, 기술 관련 미팅을 반복하며 계약을 성사시키게 된다. 이때, 한 가지 기계만 판매하는 것이 아니라 단계별로 어떤 장치가 필요한지, 장비를 어떻게 배치하고 설치할 것인지, 시스템 구축은 어떻게 할 것인지 등 전반적인 플랜트 건설 차원에서 접근하여 설계하고 바이어에게 제안하게 되는데 이러한 일련의 과정을 거치다 보면 바이어들의 신뢰는 자동으로 쌓이게 된다. 제품을 판매한 뒤에도 직접 현장을 방문해 부품 조달이나 시스템 운용상 문제나 하자는 없는지 주기적으로 점검하고 있다. 이러한 노력들이 바이어의 만족도를 높이고 꾸준한 거래관계를 유지할 수 있는 비결이다.

> *"우리나라 화강암을 견딜 수 있는 기계를*
> *선배 엔지니어들이 연구해온 성과였다"*

◀▪▪ 러시아 200T/HR 이동식 크러싱 플랜트 현장

글로벌 시장으로 눈을 돌리다

1970년~1990년대까지 호황이던 건설 경기는 2000년대 들어 국내 인프라가 충족되고 경쟁이 심해지면서 하락세로 돌아섰다. 이때 많은 기업들이 그랬듯 삼영플랜트 또한 해외 시장으로 타깃을 변경했다. 삼영플랜트의 모기업이라 할 수 있는 강원산업이 국내 대형 건설사를 통해서 꾸준히 해외 판매를 해왔던 터라 네트워크와 인맥을 전수받은 것도 해외 시장 진출의 계기가 되었다. 아시아 지역에서 조금씩 입지를 넓혀가던 삼영플랜트는 2008년 러시아를 비롯한 CIS 국가로 눈을 돌렸다.

플랜트 장비는 무게가 상당하기 때문에 비행기가 아닌 선박으로 수송해야 하는데, 이 때문에 삼영플랜트 입장에서는 남미나 아프리카처럼 먼 지역보다는 러시아 블라디보스토크 같은 가까운 지역으로 수출하는 것이 경제적으로도 이득이었다. 또 한국 기업의 제품은 유럽이나 미국, 일본에 비해 기술력은 조금 떨어져도 가격이 싼 편이었다. 반대로 중국산에 비해서는 좀 비싸지만 품질은 훨씬 우수한 장비라고 알려져 있었기에 이런 점을 무기로 바이어들에게 다가가 틈새시장을 노렸다.

삼영플랜트 해외영업부 소속 김휘원 과장은 "처음에는 '한국이 이런 것도 만들 수 있었나?'라며 의외라는 식의 반응이 많았다. 그러나 지속적으로 전시회에 참가해 이름을 알리면서 파트너와 바이어를 물색하고 납품 후에는 현장을 방문해 사후 관리와 기술미팅을 꾸준히 지속했다."고 말했다. 삼영플랜트의 기술력과 장점을 무기로 한 영업 관리는 꾸준한 구매와 소개로 이어져 또 다른 성과를 내는 계기가 되었다. 비록 전자장치가 많이 필요한 장비는 아니지만 단순히 크러셔 하나만이 아니라 이동 설비, 적재 설비 등을 포함한 플랜트 전체에 대해 바이어의 요구에 부합하는 설계와 장비를 조합하여 제시함으로써 신뢰감을 심어 주고 최종 구매계약으로 이끌어 낸 것이다.

이 분야에 정통한 김 과장도 처음부터 전문가는 아니었다. 초반에는 설계만 담당하던 그였지만 플랜트 산업에 뛰어들어 일하다 보니 영업에도 일가견이 생겼다. 워낙 규모

◢◣ 몽골 200T/HR 크러싱 플랜트 현장

가 있는 장비인데다 전체 플랜트 설치 기간도 오래 걸리기 때문에 단번에 계약되는 경우는 없고 수차례 미팅을 반복해야 했다. 그 과정에서 장비 구축 설계와 시스템 디자인 등 플랜트 전반에 대한 제안과 기술적인 협의를 거치고 수정·보완해서 합의를 이끌어 내는 것이 매우 중요했다. "설계와 영업, 둘 다 알고 있으니 오히려 기술적인 부분을 파악하여 응대할 수 있어 상대에게는 더 큰 신뢰감을 줄 수 있었고, 설득하는 데도 훨씬 수월했다." 김 과장의 말이다. 단순히 기계 장비만을 판매하는 것이 아니라 제품과 시스템 운용에 대한 이해를 바탕으로 바이어에게 만족감과 신뢰를 주는 영업활동이 주효했다는 것이다.

"한번은 러시아의 한 바이어가 삼영플랜트의 장비를 구매하겠다며 선금을 먼저 보낸 경우도 있었다. 처음엔 사기꾼인줄 알았다. 제품을 무사히 팔고 러시아에 대해 조금 더 알게 되었는데, 그들은 의외로 우리에 대해 많은 것을 알고 있었다."며, "우리나라에도 러시아인, 중앙아시아인들이 많이 들어와 정착해 살고 있거나 사업을 하고 있는데, 그 바이어도 우리나라에서 사업을 하고 있는 자신의 지인을 통해 삼영플랜트에 대한 사전 조사를 진행했던 것"이라고 김 과장은 설명했다. 김 과장은 그 이후 러시아라는 나라를 더욱 친근하게 생각하게 되었다고 한다. 단순한 물리적인 거리감이 줄어든 것은 아니었기에 러시아 바이어와 관계자들을 자주 만나서 협의하고 불만을 해소해주거나 간혹 보드카를 나눠 마시면서 인간적인 거리도 좁혀나갔다.

> *"단지 제품만이 아니라 기술력과 신뢰를 기반으로*
> *영업을 했기 때문에 성과를 얻을 수 있었다"*

힘들어도 끝까지 버티면 기회는 온다

물론, 애로사항도 적지 않았다. 우선 의사소통이 어려웠다. 자존심이 강한 러시아인들은 영어를 잘 사용하지 않았고, 러시아인 실무자들은 기계를 운용하기만 하는 사람들이라 영어를 잘 못하는 사람이 태반이었다. 의사소통을 이어나가는 것이 힘들었지만 결국 시간이 약이었다. 함께하는 시간이 많아지고 기술이 기술을 알아보게 되고 서로의 요구사항과 제시안에 녹아있는 기술을 보다 깊이 있게 받아들이면서 신뢰를 높일 수 있게 되었다.

바이어들 역시 크러셔 현장에 오랫동안 몸담아온 기술자로서 본인들의 기술에 대한 자부심이 대단했다. 상대방의 의견을 정확히 이해하지 못하고 섣불리 기술적인 설명을 하다가는 논박하기 어려운 상황에 직면하기 십상이었다. 러시아의 국가적인 사업과 관련된 과학 기술은 우리나라보다 상대적으로 훨씬 앞서 있다. 우리 기술만이 최고라는 생각에 젖는 순간 바이어와 협상을 그르칠 수 있다. 나를 내세우기보다 그들의 자신감과 기술을 이해하려고 노력하는 자세가 먼저 필요했다.

김 과장은 "그들도 자동차를 생산하는데 우리나라가 옛날에 쓰던 삼륜차 같은 느낌이 드는 차들도 많고 볼펜, 핸드폰, 자동차 같은 공산품들이 오히려 비싸다. 우리 장비를 사려고 하는 이유는 자신들의 공장이 열악해서 만들 수 있는 기술이 있어도 만들기가 어렵기 때문이라고 한다. 기술은 앞서 있는데 인프라가 구축되지 못해서 직접 만들 수가 없는 것"이라며 우리가 경제 산업 측면에서 조금 앞서 있다고 그들에게 잘난 체를 하거나 자만해서는 안 됨을 강조했다.

해외 플랜트 사업에서 그 어떤 기업도 피해가지 못하는 또 하나의 어려움은 바로 환율 문제다. 환율 리스크를 관리하지 못하면 애써 공을 들여온 사업이 물거품이 될 수 있기 때문이다. 삼영플랜트 또한 환율 문제로 큰 곤란을 겪었다. 2008년부터 러시아에 제품을 판매하기 시작한 삼영플랜트는 점차 판매량을 늘리며 성공 가도를 달리고 있었다. 블라디보스토크와 정반대인 모스크바에서 연락이 오기도 했고, 2014년에 이르기까지 적어도 1년에 플랜트 서너 건은 수출할 수 있었다. 회사 전체 매출의 30% 내외를 차지하는 무시할 수 없는 시장이었다. 그러나 좀 더 적극적인 영업으로 매출을 늘리자는 생각으로 새로운 바이어와 타당성 조사(Feasibility Study)를 진행하던 중 갑자기 루블화의 가치가 절반으로 폭락했다. 바이어 입장에서는 100억 루블을 주고 살 수 있었던 것을 200억 루블을 주고 사야 하는 상황이 돼버린 것이다.

"전력을 다해 타당성 조사를 하고 제품을 선적하려고 막 준비하던 와중에 모든 것이

삼영플랜트 공장 내부 사진

취소됐다. 정말 힘들게 준비하고 온갖 노력을 다한 일이었는데 한순간에 물거품이 되는 순간이었다. 러시아 방문과 미팅도 여러 차례를 가졌고 바이어를 초청해서 장비 시연도 하고 모든 것이 순조롭게 진행되고 있다고 생각했는데 날벼락을 맞은 것 같았다. 내 잘못으로 일어난 일은 아니지만 연간 매출 목표를 달성할 수 없게 되어서 회사에 면목도 없고 정말 죽을 맛이었다." 김 과장은 당시를 상기하며 쓴웃음을 지었다.

그러나 거기서 포기하지 않았다. 모스크바에서 온 바이어는 직접 제품을 구매하지는 않았지만 러시아의 유명 철강 업체에 삼영플랜트를 소개해 판매를 도운 적이 있었고 삼영플랜트와 제품에 대해 많이 알고 있었던 만큼 그와 인연을 끊을 필요는 없다는 판단에 꾸준히 친분을 유지하며 기다렸다. 그렇게 1년, 2년이 지나면서 결국 프로젝트는 무산되었지만 러시아 바이어는 다른 업체를 연결해주면서 새로운 제품 판로를 가져다주었다.

삼영플랜트도 그동안 러시아 경기 회복을 기다리며 동남아시아나 아프리카 지역에 집중할 수 있었다. 2017년 들어 루블화 가치가 점차 회복되면서 러시아 내 판매량은 현

▰▰ 우즈베키스탄 150T/HR 크러싱 플랜트 현장

재 조금씩 회복 중에 있다. 어떤 기업이든 사업을 하다 보면 예기치 않은 난관이나 부침을 겪게 마련이다. 김 과장은 "영업을 하다 보면 힘든 순간과 난관이 다가오지만 일희일비하지 않고 버텨낸다면 어느샌가 새로운 기회가 다가온다는 것을 새삼 깨달았다."며 바이어와 비즈니스 관계를 꾸준히 유지해나가는 것의 중요성을 강조하였다.

"일희일비하지 않고 버틸 수 있다면
조만간 새로운 기회가 다가온다는 것을
새삼 깨달을 수 있었다"

글로벌 기업으로서의 미래를 준비한다

삼영플랜트는 이제 아시아 시장을 보다 적극적으로 공략한다는 계획을 세우고 있다. 아시아 시장은 꾸준히 판매해 오던 곳이지만 워낙 저가 시장이라서 비교적 신경을 쓰지 못했던 것이 사실이다. 그러나 러시아 프로젝트의 무산을 계기로 동남아시아 시장에서 이전보다도 한층 더 영업력을 키워 입지를 넓혀야 할 필요성이 생겼다. 남미는 광산이 많고 크러셔를 사용하는 국가와 업체도 많아 매력적이기는 하지만 거리가 너무 멀어 바이어들이 가까운 미국에서 장비를 구매하는 경향이 있다.

아프리카 또한 장기적으로 개척해야 하는 시장인 만큼 꾸준히 판매하고 있는 에티오피아를 비롯해 시장이 점차 활성화되고 있는 가나, 케냐, 탄자니아, 우간다, 수단 같은 국가들이 자금력을 확보하기까지 계속 주시하고 있다. 물론 카자흐스탄, 우즈베키스탄 등 CIS 국가와 몽골 또한 배제하지 않고 지속적으로 탐색하고 영업망을 유지해나갈 계획이다. 이와 함께 최근에는 인터넷과 모바일 기술이 발달한 만큼 구글, 유튜브, 페이스북 등 웹사이트와 SNS를 활용하여 삼영플랜트의 제품을 홍보하는 마케팅을 강화하고 있다.

혹자는 삼영플랜트의 제품들을 단지 돌을 부수는 단순한 장비일 뿐이라는 선입견을 가질지도 모른다. 하지만 도로, 항만, 철도 등 각종 산업 시설 기반을 구축하고 우리가 생활하는 건물을 짓는 데 필요한 건축 자재를 생산하는 기계를 제작하고, 전 세계로 수출해온 기업으로서 삼영플랜트가 쌓아온 업력과 기술, 노하우는 광산에서 캐내어 세심하고 아름답게 가공한 다이아몬드와 같다고 해도 과언이 아닐 것이다. 우리가 다이아몬드를 쉽게 얻을 수 없듯이, 그 기술력과 노하우는 오랜 기간 쌓여 이루어진 것이다. 거칠었던 원석에 정성을 들여 가공해야만 영롱하게 빛나는 보석이 되듯이, 삼영플랜트 임직원들의 헌신과 노력이 더해져 오늘날에 이르게 되었다. 언젠가는 삼영플랜트가 가진 가치와 명성이 더욱 빛을 발해 전 세계로 뻗어가는 글로벌 기업으로 거듭날 것을 기대해본다.

"삼영플랜트가 가진 가치와 명성이 더더욱 빛을 발해
전 세계로 뻗어가는 글로벌 기업으로 거듭날 것이다"

김휘원 삼영플랜트 과장

김휘원 삼영플랜트 과장은 대학 때 공부했던 학과 전공과는 전혀 다른 플랜트 업계에 발을 들이게 되었다. 별개로 익혔던 설계 기술을 바탕으로 삼영플랜트에 입사하면서 작가의 꿈은 잠시 접어두었다. 지금은 해외영업부에서 근무하며 세계를 무대로 크러셔 및 파쇄 장비 수출을 위해 힘쓰고 있다.

바이어보다
더 많이 공부해야
계약을 성사시킬 수 있다

Q 삼영플랜트에 입사하게 된 계기는 무엇이며, 설계 파트에서 근무하다 어떻게 해서 해외영업부로 가게 되었나요?

대학 졸업 후 전공과는 다른 설계 기술을 별개로 배운 뒤 삼영플랜트에 입사하게 되었습니다. 처음에는 돌을 다룬다고 해서 신기하기도 했고 발전 가능성이 있을까 미심쩍은 생각도 들었지만 달리 생각하니 골재자원은 많고 어느 나라나 인프라 구축은 계속 이루어지므로 회사가 문을 닫는 일은 없을 것이라 생각해서 과감하게 지원했습니다. 지속적인 기술개발을 통해 현재에 머무르지 않고 장비들을 계속 업그레이드하고 신규 장비를 생산하고자 하는 회사의 방침과 의지가 강해 보여 회사의 발전성이 보였습니다.

입사 후, 처음엔 설계 업무를 하다가 설계 및 플랜트 지식을 갖춘 영업인 확충이 필요하다는 회사 방침에 따라 해외영업부로 발령이 났고 이후 10년 가까이 근무하고 있습니다.

Q 해외 영업에 있어 개인적으로 어떤 점이 중요하다 생각하나요?

여러 가지가 있지만 바이어의 관심사를 사전에 파악하고 어떤 질문과 요구를 해올지 미리 준비하고 대처방안을 마련하는 것이 중요하다고 봅니다. 판매하고자 하는 기계에 대해서도 기술적으로 어떤 장점과 기능이 있는지를 숙지하고 가격적으로도 한계치를 설정하여 협상할 수 있도록 대비해야 합니다. 최근 바이어들은 예전과 달리 사전에 많은 정보를 수집하고 파악해서 우리에게 연락합니다. 즉, 웹사이트, 유튜브, 사진자료 등을 참고하거나 우리 회사 제품을 사용하고 있는 지인들에게 자문을 구하기도 하면서 실제로 만났을 때 우리에게 여러 가지 요구 사항을 제시하고 가격 할인도 요청합니다. 따라서 적당히 임해서는 안 되며 바이어보다 더 많이 공부하고 준비를 해서 만나고 대응해야 계약이 성사될 확률이 큽니다.

Q 해외 플랜트 사업에 참여하며 가장 뜻깊었던 순간은 언제인가요?

여러 가지 난관과 애로사항이 많지만 1년, 2년 준비하고 진행한 이후에 최종적으로 계약이 성사되고 발주가 이루어져 선수금이 들어왔을 때가 가장 뿌듯하고 기쁩니다. 말이 1년, 2년이지 바이어 중에는 우리도 알 수 없는 질문을 하기도 하고 무리한 요청을 하기도 합니다. 예를 들면 자신들의 나라에서 전기세가 얼마나 나올지, 돌을 깨서 얼마에 팔아야 할지를 묻기도 해서 당황스러웠던 적도 있었습니다. 그래도 할 수 있는 한 최대한 정보력을 동원하고 알아내서 답을 해줍니다.

Q 한국플랜트산업협회로부터 해외 사업 수주와 관련하여 지원받은 사항이 있다면 어떤 것들이 었나요?

한국플랜트산업협회로부터 많은 지원을 받고 있습니다. 우리와 같은 중소기업들을 대상으로 단체 카탈로그를 만들어 배포해주기도 하고 해외 시찰이나 사절단을 구성해 1년에 서너 번 해당 국가에 함께 가서 마케팅을 해주기도 합니다. 사업 타당성 조사 또한 우리가 직접 해결할 수 없거나 전수조사가 어

려운 부분을 도와주기도 하고 판로 개척, 법규에 대한 정보 또한 제공해줍니다. 수주와 관련하여 지원 요청을 해서 통과가 되면 비용을 지원해주므로 타당성 조사에 도움이 많이 되었습니다. 프로젝트가 성사되지 않더라도 그러한 조사를 계기로 러시아 시장에 진출할 수 있었던 만큼, 상당한 도움이 되었다고 할 수 있습니다. 최근에도 회원사들을 위해 다양한 고민을 하고 있는 것으로 알고 있는데, 실제로 중소 플랜트 제작 업체 모임을 주선하여 업체끼리 협업할 수 있는 사업 아이디어나 프로젝트와 관련한 정보를 공유할 수 있는 자리와 시간을 제공해주어 큰 도움이 되고 있습니다.

Q 삼영플랜트가 바라는 인재상은 어떤 것인지, 플랜트 산업에 도전하고자 하는 청년들에게 조언 한마디 부탁드립니다.

플랜트 기업은 장비 하나만을 파는 것이 아니라 A부터 Z까지 모든 것을 구성해서 판매한다고 보면 됩니다. 따라서 자신이 관심 있는 분야가 발전소든, 환경이든, 리사이클이든 다양한 분야의 플랜트에 대해 좁은 시야에서 벗어나 전체적으로 바라보고 판단할 수 있는 사람이 필요합니다. 또한, 기술 파트에서 일하든 영업 파트에서 일하든 플랜트 전반에 대한 이해가 필요합니다. 시스템에 대한 이해도를 높여가며 임해야 큰 그림을 그릴 수 있고 성공을 이끌어 낼 수 있습니다. 나무뿐만이 아닌 숲을 볼 줄 알아야 하며 자신이 맡은 공정에서 벗어나 그 앞단과 뒷단, 전체 라인을 구성하고 계획할 수 있는 능력을 키울 수 있다는 자신감이 있다면 적극적으로 도전하길 권합니다. 그러한 도전정신과 마인드를 가진 청년들이라면 플랜트 산업 현장에서 성공할 수 있다고 확신합니다.

미지의 땅에 **뿌린 씨앗,**
풍성한 열매로 돌아오다

SAC 사옥 전경

프로젝트 국가 : 러시아
프로젝트명 : 러시아 합금철 생산용 전기로 현대화 사업
발주처 : 러시아 C사(비밀유지 협약에 따라 회사명 생략)
공사 기간 : 12개월
계약일 : 2018년 3월 13일
계약 금액 : 100억 원

합금철 수요의 증가

전기로는 강철에 섞인 불순물을 없애고 강도를 높이기 위해 철 외에 다른 합금철을 혼합, 용융하여 제조할 때 주로 사용된다. 이 때문에 철강 산업체로부터 수요는 많지만, 고도의 기술력이 필요한 탓에 세계적으로도 생산 업체가 많지 않은 상황이다. 우리나라를 포함해 중국, 러시아, 미국, 일본, 브라질 등 제철 및 조강 생산량 상위권에 속한 몇몇 나라들만이 그 기술력과 합금철 제조 플랜트를 보유하고 있는데, 그 가운데 러시아는 조강 능력이 연 8,000만~9,000만 톤에 달한다.

러시아는 합금철 수요 또한 적지 않기에 별도의 합금철 생산 공장들을 세워 합금철을 공급하고 있는데, 러시아 내 합금철 생산량 1위 업체인 C사는 세계 생산량 5위에 해당하는 연간 145만 톤의 합금철을 생산하는 업체로서 전기로 75개를 보유하고 있으나 대부분의 설비가 노후하여 최근 최신식으로 교체하거나 현대식으로 개량하려는 시도를 하고 있다.

> *"러시아는 조강 능력이 연 8,000만~9,000만 톤에*
> *달하는 국가로서, 합금철 수요가 많다"*

전기로 현대화 사업 수주

국내 합금철 생산 플랜트 부문 최고의 기술력을 보유하고 있는 SAC(에스에이씨)는 노후화된 전기로를 교체하려는 C사와 100억 원 규모의 전기로 1기 현대화 사업을 수주했다. 사업 수주를 위해 참여했던 노르웨이, 미국 등과 경쟁하여 기술력과 합리적인 견적을 통해 당당히 그들을 제치고 러시아 C사의 사업 파트너가 된 것이다. 이미 발주처로부터 15억 원 규모의 기본설계, 상세설계 용역을 수주해 납품한 실적이 있었기에 이를 계기로 C사가 발주한 전기로 현대화 사업 입찰에 참여한 SAC는 노르웨이, 미국 등과 비교했을

러시아 C사 공장 전경. 러시아 최대 합금철 생산 업체로서 총 75대의 전기로를 보유하고 있다.
SAC는 이 중 42번 전기로 Revamping 공사를 수주하여 진행 중이다.

때 기존에 보여준 설계 능력과 금액 등 여러 부문에서 경쟁력 있는 위치를 선점할 수 있었다.

SAC 영업팀 박노천 자문위원은 "매년 개최되는 합금철 관련 국제회의에 꾸준히 참석하며 C사를 알게 되었다. 이후 우리가 말레이시아 전기로 플랜트 공사를 진행 중일 때 관심을 보여 C사 관계자들을 초청해 견학을 시켰는데, 해당 시설이 전기 소모가 적다는 점, 유지 관리가 용이하다는 점 등 우리 기술, 설비에 대한 장점과 효율적인 면들을 소개할 수 있었다. 그때 우리 회사의 기술력과 경쟁력을 높이 샀던 것 같다."고 설명했다.

C사의 전기로 현대화 사업은 기본설계, 상세설계를 끝내는 데만 장장 6개월이란 시간이 걸렸다. 처음부터 새로 만드는 것이 아니라 기존에 있는 시설을 개선하고 현대화하는 작업이었기에 직접 현장을 보고 조사하면서 기존 시스템과 연계하는 작업에 많은 시간이 걸렸다.

하지만 "이렇게 상세설계까지 하면 여러 가지 기자재에 대한 디테일한 요소에 대해 완벽히 파악할 수 있고 그것을 기반으로 견적을 하니까 발주처 입장으로 볼 때 효과적인 투자를 할 수 있다. 과잉 공급을 방지할 수 있어 소요되는 장비와 그에 따른 비용을 줄여 경제성이 보장되는 셈이다. C사의 구매 방식이 그러한 프로세스를 거친다는 것을 미리 알고 있었기에 대비하고 순순히 따라 주었던 것도 주효했다." 박 자문위원의 설명 이다.

발주처의 요구를 최대한 맞춰주는 것이 차후에 있을 구매, 현대화 사업 입찰에도 유 리할 것이라는 판단에서였다. 또 어차피 설계비를 받는 것인 만큼 크게 손해 볼 것도 없 었다. 노르웨이 회사가 이미 C사와 관계를 맺고 있었지만 유럽 회사들은 기본설계나 상 세설계에서 발주처를 100% 만족시킬 수 있을 만큼의 결과를 내는 일이 드물다. 발주처 의 요청에 따라 여러 번 바뀌기 일쑤인 것이 설계인데, 이런저런 주문이 많다보니 유럽 엔지니어들이 그런 요청을 잘 받아들이지 않기 때문이다. 반면 우리나라 기업들은 충실 하게 일하면서 사후 관리도 잘 해주니 발주처 입장에서는 기술력, 가격, 성실도 등에서도 훨씬 선호할 수밖에 없다.

박 자문위원은 "물론 우리나라 기업이라도 대부분의 EPC 회사들은 설계만 하는 계 약을 선호하지 않는다. 설계만 하면 고생은 고생대로 하고 설계 용역비를 주고 나면 별로 남는 게 없기 때문이다. 장비와 시설을 들여 공장을 세워야 돈이 된다. 하지만 우리는 자 체적으로 기본설계든 상세설계든 많은 기술 특허를 기반으로 한 설계 능력을 갖추고 있 기 때문에 충분히 도전할 수 있고 플랜트 사업 수주의 잠재력도 갖추고 있었다."며 치밀 했던 회사의 설계 능력과 수주 전략을 설명했다.

치밀한 전략과 노하우 를 바탕으로 C사의 전기 로 현대화 사업을 수주하 긴 했지만, 러시아라는 나 라는 미지의 땅이었다. 현 지 사정을 잘 모르기 때문 에 발생할 수 있는 위험이

◢◤ 2018년 8월 러시아 C사 방문 시 러시아 방송국과 인터뷰 중인 SAC 한형기 회장

있었다. 이를 줄이기 위해 SAC는 포스코대우에 협업을 요청했다. 포스코대우는 러시아에 지사를 설립하여 많은 정보와 네트워크를 보유하고 있었고 재무적으로 안정된 기업일 뿐만 아니라 러시아와 진행한 사업 경험이 풍부하다는 강점이 있었다. 이런 점 때문에 러시아 합금철 생산용 전기로 현대화 사업은 SAC와 포스코대우가 협업하여 포스코대우를 주계약자로 하여 진행되고 있다.

> *"노르웨이, 미국 등과 경쟁했을 때*
> *설계 능력과 가격 측면에서 우리가 앞섰기에*
> *러시아 전기로(電氣爐) 현대화 사업을 수주할 수 있었다"*

까다로운 러시아 통관 절차

    설계 과정에서 어려움은 그리 많지 않았으나 의사소통하는 데 번거로운 절차를 거쳐야 했다. 기본설계 500여 장, 상세설계 1,500장 내외의 설계도면과 서류를 영어로 작성해서 보내면 C사가 러시아어로 번역해서 내부적으로 회람하고 피드백을 보내왔기 때문이다. 이를 다시 한국어로 번역해서 수정, 보완을 하는 식으로 일을 해야 했기에 시간이 꽤 소요됐다. 또한, 담당자끼리 직접 만나 도면을 펼쳐놓고 토론할 때와 달리 메일이나 전화로 논의할 때는 내용 전달이 명확하지 않아 재확인하고 승인하는 과정을 거쳐야 했다. 서로 출장이나 미팅을 위해 오고 갈 때 통역사를 대동했음은 물론이다.

    SAC가 완공해 시운전 중인 우즈베키스탄 합금철 생산 플랜트를 진행할 때는 물류, 통관 때문에 고생을 했다면 러시아 프로젝트는 인증받는 과정이 까다로웠다. 박 자문위원은 러시아의 까다로운 인증 절차를 떠올리며 "러시아는 인증을 받아야 물건이 들어갈 수 있는 나라다. 각 장비별로 별도의 인증을 받아야 한다. 예를 들어, 기계면 기계, 전자장치면 전자장치, 도구, 소모품 등에 대한 인증을 각각 따로 받아야 통관이 된다."고 말했다. 이 때문에 장비 공급에 대한 계약을 할 때면 각 장비에 대한 비용, 제작 및 납품 기간 등 사양과 정보를 자세히 수록한 서류를 제출하고 컨펌을 받은 뒤에야 정식 서류를 작성할 수 있었다. 즉, 품목에 대한 인증을 받고 그 인증된 각 품목에 대한 디테일을 적어도 한 달 전에 보내서 컨펌을 받아야만 선적이 가능한 것이다. 박 자문위원은 "러시아 플랜트 시장에 진출하려는 기업이 있다면 그런 인증 과정에 대해 철저한 스

2018년 8월 러시아 INNOPROM 전시회의 C사 부스 방문
(SAC 한승훈 부사장, 영업팀 송민우 대리,
C사 Chief of process engineer Mr. Dmitri Rakitin)

터디를 하지 않으면 예기치 않은 문제로 인해 기자재와 장비 납기가 늦어져 공기가 지연되거나 손해를 볼 수 있다."고 생생한 경험담을 전했다.

　SAC는 비록 진행 과정은 까다롭지만 러시아 전기로 현대화 작업은 효율이 떨어진 전기로뿐만 아니라 이를 작동시키는 부대설비와 시스템을 개조하고 업그레이드 하는 프로젝트로, 앞으로도 이러한 프로젝트가 많아질 것으로 기대하고 있다. 박 자문위원은 "러시아도 전기로를 만들 수 있는 기술이 있지만 효율성이 떨어져서 직접 만들기가 어려운 상황이라 우리 회사 같은 파트너를 찾고 있다. 노르웨이 기술은 효율성이 좋긴 하지만 생산량, 전기 소모량, 분진 발생량 등 기술적인 면과 가격적인 측면을 따졌을 때 SAC가 유럽에 비해 경쟁력을 갖추고 있다는 말을 직접 듣기도 했다. 1기는 내년 초에 완공이 될 예정인데, 후속 프로젝트 오더를 받으려면 열심히 해야 한다."라며 향후의 사업 수주에 대한 기대와 각오를 내비쳤다.

"모든 품목에 대한 인증을 받고 디테일한 사항을
한 달 전에 보내서 확인을 받아야만
장비나 물품 선적이 가능했다"

해외 시장 확대의 포부

　그동안 우리나라 해외 플랜트 사업은 주로 중동과 남미, 동남아시아에 국한되어 있었다. 반면 유라시아, 특히 러시아에는 제대로 진출한 업체를 찾아보기 힘들었다. 그렇기 때문에 SAC가 진행한 전기로 현대화 프로젝트의 의의는 더 크다. 현재는 C사가 가진 75개의 전기로 가운데 1기만 담당하고 있지만 이를 성공적으로 마무리한다면 추가 수주의 기회를 얻을 수 있을 뿐만 아니라 실적과 경험을 바탕으로 언젠가는 주변에 있는 CIS 국가로 진출할 수 있는 교두보가 될 것이다.

　현재 러시아에는 10개 내외의 합금철 공장이 있다. 연 8천만~9천만 톤에 달하는 조강 생산량으로 볼 때 합금철 수요는 앞으로도 오래도록 지속될 것으로 예상되는 만큼 전기로 시장에 있어서 러시아는 아직 개척되지 않은 블루오션이다. 게다가 SAC는 기술력 좋은 유럽보다 저렴하고, 값이 싼 중국보다 뛰어난 기술력을 보유하고 있어 러시아 시장에서 활약할 수 있는 충분한 경쟁력도 갖추고 있다. 현재 SAC는 고부가가치 재료를 생산할 수 있도록 고순도 합금철 설비를 공급하자는 전략을 세우고 있다. SAC는 시장을 확대하고 발주처는 고부가가치 산업으로 전환하여 수익성을 제고할 일석이조의 전략인 셈이다. 실제 이와 관련한 250억 원 규모의 새로운 해외 플랜트 수주를 준비하고 있다.

▪▪ 2018년 8월 러시아 INNOPROM 전시회 참가 모습.
SAC의 말레이시아 플랜트(FeSi&SiMn&FeMn 연간 10만 톤 생산) 모델을 VR로 시연

프란시스 베이컨은 "흔히 사람들은 고난이 닥치면 노력 없이 성과를 낼 생각부터 한다. 하지만 분별 있는 사업가는 땅에 뿌린 씨가 자라서 익을 때까지 기다릴 줄 안다."고 말했다.

불모지였던 합금철 업계에서 꾸준한 연구 개발과 투자, 인재를 양성해온 SAC는 세계에서 인정받는 기술력과 노하우를 쌓아오며 프란시스 베이컨이 말한 '분별 있는 기업'으로 자리매김했다. 이제 SAC는 새로운 해외 진출 사업에 보다 적극적으로 나서겠다는 계획을 세우고 있다.

중소기업의 해외 진출은 반가운 소식임에도 한편으로는 행여나 실패하지 않을까 하는 우려가 되는 것도 사실이다. 하지만 이미 국내 실적을 포함하여 말레이시아, 우즈베키스탄, 러시아에서 자신만이 가진 기술력과 노하우를 증명한 SAC는 그러한 우려들을 불식시킨다. 오히려, 머지않아 '세계 3위의 합금철 전기로 플랜트 업체로 거듭나겠다'는 목표와 열정에 대한 깊은 신뢰와 대한민국의 위상을 드높이리라는 기대도 갖게 한다. 그럼에도 해외 시장 진출 과정에서 SAC가 나아가는 길은 순탄치만은 않을 것임을 알기에 잠재력 있는 강소기업들의 새로운 도전에 대한민국 정부와 산하기관의 보다 적극적이고 실질적인 지원과 보호 정책을 기대해 본다.

"향후 고순도 합금철 설비를 공급하여 고부가가치 재료를 생산할 수 있도록 하는
전략을 세우고 그와 관련한 250억 원 규모의 새로운 해외 플랜트 수주를 준비하고 있다"

글로벌 에너지 솔루션 기업으로 진화하는 SAC

전기로(Submerged arc furnace)의 핵심 설비인 3상 전극의 소성 모습
(우즈베키스탄 FeSi 전기로 2018년 8월 13일 Power-On 당시)

프로젝트 국가 : 우즈베키스탄
프로젝트명 : 우즈베키스탄 합금철 제조플랜트
발주처 : UZMETKOMBINAT(Uzbek Metallurgical Plant JSC, 우즈베키스탄 제철소)
계약일 : 2016년 7월 29일

완공일 : 2018년 12월 31일
계약 금액 : 240억 원
계약 형태 : EP+Supervision
현장 위치 : Bekabad town, Sirdary street, Uzbekistan

철강 산업에 필수인 합금철

인류는 석기시대와 청동기시대를 지나 기원전 3세기부터 시작된 철기시대를 거치며 도시와 국가를 형성하고 새로운 문명을 꽃피우며 발전해왔다. 오늘날 철은 작은 바늘부터 인공위성에 이르기까지 실생활에 필요한 도구와 기계를 만드는 재료, 심지어는 사람의 몸 안에서 뼈를 고정시키는 데까지 사용되고 있다.

우리가 흔히 접하는 철은 사실 순수한 철이 아닌 강철(Steel)이다. 강철은 철을 주성분으로 하는 금속 합금으로, 철이 가지는 성능(강도, 질긴 성질, 자성, 내열성 등)을 인공적으로 높인 것이다. 이러한 철을 생산하는 산업인 철강업은 세계적으로 근대화, 산업화에 기여하였고 현재도 여전히 대표적인 국가 기간산업으로서 내수 산업 발전과 수출을 통한 외화 획득에 중요한 역할을 하고 있다. 철강 생산량은 중국이 세계 최고 위치를 차지하고 있으며, 우리나라를 포함해 일본, 미국, 러시아, 브라질, 인도 등이 생산량 상위 랭킹에 속한 국가들이다. 우리나라는 연 5,000만 톤 내외의 조강 능력을 보유하여 세계 5위 내에 들고 있다.

철강을 생산하는 제철 과정에서는 합금철이 반드시 필요하다. 이는 불순물을 제거하고 내구성이 강화된 고급 강철을 만들기 위해서이다. SAC(에스에이씨)는 국내 유일의 합금철 플랜트 엔지니어링 업체로서 페로망간(Fe-Mn), 페로실리콘(Fe-Si), 실리콘망간(Si-Mn), 메탈실리콘(M-Si) 등의 합금철 생산을 위한 저항식 플랜트와 저탄소 합금철 생산 설비 일체를 시공·운영하는 것을 전문으로 한다.

"SAC는 공업로(工業爐) 사업을 시작으로 꾸준한 연구 개발을 통해
합금철 플랜트 설계와 생산에 있어 국내 최고 수준의 기술력을 갖춰왔다"

SAC는 2012년 말레이시아 합금철 플랜트 건설 프로젝트를 계기로 우즈베키스탄, 러시아 등 세계 시장으로 사업을 확대해 나가고 있는 강소기업으로 1997년 설립돼 공업로 사업을 최초로 시작하였으며 꾸준한 연구 개발을 통해 설비에 대한 설계와 생산에 있어서는 국내 최고 수준의 기술력을 갖추고 있다. 공업로는 기계, 금속, 전기전자, 화학 등 다방면의 지식이 필요해 생산이 매우 까다로운 분야로, 합금철 전기로(電氣爐)는 전 세계 10개 내외의 업체만이 기술력을 갖추고 있을 정도로 쉽게 만들기 어려운 품목이다.

우즈베키스탄 플랜트 건설 파트너가 되다

우즈베키스탄의 국영 제철소 우즈메트콤비네트는 오래 전부터 한국의 철강 산업에 관심을 가져왔다. 합금철을 전량 수입에 의존하던 우즈베키스탄은 수급에 차질이 생기고 품질 관리가 어려워지자 2016년 합금철을 직접 생산하기로 결정하고, 이를 위한 합금철 생산 플랜트 건설 프로젝트 사업자로 포스코대우를 선정했다. 이 과정에서 포스코대우가 전체 사업을 수주하고 SAC는 시공 파트너로서 설비 설계와 공급, 제작, 시운전을 담당하며 사업에 참여하게 된 것이다.

우즈베키스탄 합금철 플랜트 전경
(왼쪽 파란 건물에서 원재료(규석, 망간, 철, 코크스 등)가 배합되어 컨베이어를 타고 우측 전기로 본체로 이송된다.)

SAC 영업팀 박진주 대리는 "우리 회사가 주력으로 하는 분야였기 때문에 다른 프로젝트와 달리 파트너로 참가하는 과정이 꽤 순조로운 편이었다. 국내에 다른 회사 몇 군데가 있긴 하지만 기술적인 면에서 자신이 있었고 우즈베키스탄 프로젝트보다 두세 배 규모였던

전기로 전극 사진(고전류 전기가 흐르는 케이블과 전기로의 고열을 냉각하기 위한 각종 냉각수 파이프 및 냉각팬)

말레이시아 프로젝트를 이미 수행했던 경험이 있어서 시공 측면에서도 크게 걱정될 것이 없었다."며 당시의 자신감을 드러냈다.

기술력이 상대적으로 좀 더 뛰어난 유럽 업체들은 그만큼 가격이 비쌌고 설계 과정에서 발주처에 세밀한 부분은 알려주려고 하지 않거나 인력이 많이 투입되는 힘든 공정은 꺼렸다. 반대로 중국 업체는 가격은 저렴하지만 아직까지는 기술력과 품질이 뒤떨어지는 편이다. SAC는 양쪽의 장단점을 모두 아우를 수 있다는 점이 또 하나의 경쟁력으로 작용했다. 당시 우즈베키스탄 등 CIS(독립국가연합) 국가 시장은 블루오션이었기 때문에 내부 의사결정 과정에서도 큰 걸림돌이 없었다. 물론, 그 과정에서 사업 타당성 조사를 자체적으로 진행하고 투자 대비 회수율 분석도 마쳤다.

박 대리는 "수익성 분석을 하려면 결국 투자비를 산정하는 게 핵심이다. 신중히 고려해야 할 사항들이 기술적인 부분, 영업, 운영, 유지 보수 등 여러 가지가 있겠지만 특히 자본 지출(Capital Expenditure), 운영 비용(Operation Expenditure)이 중요한데, 운영 비용은 우리가 산정할 수밖에 없다. 플랜트 건설 투자의 중심은 기계 및 생산 설비이고 그게 80% 이상을 차지하기 때문이다. 게다가, 우리는 설계를 하기 때문에 그러한 비용 산정이 가능하고 가격을 어느 선에서 정해야 발주처 또한 사업 타당성 측면에서 유리

▟▀ 전극압하설비 출하 전 자체 Inspection 모습
(해당 Break pad type 압하 설비는 SAC가 특허 출원한 기술로써 우즈베키스탄 프로젝트에서 처음 적용되었다.)

할 것인지도 동시에 생각해 그 아이디어를 발주처와 공유하고 경제성을 따질 수 있다는 장점이 있다."고 설명했다.

이 과정에서는 포스코대우의 도움이 컸다. 아직까지는 생소한 CIS 국가였기에 많은 정보를 공유하고, 우즈베키스탄이 재정적으로 넉넉하지 않은 나라임을 감안해 자금 조달에 있어서도 포스코대우가 전대차관을 주선하면 SAC가 공사 대금을 받는 방식으로 진행했다. SAC가 제출해야 하는 보증, 증권 등과 관련해 포스코대우의 신용을 통해 무난하게 처리할 수 있었고 대금 회사, 발주처와의 원활한 의사소통에서도 큰 도움이 됐다.

"말레이시아 프로젝트를 이미 수행했던 경험이 있어서

설계는 물론, 시공 측면에서도 크게 걱정될 것이 없었다"

순탄치 않았던 과정들을 극복하며

물론, 발주처의 까다로운 요구 사항도 없지 않았다. 박 대리는 "우즈베키스탄의 발주처는 합금철에 대한 노하우나 기술이 전혀 없었다. 그래서 그런지 입찰 서류와 계약 서류를 만들 때 설비 등에 관해 굉장히 디테일하게 작성해달라고 고집을 부리는 바람에 설비 하나하나마다 그 사양, 용도 등 자잘한 데이터까지 일일이 작성해야 했다."며 당시 기억을 떠올렸다. 미리 제출한 서류들과 비교해서 서류에 적힌 그대로 물건이 제작되고 납품이 되는지, 어떤 장비나 물건이 도착하면 서류에 적힌 내용과 일치하는지 하나하나 체크하고 이상 유무를 확인하는 과정을 거쳤다.

까다로운 과정이었지만 SAC는 계약에 포함되어 있지 않은 사항들도 먼저 나서서 지원하며 발주처가 기술적인 노하우를 쌓을 수 있도록 적극 협조했다. 완공 이후에도 SAC는 생산 설비에 대한 시운전과 이상 유무를 파악해 보완하는 데 그치지 않고 플랜트 운영과 인력 채용도 지원하며 신뢰를 쌓아나가고 있다.

우즈베키스탄 합금철 플랜트 현장은 수도인 타슈켄트로부터 자동차로 두 시간 정도 걸리는 베카바드라는 소도시에 위치해 있다. 베카바드는 '바람의 도시'라고 불릴 정도로 세찬 바람이 많이 부는 지역이다. 거센 바람은 한 달 가까이 공사를 지연시키기도 했고, 다른 나라에 둘러싸인 특성상 물류 이동이 까다로워 고생도 많았다.

말레이시아나 중국, 미국 등에서 프로젝트를 진행할 때는 해상이나 항공 하나면 됐지만 우즈베키스탄은 배를 타고 가서 다시 육로를 이용해야 하는데다 국경도 두세 개씩 통과해야 했다. 물류를 다섯 번 정도 나누어 이송했는데 서류를 작성하는 것부터 실제 운송하는 과정 모두가 매번 힘들었다. 국경을 지날 때마다 만나게 되는 까다로운 세관이 큰 복병이었다. 세관을 통과하는 데만 3일에서 일주일이 걸렸다. 한번은 중국을 경유해서 전기로에 들어갈 내화재를 컨테이너 12대에 나눠 이송하던 중 카자흐스탄 국경에서 발목이 잡혔다. 내화재의 방사능 수치가 기준치보다 높다는 이유였다. 결국 샘플을 뽑아 중국 제조 업체에 보내 방사능 검사를 받고 이상이 없다는 증명서(Certification)를 제출한 후에야 통과할 수 있었다.

그러다 보니 한 번 운송을 하는 데 한 달 가까이 걸렸다. 박 대리는 "더 황당한 것은 어떤 때는 그냥 통과시키는 등 일관성이 없고 그때그때 달라서 종잡을 수가 없다는 것이었다. 납기가 늦으면 공사도 지연되고 자연히 공사 대금도 늦어져서 경영에도 문제가 되기 때문에 간단한 문제가 아니었다."고 설명했다.

주로 러시아어를 쓰는 우즈베키스탄에서는 언어도 큰 난관이었다. 의사소통이 원활하지 않아 반드시 통역을 써야 했다. 현지에서 한국어학을 전공하는 학생이나 우리나라에서 몇 년 동안 일하다가 한국어를 익힌 후 돌아온 현지인을 통역 담당으로 채용해서 도움을 받기도 했다. 플랜트 전문가가 아니다 보니 먼저 시설을 견학시키며 전문용어를 가르치는 이중, 삼중의 과정을 거쳐야 했다. 또 모든 서류를 영어로 만들어 다시 러시아어로 번역해서 보내고, 답신을 받으면 다시 영어나 한국어로 번역해야 하는 과정도 매우 번거로웠다.

그러나 힘든 시간도 지나고 보면 다 추억이 된다던가. 돌이켜 생각해보면 그렇게 나쁜 기억만 있지는 않았다. 이슬람 문화권인 우즈베키스탄은 중앙권력이 강한편이라 치안은 좋은 편이었고, 권위나 허례허식이 없었다. 젊은 여성은 마음대로 돌아다니지 못하는 보수적인 나라이기도 하다. 박 대리는 "규모가 큰 플랜트가 많지 않고 기술적인 노하우나 경험이 부족하다 보니 우리에게 배울 게 많아서 그랬는지, 아니면 사람들이 실제

제품 출탕 모습(오랜 시간에 걸쳐 Shell 내부에서 용해된 원재료들이 Tapping hole을 통해 출탕되고 있다. 2,000℃에 이르는 고온의 용탕이다.)

로 순박해서 그랬는지는 몰라도 상대하기 어렵지 않고 편했다. 이전 말레이시아 프로젝트를 진행할 때는 관리자들이 모두 영국 출신이었는데 전문성은 있었지만 매우 사무적이었다. 한번은 우즈베키스탄 발주처 기술진을 말레이시아 합금철 플랜트에 초청한 적이 있었는데, 바다를 보자마자 미리 챙겨온 수영복으로 갈아입고 바다에 뛰어드는 모습을 보고 웃었던 기억이 난다. 우즈베키스탄에는 바다가 없다."며 즐거웠던 기억을 떠올렸다.

> "우즈베키스탄은 다른 나라들에 둘러싸인 나라이기에
> 국경도 여러 번 통과해야 해서
> 물류 이동이 까다로워 고생한 적이 많았다"

글로벌 기업으로 거듭나기 위해

규모에 상관없이 해외라는 낯선 환경, 낯선 문화에서 사업을 추진하기란 결코 쉽지 않다. 그럼에도 프로젝트를 성공적으로 완수하게 하는 동력은 '신뢰와 노력'이다. 박진주 대리는 "우리가 경험이 부족해 물류 이송에 지연을 초래한 적도 있었고 발주처의 인력 수급과 관리 능력이 따라주지 못해 불가피하게 지연되는 경우도 많았지만 서로 프로젝트 완수를 목표로 유기적으로 소통하며 신뢰를 쌓아간 것이 주효했다."고 전했다.

또 설계도면을 주고 필요한 자재나 설비의 수량을 산출해주되, 그 가운데 30% 정도는 현지, 또는 인근 국가에서 조달하거나 스스로 국산화하도록 도왔던 것도 좋은 인상을 심어준 계기였다. SAC는 플랜트 건설 후에도 회사 내 최고 수준의 엔지니어들을 현지에 파견해 시운전에 차질이 생기지 않도록 도우며 우즈베키스탄 업체와 견고한 신뢰의 담을 쌓아올리고 있다. 그에 더해 SAC의 모든 임직원들이 혼연일체가 되어 사업 성공을 위해 각자 맡은 분야에서 최선을 다한 것도 빼놓을 수 없는 성공 요인이다.

SAC 한형기 대표이사는 과거 삼천리공업 기계사업부에서 영업사원으로 시작해 임원

◢◣ FeSi 15,000톤 플랜트의 첫 출탕 기념사진
(Uzmetkombinat 임원진, SAC 한형기 회장, 포스코대우 윤경택 전무, 지병환 상무, 우즈베키스탄 대사 권용우)

까지 오른 입지전적인 인물이다. 공장을 짓고 움직이는 것이 얼마나 힘든 일인지 누구보다 잘 알고 있기에 그는 직접 우즈베키스탄 현지에 수십 번을 방문해 프로젝트 진행 과정에 차질은 없는지, 문제는 무엇인지 파악하는 등 전폭적인 지원을 아끼지 않았다.

발주처의 신뢰를 바탕으로 창업주를 비롯한 모든 임직원이 합심한 결과 우즈베키스탄 합금철 제조 플랜트는 성공적으로 완성될 수 있었다. 2018년 8월 말, 우즈베키스탄 대통령이 참석한 가운데 플랜트 완공 기념식이 성대하게 치러졌고, 그 자리에서 같은 규모의 제2 합금철 플랜트를 추가로 진행하기로 구두협약을 하는 쾌거도 이뤘다.

박 대리는 "우즈베키스탄 프로젝트는 종전의 말레이시아 프로젝트보다 더 세련되고 진보된 설비와 노하우를 접목하기 위해 노력했다. 그 노력들이 발주처에게 만족스런 결과를 제공하는 것을 넘어 우리 회사에도 기술력과 노하우를 쌓는 데 커다란 보탬이 되었다."고 말했다.

SAC는 국내에서 쌓아온 기술력과 노하우는 물론이고, 말레이시아와 우즈베키스탄 플랜트 건설 경험을 살려 해외 영업력을 강화함으로써 주변 CIS 국가들을 포함하여 해외 시장 진출을 확대해나갈 계획이다. 이를 위해 기술 인력 양성 프로그램과 연구 개발에도 꾸준히 투자함으로써 머지않아 단순한 설비 엔지니어링 기업에 그치지 않고 합금철 전기로 전문업체로서 세계 3위 내에 진입함은 물론, 매출 1조 원을 달성하는 글로벌 에너지 솔루션 기업으로 거듭난다는 목표로 오늘도 국내외 현장에서 힘차게 뛰고 있다.

"매출 1조 원을 달성하는

글로벌 에너지 솔루션 기업으로 거듭나고자 한다"

안성순 SAC 팀장

안성순 SAC 전기로팀 팀장은 국내에서 전기로 설계 및 설치 사업에 참여하던 중 해외 사업으로는 최초로 말레이시아 PERTAMA사가 발주한 전기로 플랜트 사업에 참여하여 기계팀장 역할을 수행하였다. 이후 전기로팀장으로서 우즈베키스탄 전기로 플랜트 현장에서 1년간 근무하며 프로젝트 진행 업무에 참여하였고 프로젝트 완수 후 귀국하였다.

계약 조건에 연연하지 않고 최대한 지원하는 마인드가 중요하다

Q 해외 플랜트 프로젝트 추진 과정에서 개인적으로 가장 힘들었던 때와 가장 기뻤던 순간이 있다면 언제인가요?

우즈베키스탄은 이전에 담당했던 말레이시아와 비교할 때 지역 자체가 오지였습니다. 설치에 필요한 중기계 등 여러 가지 자원이 부족해 장비만 있으면 단기간에 끝낼 수 있는 일을 인력을 동원해서 진행하다 보니 열흘 이상 걸린 적도 있어요. 처음이라 그런 문제를 해결하는 것도 쉽지가 않더군요. 또 언어가 통하지 않으니 통역사를 써야 했는데 그런 오지에서 근무하고자 하는 통역사를 구하기도 어려웠습니다. 결국 우즈베키스탄 대학의 한국어학과 학생, 또는 한국에서 근무하다 돌아온 우즈베키스탄

현지인을 고용해 전문용어를 가르쳐서 통역 업무를 맡겼어요.

음식도 입에 맞지 않아 힘들었습니다. 현지 근무를 한 직원 중에는 몸무게가 20kg 이상 빠진 사람도 있어요. 기뻤던 순간은 물론 공사를 성공적으로 마무리했을 때죠. 8월 23일 출탕(처음으로 금속이 용융되어 나오는 것)을 하고 8월 29일 우즈베키스탄 대통령도 참석해 완공 기념식을 했는데 그날이 가장 뿌듯했습니다.

Q 해외 플랜트 프로젝트를 성공적으로 수행할 수 있었던 요인은 무엇이었나요?

회장님을 비롯하여, 전체 임직원들의 노력 덕분

이었죠. 특히, 해외 공사 현장에서 상주했던 직원들의 노고가 컸다고 봅니다. 한편으로는 발주처가 인적 자원을 지원해주는 등, 서포트를 잘 해주었던 점도 컸어요. 물론 그것도 역시 현장에 나갔던 분들이 발주처와 좋은 관계를 유지했기에 가능했다고 생각해요.

Q 인력 수급, 관리 문제라든지, 현지 근로자들과의 마찰은 없었나요?

우리가 직접 공사를 하는 것이 아니라 발주처가 직접 공사하는 과정을 슈퍼바이징하는 형태였기 때문에 현지 채용을 하진 않았어요. 그래서 인력 수급 문제나 마찰은 없었어요. 다만 그곳이 오지라서 통역하는 사람을 구하고 계속 근무하게 하는 게 좀 어려웠죠.

Q SAC만이 가진 경쟁력은 무엇인가요?

우리 경쟁사는 국내보다는 유럽이나 중국 업체라고 할 수 있습니다. 우리는 유럽, 중국 업체들보다 발주처의 요구 사항에 맞게 적절히 대응하는 점에서 월등하고 뛰어나다고 생각합니다. 사실, 규모가 크든 작든 프로젝트 관리 능력, 문제가 생겼을 때 적절히 대처하는 능력, 계약 조건에 연연하지 않고 최대한 지원하는 마인드가 중요하다고 봅니다. 프로젝트 완수가 최대 목표였기 때문에 중간에 문제가 생겼을 때 실리를 따지지 않고 우선적으로 해결한 후 나중에 조정할 것이 있으면 조정하는 방식을 취했습니다. 그래야 성공률이 높아요. 다른 회사의 경우 이해득실을 따지다가 계약이 결렬되고 중단되는 경우를 많이 봤거든요. 한편, 중소기업의 장점은 의사결정 과정이 빠르다는 것이지요. 대기업은 그만큼 승인받는 절차가 복잡하고 까다롭잖아요.

Q 해외 플랜트 현장에서 겪은 에피소드가 있다면?

우즈베키스탄 현장이 오지이고 최근 프로젝트였기에 기억나는 경험이 많네요. 일단, 바람이 많이 불어서 공사가 지연된 경우도 많았고요. 비도 별로 안 오는 곳이라 몇 개월 동안 비 오는 날을 본 적이 없어요. 교통경찰 단속이 많아 언어가 안 통하는 만큼 운전하기가 어려워요. 그래서 주로 택시를 탑니다. 택시는 우리나라 봉고차나 다마스 같은 차인데 어디를 가든 무조건 우리나라 돈으로 2백 원 미만을 내면 돼요. 대신 가면서 6명, 7명씩 손님을 마구 태우죠. 한국 사람들에게는 매우 우호적이에요. 택시 기사가 같이 사진을 찍자고도 할 정도예요. 또, 프로젝트를 진행했던 지역은 수질이 좋지 않아서 하얀 옷은 여러 번 세탁하면 곧 연한 갈색으로 변하더군요.

Q 플랜트 산업에서 SAC는 작지만 강한 기업입니다. 대기업에 비해 중소기업이 가지는 강점은 무엇이라고 생각하시나요?

대부분의 청년들이 처음부터 대기업에 들어가고 싶어 하는데 물론, 그게 좋겠지만 차선도 생각했으면 좋겠습니다. 즉, 우리 회사와 같은 중소기업에 들어가 직접 몸으로 부딪치면서 기술이나 영업 능력을 키우고 성장하면 훗날 기회가 생겨 다른 회사나 대기업으로 이직할 때 매우 큰 도움이 됩니다.

그만큼 우리 회사가 해외 출장 기회도 많고 개인적으로 업무 능력과 외국어 능력을 키울 수 있는 기회를 충분히 제공하고 있다고 생각합니다. 중소기업이지만 플랜트를 다루는 역량이 큰 회사지요. 작은 업무보다는 스케일이 크고 전문성을 요하는 특별한 업무를 할 수 있는 기회가 많아 빠른 시간 내에 업무 스킬을 익히고 업그레이드 할 수 있다는 것도 장점입니다.

자원 외교를
성공 사업으로 구현한
우즈베키스탄 프로젝트

우즈베키스탄 화학 플랜트 현장

프로젝트 국가 : 우즈베키스탄

프로젝트명 : 우즈베키스탄 수르길 가스전 개발 및 화학제품 생산·판매

발주처 : 우즈베키스탄 석유가스공사(UNG)

기업명 : 한국/우즈베키스탄 현지 합작 법인 (UZ-KOR GAS CHEMICAL LLC)

사업 기간 : 2012년 5월~2041년 5월(건설 41 개월, 운영 25년)

투자 금액 : 36억 불(약 4조 1,148억 원)

사업 개요 : 한국과 우즈베키스탄 합작 법인이 우즈베키스탄 수르길 가스전을 공동으로 개발하고 생산된 가스를 화학 플랜트로 송출하여 화학 제품을 생산, 판매하며 잔여 천연가스도 판매하는 고부가가치 사업

아랄해 수르길에 세워진 가스전 플랜트

구소련으로부터 독립한 중앙아시아 여러 나라들은 CIS라는 정치공동체를 결성하였다. 그 가운데서도 카자흐스탄, 투르크메니스탄, 타지키스탄, 우즈베키스탄은 특히 중앙아시아를 대표하는 나라들로, 200년 동안 소련의 지배를 받다가 독립하면서 또다시 강대국들의 관심을 받게 되었다. 풍부한 석유와 천연가스 매장량 때문이다. 중앙아시아의 자원 매장량은 중동만큼은 아니지만 아직 개발되지 않은 곳이 많았다. 이 때문에 그동안 중동에 편중되었던 에너지 공급처 다변화와 안정된 수급처 확보를 위해 미국, EU, 러시아, 인도, 중국 등이 치열한 에너지 개발 및 자원 확보 싸움을 벌이고 있었다. 자원이 부족한 우리나라 역시 에너지 공급원 다변화를 위해 해외 여러 나라로 진출, 석유 및 가스전 탐사와 개발 사업에 적극적으로 참여해오고 있다. 그 가운데 2012년에 시작된 우즈베키스탄의 수르길 가스전 사업은 중앙아시아에서 한국 플랜트의 기술력과 위상을 드높인 대표적인 사업이다.

◀▪ 우즈베키스탄 수르길의 위치

우즈베키스탄 북서부 우스튜르트 평원은 원래 세계에서 네 번째로 큰 호수였던 아랄해가 있었던 곳이다. 지금은 물이 말라버린 이 척박한 땅에서 시작된 수르길 프로젝트는 한국 기업과 우즈베키스탄 석유가스공사가 합작 법인 'UZ-KOR GAS CHEMICAL LLC'를 설립하여 우즈베키스탄 수르길 가스전을 공동으로 개발하고, 거기서 생산된 가스를 화학 플랜트로 송출하여 화학제품을 생산, 판매하며 잔여 천연가스도 판매하는 고부가가치 사업이었다. 수르길 가스전은 아랄해가 말라버리면서 드러난 가스전에서 메탄 천연가스와 에탄, 부탄 등 고분자 물질인 콘덴세이트를 시추하는 곳이다. 총면적 139㎢의 수르길 가스전에서 계측된 천연가스 매장량은 970억㎥에 이른다.

가스를 생산하는 가스정(Gas Well)은 시추 설비 모양에 빗대 이름지어진 '크리스마스 트리'와 시추 과정에서 문제가 생길 경우 가스정을 화학물질로 봉쇄하는 '킬라인', 압력이 과할 경우 남는 가스를 태워버리는 '플레어'등 3개의 설비가 한 세트로 이루어진다. 100여 개의 가스정에 모인 가스들은 6개의 포집 설비에 모인 뒤 콘덴세이트, 물과의 분리 과정을 거쳐 108km 떨어진 케미컬 복합 플랜트(UGCC)로 보내지고 콘덴세이트 또한 별도의 파이프라인을 따라 UGCC에 도달한다. UGCC에서는 콘덴세이트에서 추출한 HDPE(고밀도폴리에틸렌)와 PP(폴리프로필렌)를 만들어 낸다. 연간 8만 톤의 콘덴세이트가 영하 100℃~영상 1,000℃를 넘나들며 분리돼 가루 형태의 HDPE와 PP로 변하면 25kg 단위의 포대에 담겨 하루에 6,000여 포대, 매일 1,500톤이 두 차례 기차에 실려 전 세계 40개국으로 배달된다. 연간 30억㎥의 천연가스에 비해 PE와 PP의 원료가 되는 콘덴세이트의 양은 9% 수준이지만, 고부가가치 제품이기에 매출 비중은 1:1 수준이다.

한국 컨소시엄과 우즈베키스탄 석유가스공사의 지분은 50%씩이었고 한국 컨소시엄 지분은 다시 롯데케미칼 24.5%, 한국가스공사 22.5%, GS E&R 3%로 나뉘었다. 투자비는 가스전 공동 개발 및 화학 플랜트 건설 등에 약 36억 불이 소요되었으며 총 투자비 가운데 PF(Project Financing)가 22억 불로 60%를 차지한다. 사업 기간은 2012년~2041년으로 상업생산 후 25년간 생산, 판매, 운영하는 프로젝트였다. 한편, 화학 플랜트 공사 기간은 약 41개월로 2012년 5월 착공하여 2015년 10월 완료하였으며 시운전 기간을 거쳐 2016년 2월부터 상업운전을 개시하였다.

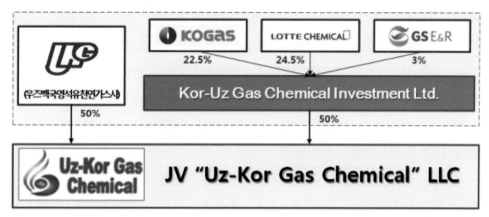

◀■▶ 수르길 프로젝트 참여 기업

"가스전을 공동으로 개발하고, 거기서 생산된 가스를 화학 플랜트로 송출하여

화학제품을 생산, 판매하며 잔여 천연가스도 판매하는 고부가가치 사업이었다."

6년간의 밀당

2006년 3월 우즈베키스탄의 이슬람 카리모프(Islam Karimov) 초대 대통령은 한국을 방문해 당시 노무현 대통령과 '전략적 동반자관계에 관한 공동선언'을 했다. 이 선언에서 한국과 우즈베키스탄 양국의 전략적 파트너쉽을 기반으로 한국가스공사와 우즈베키스탄 석유가스공사 간 자원 개발에 관한 양해각서(MOU)가 체결되며 수르길 사업이 가시화되었다. 한국가스공사 해외사업부 김정규 과장은 우즈베키스탄 사업 수주 배경에 대해 "우즈베키스탄이 갖고 있는 풍부한 석유, 가스자원 개발에 대한 사업 타당성을 조사하면서 가스자원을 활용한 고부가가치를 창출할 수 있다는 판단이 섰고, 그 나라의 산업불모지인 가스화학 플랜트를 블루오션 사업으로 키우고자 하는 전략적 목표를 토대로 참여하게 됐다."고 말했다.

한국과 우즈베키스탄 양국 정부의 이해관계가 맞아떨어지며 한국가스공사와 우즈베키스탄 석유가스공사가 상류 부문(시추, 자원 개발)을 주도하고 가스 화학 플랜트 분야에 전문 기술력을 갖고 있는 롯데케미칼이 참여하여 플랜트 건설 및 운영 노하우를 제공하면서 자원 개발과 화학 플랜트가 결합된 사업이 추진되었다. 한편 사업 타당성 조사에서 가장 중요했던 가스 매장량은 우즈베키스탄이 자체 조사 후 한국가스공사에서도 미국 회사에 용역을 통해 매장량을 파악, 경제성에 대한 컨펌과 매장량에 대한 우즈베키스탄의 개런티를 받아 진행할 수 있었다.

또 다른 관건은 자금 조달 문제였다. 김정규 과장은 "한국가스공사가 주도하고 한국수출입은행을 비롯한 국내 금융기관, 그리고 전 세계 유수 ECA(수출공여기관) 및 글로벌 상업은행 등의 파이낸싱 참여로 투자 자금을 조달했다. 이는 전체 투자비의 60%를 차지하는 금액이었기에 PF를 통한 투자금 안정성을 확보할 수 있었다."고 말했다. 당시 우즈베키스탄 프로젝트의 사업 매력도가 컸기에 자금 확보도 수월했던 것이다. 우즈베키스탄 정부가 수르길 사업을 국책과제로 채택함으로써 CIS 국가들 가운데 최초로 PF와 관련한 자국의 법령과 제도를 국제 수준으로 정비한 것 또한 차질 없이 자금 조달을 하는데 도움이 되었다.

> "양해각서 체결 후 착공을 하기까지 6년 정도가 흘렀는데
> 우즈베키스탄 또한 자체적으로 사업 추진에 대한 결심이 확고하지만은 않았다"

물론, 협상 과정에서 여러 가지 충돌과 마찰도 없지 않았다. "사실 양해각서 체결 후 착공을 하기까지 6년 정도가 흘렀는데 우즈베키스탄 또한 자체적으로 사업 추진에 대한 결심이 확고하지만은 않았던 것 같았다. 괜히 손해 보는 것 아닌가 하는 생각이 들었던 거다. 그만큼 우리에겐 수익성이 좋은 사업 조건이었다." 협상 과정에서는 여러가지 이슈에 대해 서로 유리한 입장을 관철시키려다 보니 충돌도 생기기 일수였고, 협상이 결렬되기도 하며 난항을 겪었다. 영어로 대화해서 의사소통 문제는 크지 않았다. 그러나 만약을 대비해 나중에 발뺌하거나 다른 주장을 할 수 없도록 문서화하는 것을 잊지 않았다. 수익이 발생했을 때 그 수익금 계좌를 어느 나라에 두어야 하는지를 두고서도 의견이 분분했

다. 우즈베키스탄에서 갑자기 자금이나 시설을 몰수당하는 최악의 경우까지 생각해두고 협상을 계속해나간 끝에 결국 투자협정을 자국의 법령보다 우선시한다는 조건을 달게 함으로써 사업 리스크를 줄일 수 있었다.

난관을 견디자 성공이 다가왔다

계약 후 벤더 선정, 서브계약 등을 맺고 EPC를 진행하는 과정에서도 여러 가지 난관에 부딪쳐 힘들었던 때가 많았다. 서로 자국민이나 자국의 콘텐츠를 조달하려는 경향이 강해 충돌하기도 했고 관점의 차이와 오해로 협상이 잘 되지 않은 적도 많았다. 지분이 50 대 50인 데다가 어느 한쪽이 일방적으로 유리하게 끌고 갈 수 없다보니 협상 안건에 대해 결론을 맺지 못하고 공전을 거듭하기도 했다. 게다가, 환경적인 문제, 문화적인 차이, 현지인들의 습성 또한 건설 과정에 많은 차질을 빚었다. 우즈베키스탄은 겨울에는 우리나라보다 훨씬 춥고 여름에도 더 더운 곳이었다. 게다가 현장이 사막 지역이다 보니 모래폭풍 등으로 작업하는 데 지장이 많았다.

"우즈베키스탄은 역사적으로 강대국들 틈에 끼어 있다 보니 침략과 수탈을 많이 겪은 나라였다. 또, 깊은 내륙이라 상인들이 멀리 왔다가 다시 찾는 일이 없어 외부인과 친분을 쌓거나 환대하는 문화가 없고 오히려 경계하거나 거부감을 갖는 경향이 있다. 그래서인지 협력사와의 계약이나 약속도 잘 안 지켜지는 편이었다." 김 과장은 현지에서 직접 느꼈던 경험을 떠올렸다. "한국 사람들은 책임감이 강하고 공기를 맞춰야 한다는 의지가 강한 반면, 현지 근로자들은 그렇지 않았다. 문화마다 장단점이 있겠지만 사업을 추진하고 공기를 지켜야 하는 입장에서는 그러한 현지인들을 다독거려 이끌고 가는 것이 쉽지만은 않았다."

우즈베키스탄의 수도인 타슈켄트와 같은 곳은 치안이 잘 되어있는 반면, 수르길 가스전은 수도에서 1,200km 벗어난 북서부 도시 누쿠스에서도 3시간 가량, 300여km를 더 들어간 곳에 위치한 곳이라 언제 어떤 일이 일어날지 모른다. 밤에 돌아다니지 말라는 지침도 있었고 겨울에 매우 춥고 여름엔 무척 덥기 때문에 작업 환경이 그리 좋지 않았다. 김 과장에게 음식과 관련한 에피소드를 묻자 "현지 음식이 입에 맞지 않아 직접 해먹은 적도 많다. 현지인들은 기름기가 많은 음식을 먹는데 우리는 금방 질리니까 쌀, 김치, 마른반찬, 라면 등을 조달해서 직접 해먹기도 했다. 근데 현지인들도 우리 음식을 좋아하고 잘 먹었다. 한번은 우리가 삼겹살을 구워먹는 자리에 현지인 몇몇이 끼어들었는데 무슬림이 왜 돼지고기를 먹으려 하냐고 물으니 '요새는 그런 거 없고, 그냥 먹는다'며 삼겹살에 소주를 맛있게 먹더라."며 재미있는 경험을 전했다.

> "계약 추진 과정에서는 서로 신뢰감을 쌓으려 노력하였고
> 시공과 관련해서도 최대한 약속을 이행하고자 노력을 한 것이
> 성공적으로 플랜트를 건설한 동력이었다"

한국가스공사는 우즈베키스탄 수르길 프로젝트와 관련하여 여러 가지 우여곡절이 많았지만 계약 추진 과정에서는 서로 신뢰감을 쌓으려 노력하였고 시공과 관련해서도 최대한 약속을 이행하고자 노력을 한 것이 성공적으로 플랜트를 건설한 동력이었다고 자부하고 있다. 특히, 어려웠던 협상 과정, 난관, 악조건 등을 극복하고 성공할 수 있었던 것은 한국을 대표하는 기술 인력으로서의 자부심, 한국가스공사라는 브랜드네임에 대한 자부심과 수익성 있는 수르길 사업을 반드시 성공시켜야 한다는 각오가 밑바탕이 되었다. 더불어 우리나라보다 삶의 질이 낮은 우즈베키스탄 사람들에게 한국의 역량을 보여줌으로써 국가 이미지를 제고하고 국위선양을 하고자 하는

▃▞ 우즈베키스탄 수르길 가스화학단지 준공식(2016)

마인드 또한 해외 플랜트 현장에서 자연스럽게 발휘되는 사업 추진 동력이었다.

수르길 프로젝트의 성과와 의의

우즈베키스탄 수르길 가스전 프로젝트의 성과와 성공 의의는 매우 크다. 총 투자 금액 가운데 20억 불 규모의 가스화학 플랜트 건설 공사를 현대엔지니어링과 삼성엔지니어링, GS건설 등 우리나라 업체들이 수주하고, 총 412개 중소 협력 업체가 동반 진출하여 14억 불의 매출을 올렸다. 또 약 1,500명 이상의 고용 창출을 일궈냄으로써 성공적인 '민·관 합작사업'이라는 기록을 남겼다. 사업 안정성 확보 측면에서도 프로젝트 파이낸싱 방식으로 한국가스공사를 비롯한 파트너사들의 자금 부담을 크게 경감한 것 또한 자랑할 만하다.

수르길 프로젝트는 전 세계 유수의 ECA(Export Credit Agency, 수출공여기관; KEXIM, ADB, CDB, NBU) 및 글로벌 상업은행(KDB, ING, Siemens 등 8개 기관)의 파이낸싱 참여 등 저개발 국가에서 추진되는 프로젝트임에도 적극 지원받음으로써 사업의 안정성을 크게 향상시켰다는 점에서 다른 해외 프로젝트들과 차별화된 사업이었다. 또한, 최초 39억 불의 투자비가 계획되었으나 철저한 공정 관리를 통해 투자비를 절감하였고, 2015년 10월 공기 내에 완공함으로써 투자 대비 수익성을 확보해 2016년부터 성공적으로 상업생산을 개시하게 되었다. 우즈베키스탄 독립 이후 사상 최대 규모의 에너지 프로젝트였던 수르길 프로젝트를 성공적으로 수행함으로써 향후 민간 교류 활성화와 자원 개발과 플랜트 산업이 융합된 패키지 사업을 가스자원이 풍부한 세계 여러 나라로 확대해나갈 수 있는 교두보를 마련하였다.

> *"자원 개발과 플랜트 산업이 융합된 패키지 사업을*
> *가스자원이 풍부한 세계 여러 나라로*
> *확대해나갈 수 있는 교두보를 마련했다"*

김정규 한국가스공사 과장

한국가스공사 김정규 과장은 2003년 7월 입사하여 통영생산기지를 거쳐 두바이에 파견, 3년간 현장 근무를 하였다. 이후 우즈베키스탄 수르길 프로젝트에 참여, 3년간 우즈베키스탄에서 사업을 추진하며 플랜트 시공 업무에 몸담았다. 현재는 쿠웨이트 프로젝트에 참여하고 있으며, 좌우명은 '사랑'과 '성실'이다. 배움을 통해 자신의 가치를 올리고 다른 사람들에게도 도움을 주면서 회사와 나라의 발전에도 보탬이 되는 삶을 지향한다.

전 세계를 누비는 해외 플랜트, 큰 자산으로 돌아옵니다

Q 우즈베키스탄 프로젝트를 진행하면서 개인적으로 가장 힘들었던 때와 기뻤던 때는 언제였나요?

해외 프로젝트는 항상 힘들고 어렵습니다. 그래서 그 어려움을 해결했을 때가 가장 기쁩니다. 특히 우즈베키스탄에서 시추 EPC 계약 입찰 문서를 작성하고 계약을 체결하는 과정에서 경험했던 여러 가지 협상과 큰 난항들을 극복했던 경험은 개인적인 성장에 많은 도움을 주었습니다. 또한, 제가 쌓아온 경험과 지식들이 단지 업무뿐만 아니라 세상을 살아가는 데에도 도움이 되고 세상에 대한 새로운 시각을 가질 수 있게 해주는 것 같아 성취감을 크게 느낍니다. 해외 현장에서도 많은 일들을 겪으며 난관을 극복하고 대처하는 법을 배웠고 즐거운 일들도 많았기에 그런 점에서 밋밋하게 사는 것보다는 좀 더 다이내믹하고 열정을 갖고 도전하는 삶이 더 좋다고 봅니다.

Q 우즈베키스탄 수르길 프로젝트를 성공적으로 수행하는 데 가장 중요했던 것은 무엇이라 생각합니까?

중요한 것이 많지만, 가장 중요한 것은 책임감이라고 봅니다. 또, 전략적으로 생각하고 행동하는 것, 어떤 일을 하든지 결말을 염두에 두고 좋은 성과를 위해 대화나 협상, 실무에 임하는 것이 중요합니다. 한편으로는, 책임감을 갖고 업무를 하다보면 스트레스도 많이 쌓이는데, 스트레스를 푸는 것도 역시 중요합니다. 저는 운동으로 해소를 합니다. 예전부터 운동을 좋아해서 탁구, 테니스, 배드민턴, 골프, 수영, 축구 등 다양하게 운동을 하는 편입니다. 동료들과 함께 운동을 하고 땀을 흘린 뒤 간단하게 맥주 한잔 정도 하는 것은 팀워크를 향상시키는 데도 좋습니다. 두바이에선 운동을 많이 못 했었는데, 우즈베키스탄에서는 현지인들이 축구를 좋아해서 현장 근처 풋살 경기장에서 같이 축구를 하면서 땀 흘리고 밥도 같이 먹었습니다. 나중에 일할 때 협력도 더 잘 되더라고요.

Q 한국가스공사만의 차별화된 경쟁력은 무엇인가요?

LNG 구매력이 매우 크고 설비 운영 경험이 풍부하다는 것 아닐까요? LNG 생산기지 건설, 공급, 운영 경험이 30년 이상 되기 때문에 구매력과 설비 운영 노하우를 통해 경쟁력을 갖추고 있다고 봅니다. 또, 직원들 역량도 매우 뛰어나요. 자부심이 강하고 책임감도 있고 배우고 발전하려는 마인드도 갖추고 있다는 점, 이것이 한국가스공사의 강점이라고 생각합니다.

Q 쿠웨이트 프로젝트에 대해 간단히 말씀해 주십시오.

쿠웨이트 LNG 터미널 건설 프로젝트는 쿠웨이트 국영 석유회사(KIPIC)가 쿠웨이트 남부 알-주르 산업단지에 LNG 터미널을 건설하는 사업입니다. 한국가스공사, 현대엔지니어링, 현대건설이 컨소시엄을 구성해 2016년 3월에 28억 불(약 3조 원)을 수주한 프로젝트입니다. 현대엔지니어링과 현대건설이 공사를 맡고 한국가스공사가 시운전과 발주처 운전교육을 담당해서 민간 건설사, 에너지 공기업, 정책

금융기관이 민·관 합동으로 해외 프로젝트를 수주한 또 하나의 해외 플랜트 건설 수주 모범사례라고 할 수 있습니다.

Q 해외 플랜트 산업에 몸담고자 하는 청년들에게 조언 말씀을 부탁드립니다.

플랜트 사업은 규모가 크고 전 세계를 누비며 추진하는 일이 많습니다. 따라서 많은 것을 보고 경험하며 배울 수 있다는 장점이 있죠. 관심을 갖고 착실히 준비해서 한국가스공사 등 기타 해외 플랜트 기업에 몸담고 싶다면 전망이 좋고 발전 가능성이 크기 때문에 적극 권장하고 싶습니다. 해외 프로젝트를 준비하고, 추진하고 완수하면서 얻는 성취감도 크고 개인적으로 본인이 이루고자 하는 것도 충분히 얻을 수 있다고 생각합니다.

척박한 사막에 쌓아 올린
신뢰와 경제의 씨앗

Ustyurt Gas Chemical Complex 내 Ethylene Plant 전경

프로젝트 국가 : 우즈베키스탄
프로젝트명 : Ustyurt Gas Chemical Complex (UGCC) Ethylene Plant Project
발주처 : JV "Uz-Kor Gas Chemical" LLC
공사 기간 : 2012년 6월 1일 ~ 2015년 9월 30일
역무 범위 : Basic + EPCC(설계/구매/공사/시운전)

우리 건설업이 2010년대 초반 저가 수주한 중동 프로젝트들로 인해 어닝쇼크 (Earning shock)에서 헤어나지 못하고 있을 때 기술력과 신뢰를 바탕으로 위기를 극복한 한국의 건설 업체가 있다. 바로 GS건설이다. GS건설은 우즈베키스탄 국영 석유가스공사(Uzbekneftegaz)가 한국의 한국가스공사, 롯데케미칼 및 GS E&R의 참여하에 가스전을 공동 개발하고 가스화학 플랜트의 건설 및 운영을 통하여 화학제품 생산 및 가스를 생산 판매하는 프로젝트에 참여했다. 바로 UGCC(우스튜르트 가스 케미칼 콤플렉스) 프로젝트이다. UGCC 프로젝트는 우즈베키스탄 카라칼파크스탄 자치공화국 악찰락 지역에 가스 플랜트를 짓는 사업으로 우즈베키스탄 최대의 국책사업이다. 롯데케미칼에서 24.5%, 한국가스공사에서 22.5%, GS E&R이 3%, UNG가 50%의 지분을 투자했다. 한국의 EPC 업체들의 경쟁을 통해 최종적으로 GS건설과 현대엔지니어링, 삼성엔지니어링 총 3개 업체가 참여하게 되었다. UGCC공장의 넓이는 축구장 140개에 달하는 98만㎡(약 30만 평)이다. 공사에 쓰인 각종 케이블의 길이는 달의 지름보다 10km 정도 긴 3,485km에 이른다. 이 초대형 석유화학 단지 공사에서 GS건설은 에탄크레커 프로세스를 맡았다. 현대엔지니어링과 삼성엔지니어링은 각각 기반 시설과 폴리머 유닛을 지었다.

프로젝트의 핵심은 물류와 사람

우즈베키스탄은 대형 프로젝트를 수행한 경험이 없는 나라였기 때문에 초기에 계획을 수립하는 것이 어려웠다. 프로젝트 공정 중 물류, 기후, 인력, 자금 어느 것 하나 만만한 것이 없었다. 그중에서도 가장 변수가 많았던 것은 자재 운송이다. 중동은 일반적으로 바닷가 200km 안쪽에 위치해 있는데 우즈베키스탄은 세계에서도 몇 없는 '이중 내륙국가'로 2개의 국가를 거쳐야만 바다로 나갈 수 있었다. 우즈베키스탄의 지리적 특성으로 인해서 해상 운송만으로 자재 운송을 할 수 없는 상황이었고 인근의 철도와 트럭을 이용해 육로로 각종 기자재를 운송해야 하는 상황이었다. 그런데 철도로는 길이가 100m

에틸렌공장 Column 류 및 주요 기자재 육로 운송 모습(왼쪽),
100m가 넘는 C3 Splitter 운송 전 3단으로 잘라 현장에서 조립하는 모습(오른쪽)

가 넘는 프로판 정제탑(C3 Splitter)을 운송할 수 있는 방법이 없었다. 폭과 길이에 대한 제한 때문에 철도를 이용할 수 없었고 다른 방법을 고려해야 했다. 결국 한국에서 제작된 중량물은 흑해를 건너 볼가돈 운하로, 다시 카스피해를 통과해서 카자흐스탄(꾸리포트) 항구로 또 항구로부터 육로 900km 구간을 지나가야만 했다.

최대의 난관은 볼가돈 운하였다. 볼가돈 운하는 수문 형식으로 이루어져 있어서 12개의 수문을 통과해야 하는데 수문의 간격은 100m였기에 운송 기자재 길이가 100m를 넘어가면 수문을 통과할 수 없었다. 고심 끝에 기자재를 3등분으로 나눠 수문으로 통과시킨 다음 현장에서 크레인을 이용해 한 토막씩 올려 이어붙이는 방법으로 문제를 해결했다. 게다가 볼가돈 운하는 11월부터 4월까지 얼어붙기에 이 기간에는 수문을 열지 않고 정비를 한다. 때문에 이 기간을 피해 기자재 제작과 운반 일정을 맞춰야만 했다. 기자재와 설비를 성공적으로 운송하더라도 통관이 문제였다. 일부 자재들은 통관을 거치는 데만 수개월이 걸렸고 한국에서 보낸 식자재는 반품하거나 폐기하는 경우가 다반사였다.

한번은 철로 운송을 이용하기 위해 블라디보스토크로 압력용기(Vessel)를 보냈는데 당시는 러시아 동계올림픽 기간이어서 국가적으로 보안수위가 높아졌을 때였다. 그게 문제였다. 기자재 내부의 부식 방지를 위해 질소가 채워진 Vessel의 질소량과 압력이 높다는 이유로 철로로 환적 승인을 못 받아 올림픽이 끝날 때까지 기다려야만 했던 웃지 못할 해프닝도 있었다.

물류 대장정
– 카자흐스탄 내륙 운송로

　프로젝트를 수행하는 기간은 물류와 인력 관리, 여기에 공사 환경까지 더해진 삼중고로 인해 매 순간이 전쟁이었다. 카자흐스탄에서 출발해 우즈베키스탄까지 가는 850km의 내륙 구간 중에는 하천을 메워 임시 도로를 만들어 간신히 자재를 운반하기도 했다. 대형 장비들은 50여 개가 넘었기 때문에 하나씩 보내면 비용이 너무 많이 들어 5~6개씩 묶어 그룹으로 보냈다. 한 묶음을 보내는 데에는 15~20일이 소요되었고 자재 전체를 보내는 데에만 세 달 이상이 걸리는 대장정이었다.

　운송로라고 할 만한 변변한 고속도로도 없어서 도로와 다리를 정비하면서 기자재를 운반해야만 했다. 선두에 도로 작업을 할 수 있는 차량을 배치해 웅덩이가 있으면 흙으로 메꾸고 튀어나온 부분이 있으면 깎아냈다. 도로가 울퉁불퉁하면 자재가 손상될 수도 있기 때문에 천천히 조심해서 운반해야 했다. 이렇게 정성들여 운반했는데도 펌프가 파손되어 현지에서 업체를 불러 수리했던 적도 있다.

　기자재의 중량을 도저히 견뎌낼

카자흐스탄에서 우즈베키스탄으로 육로 운송 중 도로 개선 작업 모습

수 없는 낡은 다리를 만났을 때에는 하천을 흙으로 메꿔 다리 옆으로 도로를 만들어 통과했다. 기자재 한 묶음을 보내고 15~20일 후에 또 다른 묶음을 보내는 일정이었는데 카자흐스탄 정부는 첫 기자재가 통과하고 나면 바로 흙을 파내 원상 복구시킬 것을 요구했다. 흙을 메꿔 길을 만들고 자재가 통과하면 흙을 파내 원래대로 돌려놓고 다시 기자재가 도착할 때쯤이면 또 흙을 메꿔 길을 만들고 다시 흙을 파내 원래대로 돌려놓기를 반복해야 하는 난처한 상황이었다. 시간이 지날수록 이러한 변수에 유연하게 대응하는 법을 익혀갔지만 초기에는 무엇 하나 쉬운 것이 없었다. 이 경우는 카자흐스탄 도로공사법을 몰라 겪었던 황당한 에피소드라고 할 수 있다. 자재 운반 과정에서 한 달 정도의 지연이 생겼기에 전체 공정에 문제가 생기지 않도록 일정을 더욱 철저히 관리했다.

초대형 프로젝트 파이낸싱
– 초기 관건은 '재원을 어떻게 마련할 것인가'

　　UGCC 사업은 전체 40억 불 규모의 초대형 프로젝트로서 발주처에서 렌더들에게 빌려오는 자금이 총 금액의 65%를 차지했다. 이러한 방식을 프로젝트 파이낸싱(Project Financing, PF)이라고 하는데 렌더들에게 자금을 끌어오려면 사업성도 중요하고 각 스폰서들의 신용과 국가에 대한 신용도, 발주처에 대한 신용도가 중요하다. 2008년 5월 한국과 우즈베키스탄 양국 기업단은 합작사 'Uz-Kor Gas Chemical LLC'를 설립했고 2010년 2월 투자협정서를 체결했다. 우즈베키스탄석유가스공사(UNG)가 50%의 지분을 갖고 롯데케미칼이 24.5%, 한국가스공사가 22.5%, GS E&R은 3% 등 한국 측 지분은 50%로 구성됐다. 2011년 8월에는 국내 업체인 현대엔지니어링(U&O), 삼성엔지니어링(GSP/PE,PP), GS건설(에탄크레커)이 EPC사로 선정되어 시공을 맡았고 롯데케미칼이 PMC사로 선정됐다. 한국수출입은행은 이 사업에 직접 대출 7억 불, 채무보증 3억 불 등 총 10억 불의 PF 여신을 승인했고 한국무역보험공사 또한 8억 불 규모의 금융지원을 결정했다. 그 외에 ADB, 우즈베키스탄국립은행, 중국·독일·스웨덴은행 등이 PF에 참여했

에틸렌공장 내 지하 배관 및 기계장비 기초 및 철골 작업 모습　　　에틸렌공장의 핵심 기자재인 Furnace 공사 작업 모습

고 2012년 5월 금융 계약이 체결됐다.

　　GS건설 역시 프로젝트 초창기에 비용 절감 방안을 검토하기 위해 많은 인력과 비용을 투입했고 중앙아시아와 러시아의 사회·경제적인 여건, 업무 스타일, 인허가 문제 등 신시장에 대한 우려도 있었지만 오랜 기간 현지 조사와 검토를 거쳐 사업을 성공적으로 수행했다고 한다. 특별히 나라의 특성상 사업 수행을 위해 제출하는 서류 중에 러시아어를 병기하도록 해야 하는 계약 조건들이 있어 번역 작업을 위해 여러 명의 번역사를 고용해 활용했다.

기후 환경적인 문제
– 예측 불가능의 변수가 가득한 해외 플랜트 사업

　　우즈베키스탄은 여름에 최고 50℃까지 올라가고 겨울에는 영하 35℃까지 떨어지는 극한의 기후를 가진 땅이다 보니 그와 관련한 어려움도 많았다. 동절기에 해당되는 12월부터 2월까지는 땅이 얼어붙어 대형 온풍기를 돌려야 작업을 계속할 수 있었다고 한다. 현장 근무자들이 생활하는 캠프는 중요한 부분인데, 입찰 시 그동안 수행했던 중동 프로젝트의 캠프를 적용하였으나, 사업 시작 시 중동에서의 방식대로 캠프를 지으면 겨울을 버티지 못할 거라 예상해서 비용이 더 들더라도 한국식 보일러를 추가해 캠프를 지었다. 예상은 적중했다. 보일러 덕분에 현장 근무자들이 혹한에도 따뜻하게 쉴 수 있었다고 한다. GS건설 캠프는 특히 인기가 좋아서 다른 캠프에서도 부러워했다. 캠프는 프로젝트가 끝나면 일반적으로 해체를 하는데 발주처에서 해체하지 말아달라는 요구까지 있었다고 하니 그 인기를 가히 짐작할 수 있다.

겨울에는 날씨가 워낙 춥다 보니 차량의 기름이 얼어 아침에 시동이 안 걸리는 경우도 있었다. 캠프에서 현장까지는 차량으로 이동했기에 시동이 걸리지 않으면 작업에 큰 차질을 빚게 된다. 그래서 차를 외부에 주차하지 않고 천막 안에 두어 기사들이 두 시간마다 돌아가며 차량의 기름이 얼지 않게 관리하도록 했다. 그만큼 차량 또한 중요하게 관리되었다.

흙먼지 역시 문제였는데 황사, 미세먼지 저리 가라 할 정도였다. 너덧 개의 흙먼지 폭풍이 동시에 일어나는 경우도 있었고 바람이 불면 앞이 안 보일 정도로 흙먼지가 날렸다.

🔹 프로젝트 초장기 전체 콤플렉스 토목 및 철골 작업 모습

마스크를 써도 입 안에 흙을 머금어야 했고 문을 닫아도 사무실 안으로 흙먼지가 들어왔다. 한 직원은 이 프로젝트 기간에 다양한 종류의 마스크를 종류별로 경험하면서 마스크에 대해 전문가급 견해를 갖게 되었다고 우스갯소리를 하기도 했다.

캠프에서 외지로 나가는 것도 외지에서 캠프로 들어오는 것도 쉬운 일이 아니었다. 제일 가까운 누크스 공항에서 현장까지 차량으로 두 시간을 가는데 한 시간쯤 지나면 사람이 전혀 살지 않는 사막이 나온다. 눈앞에 보이는 것은 누런 흙과 공사 현장뿐이고, 나무 한 그루 없는 곳이니 초록색에 대한 그리움이 생길 지경이었다. 그래도 회사에서 운동장, 헬스장 등 저녁시간을 즐길 수 있는 여건을 만들어주고 휴가를 보내주는 배려 등으로 프로젝트 기간을 버틸 수 있었다고 한다.

반면 기후와 지리적 여건 덕을 보기도 했다. 아무도 없는 광활한 사막 지역이었기 때문에 공사를 방해하고 공기를 지연시키는 민원이 전혀 없었다는 것이다. 뿐만 아니라 고원 지대라는 이점도 있었다. 저지대에서는 땅을 1m만 파도 물이 나와 공사가 지연되는 데 반해 우즈베키스탄 현장은 아랄해 근처 고원이라 아무리 땅을 파도 물이 나오지 않아 공사하기에 아주 좋았다고 한다.

사람, 신뢰, 문화적 차이
– 최고의 경쟁력은 신뢰와 믿음

우즈베키스탄은 세계적인 천연가스 매장국임에도 불구하고 1991년에 독립된 이후로 기술적 발전이 없었다. 주요 산업이 목화 생산 수출이었기에 경제 상황이 좋지 않았다. 본 프로젝트에 우즈베키스탄의 젊은 엔지니어들이 많이 투입됐는데 영어 실력이 부족할 뿐만 아니라 특수 용어에 대한 이해도가 낮아 소통에 어려움이 있었다. 소통의 어려움으로 밤을 꼬박 새고 새벽까지 진행했던 두 번의 발주처와의 미팅이 가장 기억에 남는다고 한다. 이때 산자르 대리가 통역을 맡아 용어에 대한 설명을 하고 서로 간의 오해가 없도록 양쪽의 입장을 조율하는 중요한 역할을 했다.

특히 사업 초반에 진행됐던 의사결정에 많은 어려움을 겪었다. 사업주 측의 말단직 엔지니어들은 책임을 회피하는 모습을 보였고, 날밤을 새며 회의를 하고 협의를 했음에도 서로에 대한 신뢰가 없다 보니 회의록에 사인을 하지 않았다. 현장에서 작은 문제라도 생기면 건마다 보증각서를 요구하는 일이 사업 중간에 빈번히 벌어졌다. 계약서 자체에 품질 보증에 대한 조항과 유지 보수 사항들이 있음에도 담당자들은 행여나 자신이 피해를 보지는 않을까 하는 마음에 깐깐하게 굴며 보증각서를 챙겼다. 프로젝트가 진행돼 가면서 서로에 대한 존중하는 마음이 점차 생기면서 신뢰관계를 구축할 수 있었다고 한다.

중앙아시아 최대 규모의 석유화학 단지이자 우즈베키스탄 역사상 최대의 프로젝트인 만큼 이슬람 카리모프 우즈베키스탄 대통령이 UGCC 현장을 방문해 격려하기도 했다. 초석을 세우고 축하를 했다.

한국과 우즈베키스탄의 문화적 차이로 인한 문제는 크게 없었다. 달러와 현지 화폐의 격차가 크고 은행에서도 현지 화폐를 일정 이상 보유하고 있지 않다 보니 환전을 하지 못해 현지 화폐로 임금을 줄 수 없는 상황에도 현지 근로자와의 갈등은 크게 없었다. 다만 노동자 수배 과정에서 어려움을 겪었다. 뿐만 아니라 시멘트, 벽돌 등의 자재 수급에도 어려운 점이 있었다고 한다. 현지 노동자가 없어서 기술 인력을 네팔, 인도, 필리핀에서 데려와야 했다. 원하는 수량만큼 벽돌을 공급해줄 수 있는 규모를 갖춘 업체가 현지에 없었기에 문제가 되기도 했다.

발주처와의 신뢰만큼 중요한 것이 프로젝트 현장이 있는 지역사회와 긍정적인 유대 관계를 맺는 것이었다. 현장 근처에 있는 작은 마을에 명절마다 밀가루, 쌀, 기름, 설탕 등의 필수품과 노인들을 위한 선물을 전달하기도 하고 학교에 찾아가 학생들에게 문구류를 제공하기도 했다. 이러한 노력 덕분인지 현지에서 GS건설의 인지도와 평판은 좋은 편이라고 한다.

공기를 앞당길 수 있었던 배경
– 현장의 팀워크

전체 콤플렉스에서 에틸렌 콤플렉스가 핵심이고 그중에서도 크래커(Furnace)가 중요하다. 가장 경제성이 좋은 만큼 어려운 작업이기도 하다. 다른 유닛과 비교하여 40개월이나 소요되는, 일반적으로는 공기를 맞추기 어려운 작업이다. 하지만 GS건설은 많은 수주 경험과 프로젝트 수행 노하우가 있었기에 처음부터 자신이 있었다. 예상치 못한 문제들을 염두에 두고 공정 계획을 꼼꼼하게 짰기 때문에 프로젝트가 잘 진행될 수 있었다.

"프로젝트의 성공적인 완수는 모든 참여자들과 업체들이 고생한 결과물이다." "그들의 노고가 없었다면 이루어질 수 없었을 일이다."라며 고재선 부장과 산자르 대리는 입을 모아 협력사와 모든 사업 수행 참여자들을 칭찬했다. 우즈베키스탄 사업에 참여한 수행원들은 다른 사람의 일도 자기 일처럼 적극적으로 도와줬던 사람들이었다고 한다. 프로젝트는 끝났지만 아직까지도 서로 연락을 주고받으며 후속 사업에서 또 만날 수 있기를 기대한다고 한다. 그만큼 팀워크가 인상적인 프로젝트였다는 평가다.

프로젝트를 성공적으로 완수할 수 있었던 또 한 가지 요인은 PMC사인 롯데케미칼과 우즈베키스탄 정부의 지원이었다. 발주처가 기술적으로 경험이 적었기 때문에 경험이 풍부한 롯데케미칼에서 PMC 역할을 했는데 중간에서 그들이 발주처를 이해시키고 설득하는 데에 많은 힘을 써준 덕분에 지연 없이 성공적으로 완공할 수 있었다. 공기를 맞추

어야 함을 지속적으로 어필하며 공기가 늘어지지 않도록 발주처를 이해시키고 방패막이
되어주었던 PMC사의 도움과 우즈베키스탄 정부의 특별 승인 덕에 빠른 절차가 도입되
었다.

온갖 악조건 속에서도 발주처와의 약속을 지킨 점, 공기를 며칠이라도 더 일찍 끝낼
수 있었던 점이 결국에는 우즈베키스탄 정부나 발주처로부터 인정받는 이유가 되었다.
UGCC 프로젝트는 우즈베키스탄뿐만 아니라 GS건설에게도 기회로 다가왔다. 영업적으
로도 좋은 입지를 다져 두 번째, 세 번째 UGCC 후속 사업 요청이 들어오고 있다고 한다.

UGCC 프로젝트의 성공이 갖는 의미

2007년 11월. 중동 산유국들이 앞다퉈 석유화학 설비 건설에 나서면서 한국 석유화
학 업계에는 '비상등'이 켜졌다. 공급 과잉으로 제품 가격이 떨어져 국내에서는 더 이상
경쟁력이 없다는 비관론이 팽배했다. UGCC 프로젝트는 이런 고민을 해결한 묘수였다.
100km 넘게 떨어진 수르길 가스전의 천연가스를 파이프로 연결해 석유화학제품을 만

들면 원가를 국내의 3분의 1 수준으로 낮출 수 있다는 전망이 있었기에 도전할 수 있었다. UGCC 프로젝트는 GS건설이 중앙아시아에 처음으로 진출한 프로젝트였음에도 불구하고 프로젝트를 성공적으로 완수하여 우즈베키스탄에 GS건설의 위상을 심은 성공사례이자 중앙아시아 국가들에게 긍정적인 인상을 남긴 프로젝트였다.

이 사업의 성공으로 CIS 국가로 시장을 확대해야 한다는 주장에 탄력이 붙었다. 오랜 시간과 노력을 투입해 진행되는 해외 플랜트 사업에서는 인내심이 가장 중요하다. 처음 사업의 계획이 시작되어 EPC 입찰 단계로 넘어갔을 때가 2006년이었고 계약된 시점은 2011년, 프로젝트가 완공되어 플랜트가 돌아가기 시작한 시점이 2016년이니, 무려 10년이라는 긴 기간이 있었던 것이다.

발주처가 원하는 결과를 만들어 내기 위해서는 발주처와의 신뢰관계뿐만 아니라 협력 업체 관리도 빼놓을 수 없는 요소이다. GS건설이 우즈베키스탄 프로젝트를 성공적으로 이끌었던 요인은 '사업 초기부터 발주처 및 협력사들과 지속적으로 접촉하고 소통하며 좋은 관계, 나아가 신뢰할 수 있는 관계를 맺은 것'이었다. 이러한 신뢰와 긴 기간을 버텨내며 포기하지 않는 인내심이 있다면 GS건설의 성공사례에서처럼 우즈베키스탄이라는 신시장에서 성공을 거둘 수 있을 것이다.

추구하며, 함께 성장하는 회사
GS 건설입니다.

Environment

Architecture

플랜트 프로젝트에 변수는 기본,
창의력과 도전정신이 있어야

고재선 GS건설 부장

고재선 GS건설 부장은 럭키엔지니어링에 입사하여 7~8년간 국내 사업을 맡아 일했다. 이후 카타르, 이란 등 중동 지역의 사업에서 일하다 우즈베키스탄 UGCC 프로젝트에서 처음으로 PM을 맡아 프로젝트를 진행하게 되었다.

Q 우즈베키스탄 프로젝트에 대한 소회를 부탁드립니다.

이전까지는 서포트하던 입장이었는데 리드해야 하는 입장이 되어 프로젝트 초기에는 어떻게 해야 하나 걱정이 앞섰지만 그간 경험하며 쌓았던 지식이 많은 도움이 되었습니다. 프로젝트 진행은 걱정했던 것만큼 크게 어렵지는 않았습니다. 회사 일이 결국 나의 일이라는 생각으로 맡은 업무에 책임을 갖고 임했습니다. 프로젝트를 같이 진행했던 분들과 마음이 워낙 잘 맞았습니다. 좋은 분들을 만났기에 프로젝트를 성공적으로 끝낼 수 있었다고 생각합니다. 물론 중간중간 갈등이 없었던 것은 아니지만 잘 해결하고 공기보다 며칠 앞당겨서 프로젝트를 끝냈

습니다. 지금 돌이켜보니 어떤 부분에서 어떻게 하면 조금 더 빨리 끝낼 수 있었겠다는 생각이 들지만 큰 문제없이 프로젝트를 마친 것에 감사한 마음입니다. 결과에 만족합니다. 미흡했던 점은 다음 프로젝트에 반영해 개선하면 될 테고요.

Q 프로젝트를 진행하면서 개인적으로 가장 어려웠던 순간은 언제였나요?

우즈베키스탄 프로젝트는 아니고요, 이전에 진행했던 프로젝트 중에 협업을 하던 국내 업체와 업무적인 갈등이 생겼습니다. 협의가 이루어지질 않아서 끝내 소송까지 가게 되었어요. 결국엔 소송에서 이겼지만 그 3년간의 과정이 가장 힘들고 아쉬웠습니

다. 어쩌면 쉽게 풀 수 있는 문제였다는 생각도 들었고요. 비즈니스를 하는 데 있어서 가장 중요한 요소는 인내와 신뢰입니다. 우리가 최선을 다하고 있다 하더라도 발주처에게 우리에 대한 믿음을 주지 못한다면 일이 어려워져요. 마찬가지로 함께하는 업체들끼리도 신뢰를 쌓아야 프로젝트 진행이 수월해집니다.

Q 플랜트 분야에 진출하고자 하는 청년들에게 한 마디 해주세요.

플랜트 프로젝트는 4~5년 주기로 돌아오는 사업입니다. 플랜트 프로젝트는 생산공장처럼 틀에 박힌 공정이 끝없이 반복되는 사업이 아닙니다. 프로젝트마다 지역이 다르고 환경이 다르고 언어가 다릅니다. 모든 것이 항상 새롭습니다. 다양하고 역동성 있습니다. 한편으로는 플랜트가 지어지는 곳이 대부분 외지이다 보니 외지에서 잘 적응할 수 있고 변화에 능동적으로 대처할 수 있는 마음가짐이 필요합니다. 프로젝트 진행 과정에 변수는 기본입니다. 어려운 문제들이 많이 발생되는데 주어진 문제를 어떻게 풀어낼 것인지에 대한 창의력과 도전정신이 필요합니다.

산자르 GS건설 대리

산자르 GS건설 대리는 우즈베키스탄 동방대학교 한국경제학과에서 한국의 역사와 경제, 언어, 지역을 공부했다. 졸업 후 2010년 서울대학교 경영학과 석사과정에 외국인 장학생으로 유학을 오게 되었다. GS건설에는 2012년 첫 '외국인 공채'에 합격하여 입사했고 7년째 근무하고 있다.

해외 사업
참여 기회는
내 인생을
좌우하는 기회다

Q 우즈베키스탄 프로젝트에 대한 소회를 부탁드립니다.

제가 처음 입사했을 때 우즈베키스탄 프로젝트가 시작됐습니다. 프로젝트가 시작되어 준공식으로 프로젝트가 마무리될 때까지 4년간의 긴 과정을 처음부터 끝까지 볼 수 있었던 점이 가장 큰 수확입니다. 우즈베키스탄 프로젝트가 끝난 지금은 프로젝트 엔지니어로 복귀해 우즈베키스탄, 카자흐스탄, 투르크메니스탄, 아제르바이잔, 러시아, 터키 등의 CIS 국가 영업을 담당하고 있습니다.

경제경영학이 전공이다 보니 엔지니어링 기술 측면에서 경험이 없어 많은 어려움이 있었습니다. 좋은 선배들이 가르쳐주고 끌어준 덕분에 EPC(설계·조달·시공) 업계 전반에 대해서 배울 수 있었습니다. 외국인이어서 처음에는 동료들과의 소통에도 어려움을 겪었지만 더 관심 가져주시고 많이 도와주셔서 지금 이 자리에 있게 된 것 같습니다. 깊이 감사하고 있습니다.

Q 성공적인 프로젝트 수행을 위해 필요한 덕목에는 어떤 것이 있을까요?

비즈니스에서 가장 중요한 것은 전문성이에요. 기술적인 측면에서 갖고 있는 깊은 조예로 발주처가 원하는 것이 무엇인지 파악하는 것이 중요합니다. 세계적인 흐름을 알고 발주처에 가장 적합한 모델과 적절한 방향을 제시해줄 수 있어야 합니다. 커뮤니케이션 능력도 중요한데요. 문화와 언어적인 차이로 오해가 될 요소들이 많기 때문입니다. 그래서 그 나라의 문화와 관행을 알고 거기에 맞는 대응을 할 수 있는 능력을 갖추어야 합니다.

Q 정부나 유관기관에 바라는 점이 있다면 말씀해 주세요.

한국가스공사가 주주로 지분에 참여했기 때문에 그와 관련한 정부 지원이 신속하게 이뤄졌다고 봅니다. 우즈베키스탄 정부와는 소통이 잘 되어 다행이었어요. 사업 진행상 애로사항들을 수시로 우즈베키스탄 정부에 전달함으로써 지원받는 부분들이 많았습니다. 그들의 도움이 컸어요. 정부 간 이루어지는 대형 사업 같은 경우에 정부의 적극적인 지원이 성공의 요인 중 하나가 된다고 생각됩니다.

Q 마지막으로 플랜트 산업에 몸담고자 하는 청년들에게 조언 한마디 부탁드립니다.

GS건설의 기업철학을 담은 '변화·최고·신뢰'라는 슬로건처럼 GS건설은 급변하는 시장에 대한 적응을 적기에 할 수 있는 유연한 회사입니다. 해외 플랜트 사업에서 가장 어려운 것 중 하나가 해외 현장에서 일하는 것인데 해외 현장에 가는 걸 꺼리는 분이 많습니다. 가족, 친구들도 없이 긴 시간을 열악한 환경에서 지내야 한다고 하면 걱정이 앞서는 것도 사실이지만 '고생 끝에 낙이 온다'는 말이 허투루 있는 말이 아니더라고요. 2년 가까이 현장에 있으면서 현장에서 일어나는 모든 것을 눈으로 직접 보았기 때문에 이제는 어떤 질문이 나오더라도 저의 의견을 제시하고 잘못된 방향이라면 나름의 조언을 할

정도가 되었다고 생각합니다. 해외 사업의 기회가 온다면 나의 인생을 좌우할 수 있는 기회로 삼고 적극적으로 도전해봤으면 좋겠습니다.

제2의 실크로드를 개척하다

갈키니쉬 가스탈황 설비 야경. 수전이 완료되어 공장 전체의 불을 밝힌 모습이다.

프로젝트 국가 : 투르크메니스탄

프로젝트명 : Turkmenistan Galkynysh Gas Desulfurization Plant Project Al-Zour Refinery Project(투르크메니스탄 갈키니쉬 가스탈황 설비 사업)

발주처 : 투르크메니스탄 국영 가스공사 "SC Turkmengas"

공사 기간 : 2010년 1월 ~ 2013년 9월

계약 금액 : 14억 8,000만 불(약 1조 7,300억 원, VAT 포함)

잠재력 있는 시장을 보는 눈

중앙아시아의 자원 부국인 투르크메니스탄은 세계 4위 규모의 천연가스 매장량을 기반으로, 2000년대 건설/엔지니어링 산업의 신흥 시장으로 떠올랐다. 그러나 인근 국가인 카자흐스탄, 아제르바이잔에 비해 2000년대 중반까지도 다소 제한적, 소극적인 투자 유치 기조를 보였다. 여기에 열악한 인프라, 까다로운 인허가, 언어장벽, 낯선 문화 등 각종 리스크 요인이 더해져 국내 건설사들에게는 진입장벽이 높은 시장이었다. 그럼에도 현대엔지니어링이 국내 건설사 중 최초로 투르크메니스탄 플랜트 시장에 진출할 수 있었던 것은 선진 기술력을 바탕으로 한 특유의 도전정신 덕분이었다.

현대엔지니어링의 투르크메니스탄 진출은 국내 기업에서는 처음으로 CIS 국가에 플랜트 사업을 수출했다는 점에서 기념비적인 일이었다. 이뿐만 아니라 '입찰 공고→입찰 참여→낙찰→수주'라는 일반적 수주 공식을 깨고 본격적으로 개발이 시작되지 않은 시장에 먼저 뛰어들어 정부를 상대로 사업 수행 기술을 제안, 이를 토대로 사업을 수주했다는 점에서 더욱 의미가 있다. 투르크메니스탄은 전국적으로 24조㎥의 천연가스를 보유한 것으로 추정되는데 이 중 14조㎥ 규모의 천연가스가 매장된 '갈키니쉬(구 명칭, 욜로텐-오스만)' 가스전에 주목한 현대엔지니어링은 정부와 국영 가스공사에 '가스탈황 설비' 사업 기술을 제안하였다. (갈키니쉬 가스전의 최대 추정 매장량은 2008년 제1차 평가 때 14조㎥로 발표되었으나 2011년 10월 추가로 실시한 정밀평가에서 최대 추정 매장량이 21조㎥로 수정되었다. 영국 에너지 평가기관 GCA(Gaffney, Cline & Associates)의 평가 결과이다.) 천연가스에 포함된 맹독성 황화수소를 제거하고 수분 등 불순물을 걸러내 상업 가스를 주로 생산하고 부산물로 황을 얻는 공정 기술이었다. 두둑한 천연자원을 개발하여 국가사회 발전 프로그램을 준비하고 있던 투르크메니스탄 정부의 필요를 시기적, 내용적으로 모두 만족시키는 제안이었다. 석유·가스 부문이 국가경제에서 차지하는 비중이 약 80%로 에너지 자원에 대한 경제 의존도가 매우 높은 투르크메니스탄 시장 공략 전략이 주효한 것이다. 2008년까지만 해도 연간 천연가스 수출을 전량 러시아에만 의존하던 투르크메니스탄이 대 중국, 대 이란 등 가스 수출선 다변화를 꾀하려 추진하던 정책과도 맥이 닿았다.

여기에 LG상사와의 컨소시엄 구성도 한몫을 했다. 2007년 말부터 투르크메니스탄에 지사를 운영하고 있던 LG상사와의 협업으로 시장 정보를 습득하고 사업 기회를 모색했다. LG상사가 지역 밀착형 마케팅을 통해 시장 개척을 도왔다면, 현대엔지니어링은 투르크메니스탄 지역의 자원 특성을 파악하고 플랜트 전문 설계에 초점을 둔 건설 회사답게 이에 적합한 플랜트 기술력을 토대로 상세한 사업 계획을 수립했다. 신생 자원 부국으로서의 투르크메니스탄의 잠재성을 정확히 평가하고 에너지 플랜트 분야에서의 기업 간 협업에 그치는 것이 아니라 우리나라의 개발 경험을 공유, 향후 양국 협력까지 이끌어낼 수 있다고 판단했다. 석유화학 시장에서 불모지로 평가받던 투르크메니스탄 시장에 '최상의 엔지니어링 솔루션을 제공한다'는 사명으로 접근하여 마침내 투르크메니스탄 정부의 승인을 얻어냈고, 2009년 12월 말 계약서 서명식을 가졌다. 현대엔지니어링이 수주한 부분만 14억 8,000만 불에 달했다. 투르크메니스탄 건국 이래 최대 규모이자 정부 및 국민들로부터 초미의 관심을 받는 국책사업이었다. 투르크메니스탄 국가 전체의 경제 발전을 책임질 프로젝트로 자리매김하며 그 대장정의 막을 올렸다.

초기 장애물을 파악하라

수주 낭보에 기뻐할 겨를도 없이 빠듯한 시간표에 맞추기 위해 현대엔지니어링은 수주 즉시 현지에 초기 설비·부지 정리팀을 파견, 본격적인 공사에 앞서 사전 준비를 철저히 하도록 했다. 지질과 평균 기온, 풍속 등 환경 조건 등을 자세히 조사함과 동시에 현지 역사와 문화를 적극적으로 공부하며 몸으로 익히도록 했다.

그러나 현지의 조건은 예상보다 훨씬 열악했다. 갈키니쉬 현장은 수도 아쉬하바드에서 동쪽 460km 지점의 남 욜로텐 사막 지역으로 수도에서 국내선 비행기로 1시간 이동후 다시 자동차로 80km를 달려야 도착할 수 있는 오지에 위치해 있었다. 기반 시설이 매우 취약하고 인적조차 드문 황량한 곳이었다. 또한 대규모 플랜트 공사 경험이 부족한 발

◢◣◥◤ 항공사진으로 촬영한 갈키니쉬 가스탈황설비의 전경. 시공 작업이 완료된 공장의 모습이다.

주처가 공사 착공 후 5개월이나 경과한 뒤에야 최종 사업 부지 위치를 확정해주었고 CIS 국가 특유의 까다로운 인허가 절차에 발목을 잡히기도 하는 등 난관을 겪기도 했다. 그러나 사업 시작 전에 현장 리스크를 최대한 파악하고 이에 대한 적시 대응 체계를 준비한 덕분에 이러한 공사 초기 장애물이 공기 지연으로 연결되는 것을 막을 수 있었다. 이런 과정을 거쳐 모래뿐인 황무지에 현대 깃발을 꽂은 지 5개월여 만인 2010년 6월, 토목 공사를 위한 첫 삽을 뜰 수 있었다.

대장정의 시작

갈키니쉬 가스탈황 설비 사업 성패를 결정할 요인은 바로 중량물 운송이었다. 이를 명확히 인지한 갈키니쉬 프로젝트팀은 계약서 서명 이전부터 이 사업을 전담할 운송 전문가 그룹을 조직, 바로 운송로 확보 및 전체 운송 계획 수립에 착수하도록 했다.

천연가스에서 맹독성 황화수소를 제거하는 것이 주 공정으로 이 화학작용을 일으키는 기계장치인 Amine Absorber(아민 흡수탑)와 이때 쓰인 촉매인 Amine을 재생하는 장치인 Amine Regenerator(아민 재생탑)가 가장 크고 중요한 설비였다. 특히 Amine Absober의 경우 장치 한 대당 그 무게가 560톤을 상회하였는데 총 4기를 제작, 설치해야 했다.

운송팀은 운송경로를 직접 확인하고 중량물 운송방안을 확정하기 위해 2010년 3월, 수도 아쉬하바드에 도착했다. 중앙아시아 내륙에 자리 잡고 있는 투르크메니스탄은 바다에 인접한 항구라고는 카스피해 연안의 투르크멘바시항(港)뿐이었다. 운송팀이 항구로 이동하여 파악해본 운송 여건은 매우 열악했다. 항만은 건설한 지 오래되어 지반은 약하고 좁은 야드에 변변한 크레인도 없었다. 투르크멘바시 이후의 통과해야 하는 지역들도 상황은 마찬가지였다. 국토 전반적으로 도로는 보수를 하지 않아 깨져있고 평평하지도 않았다. 제일 큰 문제는 교량이었다. Amine Absorber의 560톤 무게를 견디기는 불가능

■◣◥ 터키 Haydarpasa항에 도착한 특수 중량물선 MV ANNETTE.
현대엔지니어링의 중량물 Amine Absorber가 환적을 앞두고 있다.

해보였다. 협의 끝에 우회도로를 건설하는 방안으로 결론을 냈지만 마리 지역(투르크메니스탄 5개 주 중 하나)에 있는 3개의 장대 수로교가 또 문제였다. 다리 길이가 50m 이상이고 유량이 많아 건설이 여의치 않았던 것이다. Amine Absorber를 분리해서 운송할 수밖에 없는 상황이었지만 분리 운송을 할 경우 현장 조립을 위한 시간 및 비용이 추가적으로 발생하고, 전체 공사 공기에도 지대한 영향을 미칠 게 분명했다.

투르크메니스탄 내륙 운송뿐 아니라 해상 운송도 문제였다. 한국에서 투르크멘바시까지 운송하기 위해서는 흑해와 카스피해를 연결하는 볼가돈(Don-Volga) 운하를 이용해야 했으나 이 운하는 11월부터 4월까지 일년의 반이 얼어있어 이용이 불가능하다는 것이다. 즉, 기계 제작 계획에 오차가 있거나 조금이라도 공정 지연이 발생하면 제작을 완료한 기계를 5개월 동안 출발시키지 못하고 꼼짝없이 기다려야 하는 상황이었다. 단순히 보관 비용의 문제가 아니라 현장 전체 시공 일정에 차질이 생길 것이 불 보듯 뻔했다.

결코 순탄치 않은 해상, 내륙 운송 조건 파악을 마친 현대엔지니어링은 강행을 결정했다. 현장 시공 일정을 고려하여 기계를 분할하지 않고 완제품을 제작하여 운송하기로 하였고 볼가돈 운하의 빙결 이전에 무조건 운하를 통과할 수 있도록 빠듯한 제작 계획을 수립했다.

마산항에서 투르크멘바시까지의 항해는 운송 거리만 약 2만km에 달하는 대장정으로 운송 계획을 빈틈없이 검토하고 준비하는 데에만 1년이 소요되었다.

불가능을 움직여 현실로 이룩하다

2010년 9월 4일, 드디어 Amine Absorber 4기와 Amine Regenerator 4기가 마산항에서 특수 중량물선 MV ANNETE에 선적되었다. 1년간 준비했던 운송작전의 시작이다. 운송 동행 인원뿐 아니라 서울사무소와 현장에서 일단위로 운송 현황을 모니터링했다. 다행히 별다른 문제 없이 9월 27일에 중량물선이 터키 Haydarpasa항에 도착했다. 터키 현지 방송사에서도 항구에 도착하여 환적되는 중량물을 촬영하는 등 큰 화제가 되었다.

터키 Haydarpasa항에서 river vessel에 환적된 Amine Absorber는 볼가돈 운하를 통과하는 가장 무거운 화물이었다. 무사히 운하를 통과한 중량물 행렬은 10월 23일 드디어 투르크멘바시항에 도착했다. 그런데 하역 도중 예상치 못한 문제가 발생했다. 지반 파손을 우려로 항만청 담당자가 하역을 불허한 것이다. 결국 하역 기간 내내 지반침하 정도를 측정해 보고하고 문제 발생 시 책임을 지겠다고 약속하고 나서야 간신히 하역을 진행할 수 있었다. 화물 도착 이전 관련 인허가를 모두 마친 상태였음에도 발생하는 돌발 상황에 당황했지만 빠듯한 시공 일정을 준수하기 위해서는 약속된 시간 내에 운송을 마쳐야 했다. 순간적인 기지를 발휘하여 문제를 해결한 순간이었다.

남은 과제는 내륙 운송이었다. 투르크멘바시에서 갈키니쉬 현장까지의 거리는 1,200km. 이를 위해 총 176축의 Module Trailer가 동원되었으며 비상사태 발생 시 실시간 조치를 위해 크레인, 진동 롤러 및 포크리프트 등의 장비도 동행했다. 이 장비의 운용을 위해 한국, 터키에서 동원된 인원 150여 명이 운송 기간 내내 함께 했다. 운송 대열의 길이만 1km, 동원인원은 1개 중대를 초과하는 규모로 엄청난 장관을 연출했다.

운송 도중 아찔한 순간도 있었다. 투르크멘바시 기점 310km 지점에서 철로를 우회하는 비포장 도로에 Amine Regenerator가 진입하는데 갑자기 지반이 무너지기 시작한 것이다. Transporter의 바퀴가 반 이상 빠졌고, 구조를 위해 투입된 Pay loader도 파묻혀버렸다. 11월부터 우기가 시작되어 현장 조사 때는 없었던 물웅덩이가 도로 옆에 생기면서 습기로 인해 지반이 약해진 탓이었다. 2주간 포클레인을 동원해 흙을 파내고 자갈을 깔아 지반을 보강하여 구조에 성공했다.

아쉬하바드 이후로는 속도가 붙는 듯했다. 그렇지만 이 역시 높이가 낮은 전선을 들어올리거나 절단해야 하는 등 어려움의 연속이었다. 육로 운송 중 현장까지 총 116개의 교량도 건너야 했는데 대부분이 옛 소련 시절에 지어진 다리여서 붕괴 위험이 있었다. 현대엔지니어링은 52개 교량의 경우 다리 옆에 가설물을 만드는 방식으로 보강해 기자재를 운반하는 방법을 썼다. 아예 우회도로를 만들어서 건넌 교량이 총 59개였고, 나머지 5개 교량은 수로교를 직접 만들어 지나는 방식을 선택했다. 12m짜리 파이프를 강바닥에

깔아 물 흐름을 그대로 유지한 채 파이프 위에 흙을 덮어 기자재 차량이 지나가는 구조였다. 현지 정부의 환경 오염 우려로 물류 수송을 마치면 바로 철거해야 해서 일정에 따라 기자재를 운반할 때마다 이 작업만 6번을 반복했다.

그러나 위에 적은 사례들과는 비교도 할 수 없을 정도의 크나큰 도전이 있었으니 바로 내륙 운송로 사막 구간에 신규 도로를 건설한 것이다. 투르크메니스탄과 이란 국경에 인접한 세라스(Serahs) 지역 쪽이었는데 이 지역은 군사 지역이라는 이유로 최초 운송로 답사 시에는 명확하게 확인할 수 없었던 구간이었다. 사업 착공 후 발견된 이 사막 구간을 어떻게 통과할지가 프로젝트 전체의 운명을 가를 정도로 큰 문제로 떠올랐다. 기자재 제작 및 현장 시공에 영향을 주지 않는 것을 기본 전제로 하고 다각도로 검토하였다. 이 구간을 우회하여 운송이 불가능했기에 결국 사막 구간에 신규 도로를 설치하자는 것으로 현장과 본사의 의견이 모아졌다. 노후한 도로를 보강하는 일은 있어도 현장과 동떨어진 지역에 오직 중량물 운송만을 위하여 53km나 되는 도로를 새로이 건설하는 것은 전례가 없는 일이었다. 현대엔지니어링은 공기 준수라는 더 크고 중요한 목표를 달성하기 위하여 신규 도로 건설이라는 강수를 두었고 이는 현대엔지니어링의 불굴의 정신을 잘 보여주는 대표적인 사례였다고 할 수 있다.

▪▪▪ 1,200km의 내륙 운송로를 모두 거치고 마침내 현장 진입로를 통과 중인 중량물 운송 행렬

운송 중에는 도로의 양방향 통행이 불가해 현지 도로국에 요청하여 일반 차량을 대기시키고 운송 행렬이 먼저 통과할 수 있도록 했다. 때로는 날씨의 도움을 받기도 했다. 한번 비가 오면 땅이 굳을 때까지 3일 정도는 운송을 멈춰야 했지만 중량물 운송 행렬이 지나간 직후에 비가 내린 경우도 있었다.

운반을 위해 트레일러가 2km나 줄지어 이동하는 장관이 펼쳐지자 마치 그 옛날 대상 (大商)들이 길고 긴 낙타 행렬을 이끌고 동·서양 문물을 실어 나르던 실크로드가 재현된 듯했다. 현지 국영방송에서 5번이나 보도를 할 정도로 현대엔지니어링의 중량물 운송은 현지에서 한동안 최고의 이슈가 되어 전문 플랜트에 시공되는 어려운 기자재 이름을 현지인들이 알 정도였다. 국가 전체를 관통하는 운송 행렬을 통해 갈키니쉬 가스전이 위치한 마리 주의 주민들뿐 아니라 투르크메니스탄 국민들에게 한국이라는 나라에 대한 관심을 크게 고조시키는 계기가 되었다.

2011년 1월 14일 드디어 현장 진입로에 Amine Absorber가 그 모습을 드러냈다. 내륙 운송을 시작한 지 61일, 그리고 마산에서 출발한 지 132일 만에 이룬 감격스러운 성취였다. 분할하지 않고 운송하기에는 그 위험이 크다는 주변의 우려를 불식시키고 성공리에 현장에 도착한 것이다. 덕분에 현장 조립에 대한 추가 비용도 들지 않았고 공사 기간을 연장하는 일도 없었다. 현대엔지니어링이 옮긴 갈키니쉬 사업용 전체 기자재 운반에는 총 1년 10개월의 기간이 소요되었고 그 무게는 9,689톤에 달한다.

신속함과 유연성의 DNA

중동 지역 발주처와 달리 투르크메니스탄 발주처 인원들은 대규모 화공 플랜트 건설 공사 경험이 적거나 전무했다. 발주처와 유대관계가 없었던 착공 초기 단계에는, 작업 시방서와 절차서를 모두 준수하여 작업을 해도 검사를 통과시켜주지 않거나 작업 허가서를 내어주지 않는 일들이 많았다. 아주 사소한 핑계를 들어 비합리적인 이유로 작업 성과물을 불합격시키기도 했다. 하지만 현대엔지니어링 현장 직원들의 품질 관리 노력을 지

천연가스에서 독성 황화수소를 제거한 후, 황을 별도 제품으로 얻기 위하여 회수하는 과정을 담당하는
갈키니쉬 가스탈황 설비 황 회수 처리 설비(Sulfur Recovery Unit)

켜본 발주처는 자연스럽게 기술력과 시공 능력에 대해 인정을 하게 되었다. 엄격한 품질 관리 시스템을 도입하여 시공 협력사의 작업을 철저하게 관리하고 문제가 우려되는 부분은 발주처에 먼저 알려 재작업을 하는 등 각고의 노력을 기울였다. 공사 초반 비협조적이던 발주처의 검사원마저 궁금증이 생기면 도면을 들고 찾아와 도와달라고 하는 등 현대엔지니어링의 시공 능력에 대한 신뢰는 날로 견고해졌다.

하지만 예상하지 못한 난관들에 부딪히기도 하였다. 사막 기후임에도 불구하고 갑작스러운 폭우, 폭설에 작업이 중단되기도 하였고 사업 이전에 수집한 지역의 기존 기후 정보에는 기록되어 있지 않던 한파로 현장 시공 생산성 유지에 어려움을 겪기도 했다. 이미 불량한 인근 도로 상태에 결빙까지 더해져 이동 자체가 위험한 아찔한 순간들도 있었다. 예고 없이 불어 닥치던 모래 돌풍에 통신이 끊기기도 했다. 이러한 악조건 속에서는 현장 설치 작업이 중단되더라도 작업자 안전 확보가 최우선이 되어야 했기에 작업 스케줄 조정이 불가피했다. 하지만 작업 환경이 양호할 때 벌어둔 여유 기간 덕분에 탄력 있는 공사 일정 운영이 가능했고, 이로 인해 전체 공기 준수에는 차질이 발생하지 않았다.

　현대엔지니어링의 시공 작업은 사전에 파악한 리스크 경감 노력과 현지에서 발생하는 돌발 변수에 대한 즉각 대응으로 계획 대비 공정률 지연이 한 차례도 발생하지 않으며 진행되었다. 그러나 기계적 준공을 앞둔 시점에 공기 지연을 불러일으킬 만한 상황이 외부에서 발생했다. 현대엔지니어링과 투르크메니스탄 국영 가스공사의 계약서 서명일과 같은 날, UAE와 중국 회사도 갈키니쉬 가스전의 다른 부분을 맡아 유사한 공정의 플랜트 사업을 체결했는데 이 두 회사 모두 심각한 공기 지연을 겪고 있었다. 현대엔지니어링의 작업 진도에 비해 UAE 시공사는 10개월, 중국 시공사는 1년 이상 뒤쳐져 있었다. 문제는 바로 인접한 UAE 시공사의 공정률이었다. 해당 현장에 발전 시설과 가스 전처리 시설이 포함되어 있어 그 공사가 완료되어야만 현대엔지니어링 공장에 필요한 전기와 연료 가스, 원료 가스를 받는 것이 가능했다. 귀책사유가 없다며 사업주 혹은 인근 시공사 탓만 하고 있을 수 없는 상황이었다. 이미 설치가 완료된 고가의 기계장치들은 계획된 시점에 운전에 돌입하지 않으면 추후 운전 시 그 성능에 문제가 생기거나 수명이 단축될 수 있기 때문이다. 이에 적절한 기계 보존(Preservation) 처리가 필요했다. 시운전팀을 계획보다 이르게 현장에 투입시키고 발주처와 협의하여 기술적인 문제가 생기지 않도록 작업 계획을 마련하여 현장에 적용했다. 계약적인 접근과 동시에 전체 프로젝트 상황을 인지하고 최대한의 협조를 보인 현대엔지니어링의 노고에 발주처 경영진이 고마움을 나타냈다.

　투르크메니스탄의 구르반굴리 베르디무하메도프 대통령이 직접 현장에 방문하기도 했다. 현장 곳곳을 둘러보고 현대엔지니어링의 현장 책임자로부터 공정, 작업 진도에 대한 설명을 들으며 큰 관심을 보였다. 베르디무하메도프 대통령은 현대엔지니어링 직원들의 노고를 치하하면서 "현지의 법과 규정을 준수하면서도 일정에 맞춰 시공을 진행하는 수행 능력"을 높이 평가했다. 아울러 대통령 본인과 국민들은 투르크메니스탄 역사상 최대 규모의 프로젝트를 성공적으로 이끄는 것에 대해 깊은 신뢰를 보내고 있다고 강조했다. 거친 환경과 싸우며 난관을 극복해나가야 하는 과정의 연속이었지만 그 노력을 인정받을 수 있어 무척 뜻깊은 순간이었다. 대통령의 진심 어린 인사에 발주처인 국영 가스공사 사람들도 시공사인 현대엔지니어링 직원들도 서로 미소를 지어보일 수 있었다.

행복한 상생

현대엔지니어링의 갈키니쉬 가스탈황 설비 사업 수행은 단순히 한 기업의 영리활동에만 국한되지 않았다. 많은 투르크메니스탄 국민들이 현대엔지니어링을 통하여 대한민국이라는 나라에 대한 인상을 만들어간다는 것을 느꼈고 이에 직원 개개인이 국가를 대표한다는 마음으로 임했다.

현대엔지니어링은 사업 수주 이전부터 투르크메니스탄에서는 기술을 가진 숙련공 인력 확보가 어렵다는 점을 인지하고 있었다. 고도의 기술을 요하는 작업에는 외국인 숙련 기술자를 투입할 계획을 잡았으나 외국 회사가 준수해야 할 현지인 고용 비율 의무 조건이 있었기에 현지인을 반드시 채용하여 현장 업무에 배치해야 했다. 지역사회 고용 촉진 차원으로 그동안 목화밭에서 일하거나 소떼를 몰던 것이 생산활동의 전부였던 현지 주민들을 대규모로 채용했고 이들의 경제활동으로 욜로텐시 전체에 활기가 돌게 되었다.

그러나 시공사 입장에서는 그 수많은 인원을 단순 노동, 사무 보조 업무에만 배치할 수는 없는 터. 그러던 중 현장 내부 회의에서 아이디어가 나왔다. 용접 학교를 개소하여 현지 작업자들에게 용접 기술을 가르치고 테스트에 합격한 인원을 현장에 투입하자는 것이었다. 기술을 배울 수 있다는 소식에 많은 사람들이 지원했고 실제로 교육을 받고 합격한 현지인들이 현장 용접 작업에 투입되었다. 갈키니쉬 공사 이후에도 용접 기술자로서의 경력을 만들어 나갈 수 있게 된 졸업생들은 보람을 느끼며 성실하게 근무했다. 시간과 비용이 투입되는 일이었지만 투르크메니스탄에서 후속 사업을 수주했을 때 숙련 기술공을 확보할 수 있다는 점과 현지 경제 발전에도 기여한다는 긍정적 효과에 주목하여 이러한 결정을 내릴 수 있었다.

이뿐만 아니라 현지 지역사회에 도움이 되고자 다양한 사회공헌활동을 진행하였다. 현장 인근 도시인 욜로텐 지역의 초등학교와 유치원을 방문해 학용품, 식료품, 의류 등을 전달했다. 또 시설이 매우 노후했지만 예산이 없어 그대로 방치된 초등학교 건물의 보수 공사를 진행하고 학습에 필요한 교구를 지원했다. 지역의 보육원과 양로원에 편의시설을 만들고 매달 식료품, 의약품, 의류를 보냈다. 인사치레용 일회성 행사가 아니라 지역 사회에 이바지하고자 하는 현대엔지니어링의 진심에 시 정부에서도 여러 차례 고마움을 표했다.

공사 현장 인근 지역 외에도 수도 아쉬하바드에 있는 국립언어대학교와 결연을 맺어 지원했다. 특히 매년 '한국어 말하기 대회'를 후원하여 한국과 한국어에 관심이 높은 현지의 학생들을 격려하고 이 학생들이 한국과 투르크메니스탄 양국을 잇는 민간 외교관 역할을 담당하길 바라는 마음을 전달했다. 이외에도 대학교에 컴퓨터 등 미디어 시설을 지원하고 아쉬하바드 지역의 유소년 축구팀을 후원하였다. 에너지 플랜트 분야와 직접적인 연관이 없는 분야이지만 현지 주민들이 직접 수혜를 입을 수 있도록 다양한 곳에 관심을 기울였다. 현대엔지니어링의 사회공헌활동 자리에서 만난 현지 주민들은 "현대!", "까레야!(코리아의 러시아어 발음)"를 외치면서 엄지를 치켜세웠다.

또한 현장 최고 책임자부터 작업자까지 모든 사람이 행복하고 안전한 환경에서 근무해야 한다는 방침으로 현장을 운영하였다. 한국의 한가위 명절에는 잔치를 열어 투르크

◢◣◢ 작업 중 휴식 시간에 환한 미소를 지어보이는 투르크메니스탄 현지인 직원들의 모습

메니스탄, 러시아, 필리핀, 태국 등 여러 국적의 근로자들이 모여 윷놀이, 씨름, 줄다리기 등 우리 민족 전통놀이를 즐기고 노래자랑에 참여해 한데 어울려 즐겁게 지냈다. 이뿐 아니라 '사랑의 나눔 바자회'를 개최하여 현대엔지니어링과 협력 회사의 한국인 직원들이 기부한 의류를 현장에서 근무하는 외국인 직원들이 구매하고 이 판매를 통해 얻어진 수익금을 현지 사회복지 시설에 기부하기도 했다. 필리핀, 태국 등 외국인 직원들 역시 현지 지역사회에 도움이 된다는 점에 자부심을 느끼는 등 그 만족도가 매우 높았다.

'상생협력'에 대한 현대엔지니어링의 노력은 사업 전 단계에서 빛을 발했다. 설계-구매-시공 모든 단계에서 한국 협력 업체들과 적극 협업하였다. 15억 불에 육박하는 공사비에서 짐작할 수 있듯 기자재 제작 및 전문 시공 협력 업체 투입 규모가 매우 클 수 밖에 없었다. 이때 한국 업체 발주 비율을 최대화하였는데 이는 한국 협력 업체의 수출 증대는 물론, 투르크메니스탄 플랜트 시장 진출을 돕는 결과가 되었다. 동시에 시공사인 현대엔지니어링으로서는 이미 그 기술력을 인정받은 한국 업체와 협업함으로써 공정 지연의 위험을 최소화하고 최종적으로 인도할 공장의 성능을 확보할 수 있는 Win-Win 전략이었던 것이다.

기념비적 성과와 투르크메니스탄 정부의 신뢰

2012년 11월 17일, 갈키니쉬 현장에서는 마지막 콘크리트 타설 작업을 기념하는 행사가 열렸다. 약 800여 일에 걸친 전체 공사 기간에 마침표를 찍는 행사였다. 현대엔지니어링만의 노력으로 이룰 수 없는 발자국이었기에 협력 업체 우수 직원에 포상을 하는 등 현장 작업에 참여한 모든 이들과 감사의 마음을 나눴다. 메마른 모래뿐이던 황무지 위에 가로 510m, 세로 675m의 위용을 자랑하며 완공된 플랜트 현장을 보면서 직원들은 말로 표현할 수 없는 성취감을 느꼈다.

2013년 9월 4일에는 갈키니쉬 가스탈황 설비 프로젝트 준공식이 거행됐다. 준공식에는 구르반굴리 투르크메니스탄 대통령, 시진핑 중국 국가주석과 현지 주재 외국대사,

현지 진출 글로벌 기업 대표 등 300여 명이 참석하여 대규모 국가 행사로 치러졌다.

투르크메니스탄에서의 첫 사업이었던 갈키니쉬 가스탈황 설비 프로젝트의 성공적인 준공을 토대로 이후 현대엔지니어링은 투르크메니스탄에서 후속 사업을 연이어 수주했다. 투르크멘바시 정유공장 현대화 사업, 키얀리 원유처리공장 사업, 에탄크래커 및 PE/PP 생산 설비 등 대규모의 플랜트 공사를 수주한 것이다(첨부자료 참조). EPC 역량을 인정받은 현대엔지니어링은 이후 사업들에서 프로젝트 금융 조달, 운영 및 관리까지 전 과정을 아우르는 형태로 참여하기도 했다. 단순 자원 개발이나 단순 도급형 사업에 참여하는 시공자가 아닌 디벨로퍼의 역량을 보여주면서 저개발 자원 부국의 경제 수준 향상과 규모 확대에 이바지했다는 평을 듣게 된 것이다.

에탄그래커 및 PE·PP 생산 시설 준공식

[첨부자료]

투르크의 국가 프로젝트… 천연가스를 年6억弗 '돈 가스'로

에탄크래커 및 PE·PP생산시설

▲ 현대엔지니어링

투르크메니스탄 서부 키얀리 지역에 위치한 '에탄크래커 및 PE(폴리에틸렌)·PP(폴리프로필렌) 생산시설' 전경. (/사진 제공=현대엔지니어링)

"투르크메니스탄 정부의 역점사업을 성공적으로 마무리해준 현대엔지니어링에 무한한 신뢰와 찬사를 보낸다."

구르반굴리 베르디무하메도프 투르크메니스탄 대통령이 지난 18일 열린 '에탄크래커 및 PE(폴리에틸렌)·PP(폴리프로필렌) 생산시설' 준공식에서 한 말이다. 투르크메니스탄은 카스피해를 품은 데다 세계 4위의 천연가스 보유량을 자랑하지만 내륙에 위치하고 운송인프라도 부족해 가스 수출에 어려움을 겪었다. 현대엔지니어링의 '에탄크래커 및 PE·PP 생산시설'은 이런 고민을 상당부분 해결해줄 것으로 예상된다.

이 사업은 투르크메니스탄 첫 종합석유화학단지 건설사업의 일환으로 현대엔지니어링·LG상사 컨소시엄이 기획·제작하고 한국수출입은행과 무역보험공사가 금융을 제공해 추진된 민관협력사업이다.

지난 17일 투르크메니스탄 현지에서 열린 '에탄크래커 및 PE·PP생산시설' 준공식에서 마사아키 야마구치 도요엔지니어링 회장, 구르반굴리 베르디무하메도프 투르크메니스탄 대통령, 성상록 현대엔지니어링 사장, 송치호 LG상사 사장(왼쪽부터)이 커팅식을 하고 있다. /사진 제공=현대엔지니어링

플랜트는 투르크메니스탄 서부 키얀리에 위치한다. 가스피해에서 추출한 천연가스로부터 석유화학산업 기초원료인 에틸렌 및 프로필렌을 분리·생산하고 이를 종합해 최종제품인 PE 40만t과 PP 8만t도 제조한다.

PE는 △각종 용기 △포장용필름 △섬유 △파이프 △도료에, PP는 △포장용필름 △섬유 △의류 △카펫 △실용잡화 △완구 등에 쓰이는 범용소재다.

천연가스에 부가가치를 더한 이들 석유화학제품은 투르크메니스탄 내수 편매는 물론 여러 나라에 수출돼 연간 8억달러(약 6832억원)의 수익을 창출할 것으로 기대된다. 따라서 이 천연가스의 실질적 활용방안에 불꼬가 튼 것이다.

총사업비 30억달러(약 3조5143억원) 규모의 대형공사였던 탓에 투르크메니스탄 국민들의 관심도 컸다. 공사현장 최대 중량물인 프로필렌 정류탑(Propylene Fractionator) 설치 등 공정 행사가 있을 때면 현지 언론에서 집중조명됐다. 베르디무하메도프 대통령도 지난 1월 현장을 방문, 시공사의 노고에 감사인사를 한 데 이어 준공식에도 직접 참석하며 기념을 나눴다.

국가적 관심이 집중된 프로젝트에 대한 현대엔지니어링 임직원의 관심도 남달랐다. 투르크메니스탄의 ACE(에이스)프로젝트가 되길 바라는 마음을 담아 사업약호를 'TACE(티-에이스)'라 짓고, 현대엔지니어링은 타당성조사부터 금융주

총 사업비 30억弗 초대형 공사
부산항서 2만km 운송물 대장정
국내 中企와 동반 진출 뜻깊어

선, 기본설계, FEED(Front-End Engineering Design)및 상세설계, 시공, 시운전까지 3년11개월의 공사기간 전과정에 참여했다.

부지면적이 잠실종합운동장의 3배(80만9720㎡)에 가까운 대구모 대형장으로 하루 투입인력도 최대 1만3000여명을 기록했다. 쏟아낸 파내 흙의 양은 1200만㎥에 달했다.

공사현장으로 기자재와 시설물을 운송하기 위해 부산항을 출발해 인도양, 수에즈운하, 지중해, 흑해를 거치는 2만km을 오가는 과정도 녹록지 않았다.

현대엔지니어링은 이번 현장에서 투르크메니스탄 협력업체에 의존하기보다 국내 중소기업들과 동반진출을 꾀했다. 마차사 다른 해외현장보다 '외화가득액'(상품수출에서

수입원자재가액을 제외한 금액)이 높았으면 운송 및 인력조달에 여러움이 있었다.

현대엔지니어링 관계자는 "이번 사업은 한국 협력업체들이 많이 참여해 70% 수준의 높은 외화가득률을 기록했다"며 "기자재는 물론 사람들까지 한국에서 많이 갔다"고 말했다.

많은 인력과 장비가 투입되는 만큼 안전관리에 총력을 기울인 덕분에 지난 9월 무재해 7000만인시(人時) 기록도 세웠다. '인시'란 현장근로자 전원의 근무시간을 합산한 개념이다. 하루평균 6000여명이 동원된 이 현장의 경우 근로자 1명이 매일 10시간 일한다고 했을 때 1160일(약 3년2개월) 동안 아무 사고 없이 공사가 진행됐음을 의미한다.

현대엔지니어링은 이번 사업을 통해 구축한 투르크메니스탄 정부의 높은 신뢰를 바탕으로 앞으로도 사업기회를 적극 모색할 방침이다.

현대엔지니어링 투르크메니스탄 에탄크래커 및 PE/PP 생산시설

공사명	에탄크래커 및 PE/PP 생산시설(TACE)
발주처	투르크메니스탄 국영가스공사 투르크멘가스
시공사	현대엔지니어링
공사기간	2014년 5월~2018년 4월
공사금액	총 공사액 30억달러(약 3조4143억원)

현대엔지니어링 투르크메니스탄 진출 현황 ▲ 현대엔지니어링

	사업명	발주처	수주연도	사업금액
1	가스설할 플랜트 건설	투르크멘가스(국영가스공사)	2009년	13억달러
2	투르크멘바시 정유 플랜트 현대화	투르크메니스탄 국영정유회사	2013년	4.6억달러
3	원유처리 플랜트 확장	페트로나스 카리갈리 투르크메니스탄	2013년	2.4억달러
4	에탄크래커 및 PE/PP 생산플랜트 건설	투르크멘가스(국영가스공사)	2013년	29.9억달러
5	가스 액화 처리(GTL) 플랜트 건설	투르크멘가스(국영가스공사)	2015년	38.9억달러
6	투르크멘바시 정유 플랜트 현대화 2차	투르크메니스탄 국영정유회사	2015년	9.4억달러
7	기타			2.8억달러
	총계			100.8억달러

현장 직원 미니 인터뷰

TURKMENISTAN GDP PROJECT

역사와 문화의 이해가 성공의 지름길

정희섭 상무보 프로젝트 매니저

낯설고 척박한 해외 오지에서 건설 사업을 성공적으로 수행하기 위해서는 현지 적응이 필수입니다. 따라서 우리 건설인들은 현지의 역사와 문화를 빨리 적응하고 이해해야 합니다. 알타이산맥을 근간으로 우리 조상과 뿌리가 같은 투르크메니스탄은 용맹함과 자존심, 따뜻함과 예의 바름 등 우리 문화와 닮은 부분이 많습니다. 현대엔지니어링이 투르크메니스탄의 역사와 문화, 사람에 대해 진심으로 이해하고 존경하려 노력한다면 TONE 프로젝트는 높은 품질로 공기 내에 끝날 수 있을 것입니다. 프로젝트의 성공적인 수행이 곧 제2, 제3의 신규 탈황 설비를 수주하는 영업의 밑거름이 될 것으로 확신하며 본사와 현장의 모든 TONE팀에 격려를 보냅니다.

불굴의 현대정신에 쏟아진 찬사

하영태 부장 공사부장

TONE 프로젝트 현장은 기반 시설이 전혀 없던 욜로텐 사막 지대에서 시작하였습니다. 과거 인적이 드물고, 황량하기까지 하였던 그 자리가 지금은 이른 새벽부터 늦은 밤까지 활기로 넘치고 있습니다. 긍정적인 사고와 '하면 된다'는 현대정신으로 목적지를 향해 한걸음 한걸음 나아가고 있습니다. 현장

에서 근무하는 모든 임직원들은 대내외적으로 큰 관심을 받고 있는 본 현장에 부임되었다는 것에 큰 자부심을 가지고 있으며, 불굴의 현대정신과 저력을 다시 한번 확인하는 계기로 만들고자 지금 이 시간에도 모래바람에 땀을 실어보내고 있습니다.

탁월한 공사 수행 능력은 HEC의 힘

최종성 상무보 현장소장

2010년 1월 21일. 프로젝트가 시작되면서부터 현대엔지니어링은 투르크메니스탄 정부 및 국민들로부터 탁월한 공사 수행 능력과 빠른 공정, 우수한 품질에 많은 찬사와 격려를 한 몸에 받으며 성공적으로 공사를 진행하고 있습니다. 또한 한국인 특유의 끈기와 선배들이 이루어 낸 투지의 현대정신으로 모든 직원들이 합심하여 문제점들을 하나하나 해결해나가고 있습니다. 이역만리에서 가족과 떨어져 지내는 현장 직원들, 단 한 가지 목표만을 생각하고 모든 것을 희생하며 최선을 다하는 그들이 자랑스럽습니다. 이 공사가 마무리될 때면 아마 세계 어느 지역, 어떤 공사를 맡겨도 완벽하게 해결할 수 있는 전문가로 성장한 자신을 발견할 수 있을 것입니다. 우리는 반드시 성공할 것입니다. 투르크메니스탄에서 최고의 기록과 평판을 남기고 환한 웃음과 벅찬 자부심을 안고 고향으로 돌아갈 것을 확신합니다. 감사합니다.

현장 이야기

별별 규제에 숨이 턱! 멋진 풍경에 숨이 탁!

투르크메니스탄하면 빼놓을 수 없는 것이 규제죠. 한 번은 현지인과 직원들이 함께 차를 타고 가는데 경찰이 세우더군요. 차 앞 유리에 금이 갔으니 벌금 40마나트(1만 6천 원)를 내라는 겁니다. 할 수 없이 울며 겨자 먹기로 벌금을 냈습니다. 그리고 다시 돌아오는 길, 우린 또 잡혔습니다. 이번엔 번호판 글씨가 지워졌으니 벌금 20마나트(8천 원)를 내라고 하더군요.

문제는 이러한 일이 비일비재하다는 점입니다. 시도 때도 없이 여권 검사다 뭐다 우릴 괴롭힙니다.

하지만, 전 이곳이 좋습니다. 가장 투르크메니스탄다운 이곳 현장에서의 하루하루가 제겐 소중하기 때문입니다. 아들 같은 동료들과 서로 문화가 다른 현지인들과 동고동락하면서 서로를 이해하고 가까워지는 과정 또한 제겐 기쁨입니다. 게다가 넋을 잃을 만큼 아름다운 일출과 일몰은 이곳에서만 볼 수 있는 풍경이기에 더 좋습니다.

Part. 4

머나먼 기회의 땅,
새로운 씨앗을 뿌리다

Canada

Mexico

Nicaragua

Chile

Mozambique

아메리카 아프리카

오일샌드 플랜트의
새로운 역사를 쓰다

캐나다 포트힐스 비투멘 2차 추출공장(Secondary Extraction) 건설 현장

프로젝트 국가 : 캐나다
프로젝트명 : Fort Hills Secondary Extraction Project
계약 발주처 : 포트힐스에너지(Fort Hills Energy Limited Partnership, FHELP; Suncor(캐나다) 50.8%, Total(프랑스) 29.2%, Teck(캐나다) 20% 3개사 공동투자 파트너쉽)
SK건설 FEED 업무 시작일 : 2012년 9월
SK건설 EPC 계약일 : 2014년 8월 22일
전 공정 안정적 운전 공식 발표 : 2018년 5월 18일

SK건설 계약 방식 : EPC Reimbursable Contract(Cost+Fixed Fee)
SK건설 Work Scope(사업 수주 범위) : FEED(Front-End Engineering Design), Detail Engineering, Procurement, Construction, Pre-Commissioning, Field Engineering Service
FHSE 설계용량 : 194,000 barrels per day.
SK건설 공사 현장 : Fort Hills, Alberta (90km North of Fort McMurray, Alberta)

SK건설, 캐나다 오일샌드 플랜트 준공 후 원유 생산 성공

2018년 5월 18일, SK건설은 캐나다 오일샌드 사업인 포트힐스 비투멘 2차 추출공장을 완공 후, 성공적으로 운전하고 있다는 것을 발표하였다. SK건설은 캐나다 썬코어(Suncor) 에너지의 건설역무를 가진 파트너이다.

오일샌드는 모래, 물, 진흙 그리고 비투멘의 혼합물이다. 비투멘은 아주 무겁고 점도가 높아서 흐르게 하거나 펌프를 사용할 수 없으므로 상온에서 온도를 올리거나 희석해서 유송해야 한다. 지표면에서 70m의 깊이에 있는 비투멘(Mining, 노천 오일샌드 광산)과 지표면에서 70m보다 깊은 곳에 있는 비투멘(SAGD, In situ practice)이 있다. 포트힐스의 비투멘은 노천 오일샌드 광산에서 채취하는 방법이었다.

2018년 5월, SK건설이 맡은 2차 추출공장(Secondary Extraction)의 마지막 트레인(Train)을 포함한 세 개의 모든 트레인이 시작되어서 전체 용량(Full Capacity)으로 운전되었다. 설계용량은 하루당 19만 4,000배럴이다. 2018년 6월에 썬코어는 90% 용량(하루당 17만 5,000배럴) 이상으로 7일간 운전 후에 어떠한 하자도 없이 이 사업의 주요 마일스톤을 달성한 것을 검증하였다. 이는 사업 초기 목표 달성 일자인 2018년 9월 30일보다 넉 달 정도 조기 달성한 것이다.

2012년부터 SK건설은 본 사업의 기본 공학설계(FEED, Front End Engineering &Design)를 성공적으로 수행한 결과, 2014년부터 캐나다 Fort Hills Secondary Extraction의 EPC 역무를 계약하였다.

이 사업은 플랜트 기계와 모듈(Module), 그리고 대형 수송 업무들을 포함한 대형 사업이었다. SK건설은 캐나다 현장에서 쉽고 빠르게 설치할 수 있도록 750개의 모듈을 설계하고 제작하였다. SK건설이 설계하고 제작한 모듈 안에는 플랜트 기계, 배관, 철골, 전기 및 계측제어 장비 시설들이 포함되어 있다. 이 많은 양들의 모듈은 태평양과 로키산맥을 넘어야 하는 험난한 수송 과정을 거친 후 현장에서 레고 장난감을 맞추듯이 완벽하게 설치되었다. 사업에 사용된 750개 모듈의 부피는 아파트 2,024세대(61만 7,000 ㎡), 무게는 대형 버스 5,700대(6만 3,000톤)와 맞먹는 규모였다. 그만큼의 고난도 프로

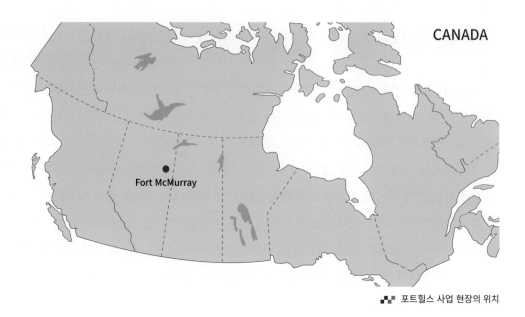

CANADA

Fort McMurray

젝트였다.

"포트힐스 프로젝트의 성공적 수행으로 SK건설은 캐나다에서 명성을 얻게 되었습니다. 이 사실은 캐나다에서 새로운 사업들을 수주하는 견인차가 될 것입니다." 본 사업을 성공적으로 수행한 SK건설의 의견이다.

포트힐스 사업은 비투멘 추출공장 시설뿐만 아니라 노천 오일샌드 광산을 포함한다. 포트힐스 플랜트의 위치는 소도시인 포트맥머리(Fort McMurray)의 90km 북쪽에 위치해 있다. 앨버타(Alberta)주의 주도인 애드먼턴(Edmonton)으로부터는 500km 북동쪽에 위치해 있다. 캐나다 포트힐스 플랜트는 앨버타(Alberta)주에서 베스카(Athabasca) 오일샌드가 아직 개발되지 않았던 지역을 정부로부터 개발 허가를 받아서 이룩한 사업이다.

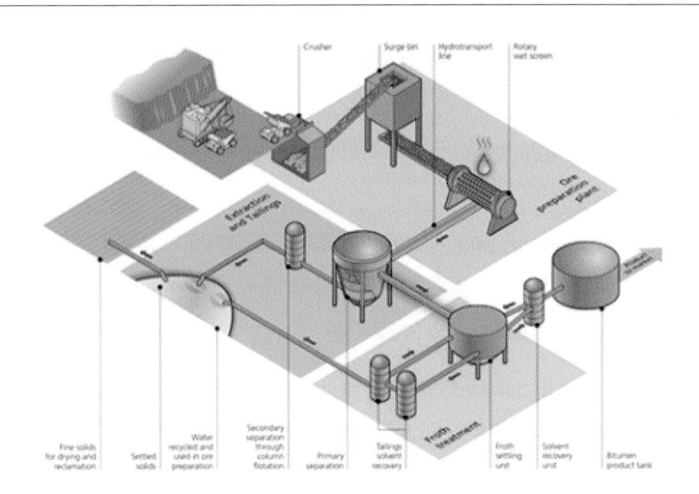

⊘ **Download the Fort Hills mining and extraction process** (PDF, 1 pp., 579 KB)

Mining

Fort Hills' open-pit mine plan has two main pits and a mine fleet capable of sustaining a production of 14,500 tonnes of oil sand per hour.

Ore processing

The mine delivers oil sands feed to two ore crushing plants, where oil sand material will be crushed and processed. Ore from the crushing plants is mixed with warm water and conditioned to create slurry, which is then transported to primary extraction via three hydrotransport lines.

Extraction process

In primary extraction, the conditioned oil sands slurry is fed to two trains of separation cells. The separation cells remove the bitumen from the sand, which yields a froth mixture of bitumen, water and clay.

Froth is then sent for further treatment in secondary extraction where it is mixed with solvent and sent through two stages of counter-current settlers to remove asphaltenes and excess sand and water. The bitumen is then sent to a solvent recovery unit to remove the solvent and prepare the bitumen for shipping. The final product is marketable bitumen.

The heavy asphaltenes, sand and remaining water from the settlers travel through a tailings solvent recovery unit (TSRU) to remove any remaining solvent and prepare the tailings for disposal in the out-of-pit-tailings area (OPTA).

◾◾ Fort Hills의 계통도

위 흐름도 및 자료는 썬코어(Suncor Site)의 정보이며, 설명은 최대한 직역하였고 부가설명은 괄호로 표현하였다.

① 노천 오일샌드 채굴(Mining): 포트힐스는 두 군데의 노천 오일샌드 채취장(Pits)에서, 시간당 14,500톤의 오일샌드를 채굴한다.

② 분쇄와 이송 과정(Ore Processing): 광산에서 채취 후, 두 곳에서 뜨거운 물과 광물 분쇄 공정을 거치면 슬러리(Slurry)가 되어 수압을 통해 첫 번째 추출공정(Primary Extraction)으로 이송된다.

③ 추출공정(Extraction Process): 1차와 2차로 구분

- 1차 추출공정(Primary Extraction): 오일샌드 슬러리는 두 개의 분리 장치로 이송된다. 이 분리 장치들에서 모래로부터 분리된 프로스(Froth)를 만든다. 프로스는 원유와 물과 진흙 등의 혼합물이다.

- 2차 추출공정(Secondary Extraction): 프로스가 용매(Solvent)를 이용해 재처리된다. 프로스는 용매와 서로 다른 방향에서 Settler로 투입되어 아스팔트, 모래, 물 등과 분리/제거된 비투멘(Bitumen)을 생산한다. 비투멘은 용매회수공정(Solvent Recovery Units)으로 가서 용매를 회수한 후 최종 생산품인 비투멘을 출하한다.

최종 생산품(Bitumen)에서 분리된, 무거운 아스팔트, 모래와 물들에 포함된 용매(Solvent)를 회수하기 위해서 TSRU(Trailing Solvent Recovery Unit)로 가서 잔류 용매(Solvent)를 제거한 후 OPTA(Out-of-Pit-Trailings area)로 보낸다(침전 후 매립한다).

추가 설명: 상대적으로 가장 복잡한 공정들을 가진 2차 추출공정은 SK건설의 사업 영역이다.

참조

1. Suncor Site
· https://www.suncor.com/about-us/fort-hills
· http://www.suncor.com/en-CA/Newsroom/Photos

2. FORT HILLS START-UP "EXCEEDING EXPECTATIONS", OIL SANDS MAGAZINE [April 24, 2018]
· https://www.oilsandsmagazine.com/news/2018/4/24/fort-hills-start-up-exceeding-expectations

3. "Better than expected Fort Hills performance…"
· https://www.jwnenergy.com/article/2018/7/better-expected-fort-hills-performance-help-offset-syncrude-losses-suncor/

4. "Fort Hills oilsands mine opening…"
· https://www.jwnenergy.com/article/2018/9/fort-hills-oilsands-mine-opening-photos/

앞의 내용은 캐나다 발주처 썬코어(Suncor)와 승인·협의를 거친 대외용 기사 내용이다. 이외의 사항은 포트힐스 프로젝트와 독립적인 내용이다. 캐나다 시장과 원유 정보들은 상기 사업과 직접적인 연관이 없는 일반적 사항이다. 김현석 엔지니어링 매니저와의 인터뷰 내용은 썬코어(Suncor), 제이콥스(Jacobs), 페멕스(PEMEX) 그리고 SK건설의 취지와는 다를 수 있다.

캐나다 원유 플랜트 시장 진출

화석연료인 석유는 수억 년 전 해양 생물의 사체가 퇴적되고 변성되어 생성된 것으로 오늘날 자동차, 항공기, 선박, 각종 기계, 취사, 난방 연료 및 각종 화학제품의 원료로 사용되고 있다. 1859년 미국 펜실베이니아에서 석유가 발견된 이후 19세기 말 미국과 러시아에서 석유 정제가 시작된 이래 전 세계적인 원유 탐사와 발굴을 지속해온 결과, 현재 중동, 남미, 북미, 아프리카, 유럽, 아시아 순으로 전 세계에 걸쳐 매장량(약 1조 7천억 배럴)이 분포되어 있다. 가장 많은 원유 매장량을 보유한 나라는 베네수엘라, 사우디아라비아, 캐나다 순으로 알려져 있다.

'건설 회사'라고 하면 건물을 짓는 건설만 생각할 수 있는데 건설 회사는 모든 국가 인프라 사업(도로, 항만, 철도, 공항, 교량 등) 외에 전력, 석유, 가스, 철 등의 에너지 및 원료 생산공장을 짓는 일도 하고 있다. 이러한 사업을 플랜트 사업이라고 한다. 'Plant'라는 말은 '식물' 또는 '심다'라는 본뜻을 갖는데 플랜트 사업은 '특정한 장소에 살아 움직이는 공장을 심는 사업'이라 해도 틀린 말이 아닐 것이다. SK건설은 국내뿐만 아니라 전 세계 여러 나라에 건물과 인프라, 플랜트를 건설하며 외화 획득과 국위 선양에 앞장

끈적한 점성의 비투멘(Bitumen)

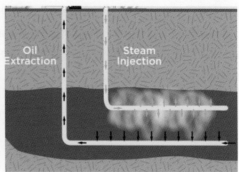

지표면에서 일반적으로 70m까지 얕은 곳의 노천 오일샌드 광산을 이용한 공정을 Mining 공정이라고 한다.

SK건설은 2012년부터 2018년까지 이 사업의 추출공정을 성공적으로 수행했다.

지표면에서 70m보다 깊은 곳의 오일샌드를 이용하는 공정을 SAGD(Steam-Assisted Gravity Drainage)라고 한다.

SK건설은 2012년 이전 허스키(Husky)사의 사업에 참여했다.

서는 기업으로서 세계적인 명성에 힘입어 캐나다 최대 석유 생산 기업의 사업 파트너가 된 것이었다.

한편, 캐나다의 석유 매장량은 약 1,740억 배럴로서 그중 오일샌드(Oil Sands)가 1,700억 배럴로 대부분을 차지한다. 원유 생산량은 일일 420만 배럴 수준인데 오일샌드가 약 270만 배럴로 전체 생산의 약 64%에 해당한다. 이러한 오일샌드는 캐나다 앨버타주 피스강(Peace River), 애서배스카강(Athabasca), 콜드호(Cold Lake) 지역에 주로 매장되어 있는데, 그 가운데 애서배스카강 지역이 핵심 매장·생산 지역으로서, 포트맥머리(Fort McMurray)가 그 중심 도시이다. SK건설이 수행했던 현장은 포트맥머리 북쪽으로 차로 1시간 거리에 있다.

캐나다의 선진화된 엔지니어링 마인드

캐나다 사업들의 일반적 발주처들과의 계약은 일괄도급 계약(Lump Sum Turn Key) 방식이 아닌 실비정산식 계약(Reimbursable Contract) 방식으로 이루어진다. SK건설이 수행한 사업도 전체 자금 확보나 추가 예산이 소요되는 문제로 인한 어려움은 없었다.

신뢰를 바탕으로 한 프로젝트이기에 합리적 근거들로 새로운 설비나 안전장치를 추가하였다. 김현석 엔지니어링 매니저는 "일괄도급 계약(Lump Sum Turn Key) 방식은 초기 계약 때 정해진 예산 내에서 주로 사업을 수행하게 되기 때문에 자칫 손해를 볼 수도 있지만 일반적으로 캐나다 프로젝트는 합의된 고정 비용 외에 추가되는 경비까지 보전해주고 기준에 맞는 공정과 품질을 준수하고 공기를 앞당겼을 때 인센티브를 받는 조건이었기 때문에 투자비나 예산 확보로 고생한 적은 없어요."라며 다소 생소할 수 있는 계약 방식에 대해 전했다.

또한, "캐나다는 서로 신뢰하면서 투명성을 바탕으로 일하는 기업 문화가 정착되어 있기 때문에 이러저러해서 추가 비용이 든다고 해도, 긴급히 필요한 것들은 까다로운 절차에 집착하지 않고 우선적으로 지원해주었어요. 필요한 요소가 있을 때마다 시시콜콜 그것이 왜 필요한지 증명하라고 했으면 굉장히 힘들었을 거예요. 그 대신, 윤리 강령(Code of Ethics)을 철저하게 지키기 때문에 상대를 속인다거나, 허위로 서류를 만들어 보고하거나, 다른 사람 대신 설계도면에 엔지니어(전문 기술사)의 직인(Sealing)을 하거나, 제대로 의무를 다하지 않고 엔지니어링을 수행하는 것에는 캐나다 각 주의 법에 따라서 절대 관대하지 않고 냉정하게 처리합니다. 현지 법(Practical Laws)을 어길 경우, 거래나 계약을 중단하거나 고발 조치를 취하기도 하지요."라며 캐나다 엔지니어링 기업이 가진 선진적인 업무 프로세스와 사회적 가치를 준수하는 마인드에 대해 소개했다. 또한 대부분 캐나다 엔지니어들은 엔지니어라고 불리기 위한 격식을 갖춘 의식(Ritual)을 갖고, 일하는 손에 엔지니어링 반지(Ring)를 끼고 업무를 수행하는데, 이 모습에서 엔지니어로서 의무와 책임을 마음에 항상 새기는 것이 확연히 드러난다.

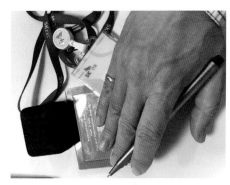

▟▙ 엔지니어링 반지

공공(Public)의 이익을 위해, 환경을 위해, 사람을 위해 일한다

다른 저개발 국가들에서의 플랜트 사업과 선진국인 캐나다에서의 플랜트 사업의 다른 점을 물었을 때 그는 "엔지니어링 부문에 국한해서 말하자면 기본적으로 엔지니어링 사업은 공공(Public)의 이익과 환경을 위해요. 이익 창출보다 사람을 더 우선으로 인식하는 마인드를 갖추고 있는 것이지요. 이윤 자체보다 사람을 중시하고 사람의 안전보다 더 중한 것은 없다는 인식입니다. 우리 회사도 사람뿐만 아니라, 환경을 훼손하지 않고 동물까지 보호하면서 작업을 했습니다. 특히 안전 조치와 관련해서는 과다하다 싶을 정도로 철저히 대비하는 것이 본받을 만합니다. 위험 가능성이 있는 물질을 가지고 설계를 할 경우는 철저히 검증하고 조사한 후에도 폭발이나 발화가 되지 않도록 엄청난 돈을 들여 추가적인 설계, 설비를 갖추도록 합니다. 물론, 국가적인 안전 규정도 있고 보험 문제도 관련되어 있다고는 하지만 과도하다 싶을 정도로 안전에 투자를 합니다."라며 캐나다 엔지니어링 기업의 기업 윤리와 안전 의식에 대해 설명했다.

김 매니저는 우리나라와는 다른, 일을 대하는 두 가지 문화에 대해 이야기했다. 첫 번째는 '간섭(Interaction)' 문화이다. "우리나라와 달리 캐나다에서는 남의 잘못에도 적극적으로, 하지만 정중하게 지적하고 알려주는 문화가 있어요. 안전과 준칙을 위한 내부 고발(Whistling)도 생활화되어 있고요. 두 번째는 '일에 대한 몸과 마음의 준비자세(Fit For Duty)'로서 신체와 정신이 모두 일을 할 수 있는 최적의 준비상태가 되어 있는지를 스스로 확인하고 판단해서 그렇지 않다고 생각되면 직장이나 상사에 알려 일터에 나가지 않는 것이 오히려 권장되고 모범적인 것이라 여겨집니다. 어떻게 보면, 개인의 질병이나 근무 시간 외의 음주나 도박은 사생활이기에 타인의 사생활에 대한 참견(Interaction)이라는 생각도 들지만 단순히 그런 차원이 아니라 각자 임무 수행을 위한 최고의 몸과 마음의 준비(Fit For Duty)는 건설 안전(Safety)과 엔지니어링 윤리 강령(Code of Ethics)으로써 지켜야 할 의무로 생각하는 문화입니다.

20여 년 전 우리나라는 새벽까지 술을 마시고도 아침에 간신히 출근해서 자리를 지키며 다른 사람에게 지장만 주지 않으면 관대하게 넘어가는 경우가 많았죠. 전날 회식이나 접대로 과음을 하고서 간신히 아침에 출근하는 것을 일부에서는 칭찬까지 한 적도 있었습니다. 하지만 캐나다 일부에선 조금이라도 술기운이 있거나 감기로 인한 약물 복용, 심지어 과로로 인한 피로함조차도 동료가 알아차리면 보고(Whistling)를 합니다. '일을 수행할 준비를 제대로 갖추지 못한 이들에게' 충고를 해야 하는 것입니다. 즉, 안전하지 않은 상황을 목격하고서도 자기 일이 아니라고 방관하거나 외면하면 그것은 그것대로 '간섭(Interaction)'의 의무를 따르지 못한 잘못이라고 여기는 문화인 것입니다.

다르게 생각해본다면 우리와 다르고 별난 문화가 아닙니다. 플랜트 건설 현장이나, 플랜트 운전 상황에 임하는 모든 구성원들은 최적의 상태로 근무해야만 공장뿐만 아니라 주변의 민간 시설들이나 자연환경을 보존할 수 있습니다. 캐나다 10개 주(州)와 3개 준주(準州)가 모인 엔지니어링협회에서 만든 법령(ACT)은 거의 국가 수준의 준칙으로 여겨집니다. 법령을 어기는 경우에 따른 처벌 조항도 있고 국가에서도 지원하고 있을 정도로 엔지니어로서의 자부심과 윤리, 준법 의지와 시스템이 매우 뛰어나다고 할 수 있습니다. 물론, 제도적인 것과 실제 개인적인 수준의 차이는 있을 수 있겠지만 말이죠."라며 김 매니

오일 샌드 박물관의 환경과 공익을 위한 프로그램

저는 엔지니어링 업무에 있어서 우리나라와 캐나다의 문화적, 제도적 차이와 인식의 차이에 대한 견해를 밝혔다.

마을과 떨어진 곳에서의 긴 겨울

어려움도 많았다. 2018년까지 SK건설이 수행했던 플랜트 건설 현장은 캐나다 앨버타주의 황량한 벌판에 위치하여 늑대와 곰도 출몰하고 자동차로 1시간을 가야 조그마한 마을에 다다를 수 있는, 매우 외롭고 추운 지역이다. 5월에도 눈이 온 적이 있지만 보통 5월에 봄이 시작되어 9월까지 따뜻한 계절이 이어진다. 10월부터 눈이 오기 시작하여 긴 겨울이 계속된다. 겨울에는 영하 39℃까지 내려가 핸드폰 배터리가 방전될 정도다. "겨울 캐나다 현장 기온이 영하 30℃일 때 현장 숙소(Camp)의 실내 온도는 영상 25℃더군요. 실내외 기온이 55도나 차이가 나니 몸도 쉽게 피로해지고, 건조해서 피부도 많이 상하더라고요."라며 김 매니저가 외롭고 추운 환경으로 고생했던 기억을 떠올렸다. "또한 밤이 긴 겨울이 지나면, 낮이 긴 봄이 옵니다. 밤 10시 정도가 되어야 제대로 된 밤을 맞을 수 있습니다."

◢◤ 밤이 긴 겨울의 9시경 현장 사무실 모습과 낮이 긴 봄의 9시경 알버타 지역의 풍경

서로 다른 것들이 모여서, 모두 하나가 되다

"중동이나 남미 지역들과 달리 설계 또한 그냥 하는 게 아니라 항상 같이 의견을 나누고 브레인스토밍을 해야 했어요. 그 과정도 모두 기록하고요. 다른 나라에서와 같이 그냥 설계도면을 보여주고 끝내는 것이 아니라 토론하고 문제점이나 대안을 제시하는 회의가 많았어요. 항상 회의가 길어져 식사도 거를 때가 많아 체중이 10kg이나 빠지더군요. 오히려 현지 시공 업체가 말도 많고 입심이 세서 상대하기 어려울 정도였어요. 아직도 우리나라의 많은 분들은 말을 잘 아끼시는 편이잖아요."

"남미에 가면 길거리에 부정부패를 추방하자는 구호가 담긴 포스터가 많이 붙어 있는데 캐나다는 차별 금지, 차별 방지와 관련한 포스터가 많았어요. 이민자가 많은 다문화 국가이기도 하고 오히려 그만큼 차별이 있었다는 것을 반증하는 것일 수도 있습니다. 여하튼 인종, 장애인, 여성 차별에 대해 매우 민감하고 아메리카 원주민인 인디언(First

한 팀을 위해 모두 함께한 연말 모임

서로 다른 문화를 이해하기 위해 함께 보낸 명절

빨간색 옷의 날

검은색 옷의 날

Nation)을 적극적으로 보호하고 배려합니다. 캐나다에서는 회사에 제출하는 이력서에 나이나 종교를 표시하지 않을뿐더러 면접 시 이러한 사항을 물어서도 안 됩니다. 즉, 일을 하는 데에 이러한 것들이 제한이 될 수는 없습니다. 나이제한의 예로, 70대라도 건강하면 얼마든지 일할 수 있는 나라예요. 우리나라 정서로는 좀 부담스러울 수도 있겠네요. 그리고 자연환경과 동물도 철저히 보호하고 있습니다. 야생 동식물들이 사업보다 우선 고려 대상입니다. 이렇게 서로 다른 문화 속에서 같이 사업을 수행하기 위해서는 서로 다른 문화의 이해와 교류가 필요했습니다. 그래서 매주 금요일 같은 색깔의 옷을 입거나, 서로의 명절에 모임을 가지기도 했습니다. 갑을관계라기보다는 한 팀이라는 인식을 가지려고 서로가 많은 노력을 기울였습니다."라며 김 매니저는 현지에서 겪었던 특별한 경험들을 떠올렸다.

"자긍심과 자부심을 가지고 해외 시장에
보다 적극적으로 진출할 수 있는 계기를 마련했다"

플랜트는 살아 숨 쉬는 공장을 만드는 것

공장을 빨리 지었다는 사실보다 중요한 것은 플랜트의 목적상 상업생산을 위한 공장의 살아 숨 쉬는 가동 시기를 앞당겼다는 것이다. 플랜트 프로젝트에서는 살아 있는 공장을 기준으로 자랑해야 한다. "플랜트 산업은 에펠탑이나 고층 건물을 짓는 것이 아니라 무언가를 생산하는, 움직이는 공장을 짓는 것이기 때문에 남다르고 의미가 있습니다."라며 김 매니저가 그간 수행한 사업들의 성공 의의를 되새겼다.

SK건설은 캐나다 진출 이전에는 주로 중동, 아프리카, 동남아, 남미 등에 플랜트 사업을 수행하였다. 캐나다 사업들을 성공적으로 수행한 이후에는 사업의 긍정적 경험, 발주처뿐만 아니라 컨설팅 회사를 통해 현지에서 객관적인 의견들을 수집 분석한 결과, 캐나다 현지 회사들보다 더 나은 전문 기술 서비스, 절대적으로 뛰어나고 빠르고 전문적이며 책임감 있는 위기 관리 능력 등을 장점으로 내세우고 있다. 열정과 패기로 얻은 SK건설의 명예와 밝은 역사는 캐나다를 비롯한 선진 플랜트 시장 진출의 토대가 될 것이다.

김현석 SK건설 엔지니어링 매니저

김현석(Augustino Kim) SK건설 엔지니어링 매니저는 1989년 프로세스 엔지니어로 입사하여 멕시코 카데레이따 석유화학단지의 설계, 시운전, 턴오버, 계약적 마무리 과정을 담당했었고 선진 기업에서 레지던트 매니저를 수행하기도 했다. 그는 프로젝트 관리 전문가(PMP)이며, 캐나다 알버타주 화학공학 전문 기술사(P. Eng.)이다. 2012년부터는 포트힐스 2차 추출공정(Secondary Extraction) 프로젝트의 엔지니어링 매니저를 수행했으며 2017년 말부터는 현장 소장으로서 캐나다 사업을 위해 6년간 근무하며 계약부터 준공까지 고락을 함께 하였다.

공익과 환경을 중시하는 사명감이 비즈니스를 성공으로 이끈다

Q 해외 플랜트 프로젝트 추진 과정에서 개인적으로 가장 힘들었던 때와 가장 기뻤던 순간이 있다면 언제인가요?

멕시코, 인도, 캐나다를 포함하여 SK건설 29년 중 16년을 해외에서 보냈습니다. 가족들은 해외보다 우리나라에서 배우고 생활하는 것을 선호해서 혼자 나가 지내다 보니, 초기에는 많이 외로웠어요. 해외에 있는 동안 양가의 부모님도 모두 돌아가셨어요. 인도 구자라트 주나 캐나다 현장에 머물 때처럼 술이 금기시되거나 채식주의자들이 많은 지역에 근무하다 보면 수도승처럼 지내야 했던 적도 있었지요.

일하는 데 있어서는 때로는 예상하지 못했던 급한 일들이 발생했을 경우, 모든 구성원들이 동일한

이해와 목표, 해결 방법을 쉽게 가지지 못해 외로운 길을 가야 할 때 힘들었어요. 일일이 모든 트렌드를 설명할 수도 없고 시간도 없고 환경적인 제약도 있어서 설득하는 과정이 힘들어요. 다들 나와 똑같은 일만 하는 게 아니라 나름대로 각자 중요한 일들을 맡고 있기 때문이라고 이해는 하지만 그럼에도 아쉬움은 많이 남죠. 예를 들면, 한국에서처럼 술 한잔 하면서 갈등을 풀거나 소통을 해야 한다는 기대감들이 있는데, 캐나다 같은 곳은 현장에서 술을 마실 수도 없고, 자동차로 한 시간 정도 나가야 술집이 있어 여의치 않을 때도 많았어요. 눈이 많은 지역이라 나가서 다치거나 사고가 날 수도 있고요. 물론 사업이 끝날 때까지 모든 분들이 아무 사고 없이 모두 건강하

게 집에 돌아갔기에 무엇보다도 감사합니다. 가장 기뻤을 때는 준공을 마치고 공장이 안전하게 상업운전될 때였습니다. 즉, 우리 몸과 마음으로 이룬 새로운 플랜트가 살아서 움직일 때였죠.

Q 기억에 남는 다른 프로젝트에 대해서 말씀해주세요.

멕시코에서 10년 넘게 있었는데 석유화학단지 플랜트 준공을 한 후 한국에 왔다가 다시 그 정유공장으로 가니까, 발주처의 친구가 저에게 와서는 제가 담당했던 공장을 보며 "저기 네 아들이 있다!"라고 말을 해주더라고요. 그 말이 새삼 귀에 와 닿았지요. 그 후로 제가 직접 참여했던 플랜트를 보면 가족 같은 느낌이 들어요. 당시 공정 엔지니어로서 살아서 숨 쉬는 공장을 만들기 위해 현장을 하루에 세 번 이상 돌면서 진짜 사랑하는 가족같이 공장을 대했습니다. 비단 저만 그렇진 않았겠지만요.

Q 엔지니어로서의 사명감이란 어떤 것인지 간단하게 말씀해주신다면?

개인적인 생각입니다만 저를 포함해서 예전에 일해왔던 방식과 관련한 고정관념들을 버려야 할 것 같아요. 플랜트 현장에 가면 전쟁터나 마찬가지예요. 항상 주의를 기울여야 하죠. 위험한 장치, 시설도 많고 인화성 물질도 많아요. 만약 사고가 나면 인명 피해는 물론 지역사회와 자연에 심각한 피해를 입힐 수 있으니까요. 한편으로 돈만 벌고자 하는 엔지니어는 진정한 엔지니어가 아니라는 것을 깨달았어요. 이윤 극대화가 목표인 집단인 점은 마피아나 기업이나 같지만 둘은 서로 다르고, 또 달라야 한다고 생각합니다. 우리는 완벽하지는 않았을 수 있지만 그 사명감은 잊은 적이 없습니다.

인도 구자라트

Q 해외 플랜트 사업과 관련하여 특별히 실패한
경험은 없나요?

물론 아쉽거나 예정된 대로 되지 않아 좌절한 적
도 많았죠. 시운전이 쉽게 되지 않아서 공기를 못 맞
춘 적도 있고요. 어떤 게임에서 여러 사람이 나란히
서서 귓속말로 얘기를 전한다고 할 때 처음 전한 말
과 맨 끝 사람이 들은 말이 달라지듯 사업을 수행하
는 가운데 전달이 잘못되거나 중간에 사람이 바뀌는
바람에 공정이 흐트러져 이를 수습하고 마무리하느
라 고생했던 적도 있습니다. 또한, 시공 직전에야 설
계 오류나 실수가 발견된 적도 있습니다. 물론 아쉬
운 부분이기도 하지만 시공하기 전 적기에 단점을 발
견해 정확히 보완했다는 것이 오히려 자랑스러운 히
스토리라고 생각합니다. 그래서 사람으로 치면 사전
에 건강검진을 하듯 플랜트 설계에 있어서도 비용과
시간을 들여 단점이나 미비한 점이 없는지 점검하고
검수하는 것이지요. 거꾸로 생각하면 그런 검사 과
정들을 통해 단점을 발견하지 못하는 것이 더 불안
할 수도 있다고 봅니다.

Q 해외 플랜트 사업과 관련하여 개인적으로 얻은
노하우가 있다면?

'Every project is unique.'라는 말로 대신하고 싶
습니다. 모든 프로젝트가 한결같지 않아요. 과거의
성공들이 나를 뻣뻣하게 만들어서는 안 됩니다. 항
상 새로운 프로젝트라는 겸손한 자세로 대하는 거
예요. 그렇기 때문에 매번 발주처의 필요와 요구에
맞도록 카멜레온 같은 변신을 해서 발주처가 만족
할 만한 피드백을 제공해야 합니다. 비록 해당 프로
젝트는 처음 맡는 것이지만 10년 이상 해온 베테랑
처럼 몸과 마음을 갖추는 것 또한 중요하다고 생각
합니다.

Q 캐나다 포트힐스 프로젝트를 성공적으로 완수
할 수 있었던 가장 큰 동력은 무엇인가요?

'몰입'입니다. 일 년 동안 공사 현장 밖으로 나가지
않고 미친듯이 일한 적도 있습니다. 그럴 때 완전히
몰입했던 것 같습니다. 그 몰입이 객관적으로 증명
된, 최고의 문제 대응 능력입니다. 문제가 발생하면
합심해서 최단 기간에 최고의 기술로 관리하였습니
다. 그럼으로 인해 프로가 되었다는 자부심도 들고
요. 그리고 'Duty to Public, Duty to Client, Duty
to Employer'라는 우선순위의 모토가
크게 작용했던 것 같습니다. 이를 통해서
저를 포함한 본사 직원들과 현지 직원들
이 발주처와 합심하고 하나가 되어 매진
했기 때문에 좋은 성과를 얻을 수 있었다
고 봅니다. 또한 그 모토와 연계하여 공
익과 환경을 중시하고 살아 움직이는 플
랜트를 만들겠다는 사명감이 프로젝트
를 성공적으로 이끌었다고 생각합니다.

성공적 시운전 후, 더 나은 매진을 위한 다짐

Q 플랜트 산업에 몸담고자 하는 청년들에게 조언
한 말씀 부탁드립니다.

플랜트 산업은 예술 조각을 하거나 에펠탑을 세
우는 것처럼 정적인 조형물을 짓는 것이 아닙니다.
나중에 완공했을 때 살아 움직이는 공장을 짓는 것
이라고 보면 됩니다. 마치 식물(Plant)을 심는(Plant)
것처럼 말이죠. 그러한 인식하에 엔지니어나 플랜트
인으로서의 사명감과 자긍심을 키워 간다면 플랜트
산업계에서 반드시 성공할 수 있을 것입니다. 젊은
청년들의 적극적인 도전을 권합니다!

민·관이 **함께 성공**시킨 멕시코 플랜트 건설의 **대역사**

만사니요 LNG 터미널 전경

프로젝트 국가 : 멕시코
프로젝트명 : 멕시코 만사니요 LNG 터미널 사업
발주처 : 멕시코 전력청(CFE)
사업 기간 : 2008년 4월 ~ 2031년 8월(건설 2008년 4월 ~ 2011년 8월 / 운영 2012년 6월 ~ 2031년 8월)
사업 방식 : 터미널 건설·소유·운영(BOO, Build Own Operation)
설비 규모 : LNG 저장탱크(150,000㎘) 2기, Jett 1식(216,000㎥)
설비 용량 : 380만 톤/연

오랜 기간 해외 진출을 준비하다

산과 구릉지가 많고 삼면이 바다로 둘러싸인 한반도는 세계 그 어느 나라에 뒤지지 않는 자연환경과 독특한 사계절을 가진 아름다운 나라임을 자부한다. 하지만 모두가 공감할 수 있는, 한 가지 아쉬운 점을 꼽으라면 자원이 부족하다는 점일 것이다. 신은 어째서 우리에게 석유도, 천연가스도, 광물도, 보석 광산도 풍족하게 내려주지 않았을까? 사실 모든 것이 풍요롭기만 한 나라는 없을 것이다. 자원이 많은 나라라도 사람이 살기 어려운 환경과 기후를 가졌거나 땅이 넓어도 역사와 문화가 빈약하거나 정치, 경제적으로 발전하지 못해 대다수 국민들이 힘겹게 살아가고 있는 나라들도 많다. 반면, 우리나라는 자원은 부족하지만 공업화와 산업화, 외적으로는 수출을 진작하여 짧은 기간 내에 경제를 부흥시키고 민주주의를 정착시켜 세계 10대 경제대국 반열에 진입, 다른 나라의 선망과 찬사를 받고 있다. 1983년 설립된 한국가스공사는 1986년 평택 화력 발전에 천연가스를 공급한 것을 시작으로 국민생활의 편익 증진 및 복리 향상을 위한 '전국 천연가스 공급 사업'을 지속적으로 추진해왔다. 사업 초기에는 프랑스와 일본의 기술력에 의존했던 것도 사실이지만, 설립 후 한국가스공사는 꾸준히 노하우와 기술력을 쌓아왔고, 이를 기반으로 해외에 우리 기술을 수출하기 위한 방안을 모색하고 있었다. 이 물음에 일찍이 해답을 찾아 이역만리에 위치한 중미 국가 멕시코에서 플랜트 건설 사업에 모든 역량을 기울여 투자 사업을 성공시킨 한국가스공사의 사례를 소개한다.

> *"멕시코 만사니요 지역의 LNG 생산 기지 설계, 시공, 시운전 및*
> *20년간의 운영을 담당하는 사업이었다."*

이름하여 '멕시코 만사니요 LNG 터미널 사업'은 멕시코 정부가 추진하는 서부 태평양 연안 지역 개발 촉진을 위한 국가 기반 시설 투자 사업인 'El Proyecto Integral Manzanillo'의 일환이었다. 멕시코는 서부 지역 화력 발전 연료를 천연가스로 대체하여 대기환경 개선 및 전력 수요에 부응하는 발전 용량을 확보하고자 했다. 그리고 우리나라

에는 민·관 합동 컨소시엄을 구성하여 수주한 공사 최초 하류 분야 해외 투자 운영 사업으로서 20년 장기 운영으로 투자수익을 환수하는 매우 의미 있는 사업이었다. 즉, 한국가스공사가 해외에서 처음으로 실시하는 LNG 생산 기지 건설 및 운영 사업이었다.

신중했던 파트너사 선택

2008년, 국내에서 가스터미널 운영 사업 경험을 바탕으로 한국가스공사는 해외 투자 사업 부문으로 발을 넓히기 위한 준비를 하고 있었다. 마침 멕시코 LNG 인수기지 건설·운영 사업(BOO)이 발주되었고, 도쿄가스, 트랜스 캐나다 등 내로라하는 에너지 기업들은 컨소시엄을 구성해 사업을 수주하기 위한 입찰 경쟁에 뛰어들었다. 여기에 한국가스공사는 삼성물산, 미쓰이와 함께 컨소시엄을 구성, 결국 최종 낙찰자로 선정되었다.

"프로젝트 수행에 있어 상호 보완이 되는 파트너사로 컨소시엄을 구성하여 수주 경쟁력을 높이고 프로젝트 위험(Risk)을 분산시켰다." 한국가스공사 사업개발부 임효섭 부장이 당시를 회상하며 한 말이다. 컨소시엄 구성과 관련하여 파트너 선정 과정에 대해 묻자, "우리 공사는 LNG 터미널 건설, 운영 기술에 대한 노하우를 보유하고 있었고, 삼성물산은 멕시코 현지에서 수차례 입찰과 사업 수행 경험이 있었다. 미쓰이 상사 또한 멕시코 진출 100년 이상의 역사를 가지고 멕시코 내 여러 사업에 참여해왔고, 일본수출입은행을 통한 자금 조달 경험 등 각 파트너사마다 장점을 가지고 있었다."라고 답했다.

물론 처음엔 마찰도 없지 않았다. 한 지붕 세 가족처럼 한국가스공사는 제조사, 삼성물산과 미쓰이는 상사로서 사업을 바라보는 관점이 다를 수밖에 없었다. 그러나 사업 수주라는 공동의 목표를 달성하기 위해 서로의 협조와 이해가 필요했다. 'Must and Will' 이라는 슬로건 아래 하나의 팀이 되기 위해 노력하였고 궁극적으로는 입찰 참여 승인 시 각 사의 회사 경영진 승인의 설득이 필요할 때도 서로 협력하여 승인을 받아냈다. 분명한 것은 이러한 파트너사의 협력이 사업을 성공시키는 결정적인 계기였다는 점이다. 임 부장은 "다시 한번 그때의 파트너사들에게 감사의 말을 전하고 싶다."고 말했다.

EPC 파트너로 터미널 부문은 삼성엔지니어링, 부두 지역은 일본의 TOA건설이 선정되었다. 처음에는 당시 LNG에 대한 경험이 없었던 삼성엔지니어링을 사업에 참여시키는 것이 타당한지에 대한 논란이 있었다. 파트너인 삼성물산의 그룹사인 만큼 한국가스공사가 노하우만 제공하는 것은 아닌지에 대한 내부의 우려와 비판이 있었다.

이 때문에 LNG 경험이 있는 국내 건설기업들을 찾아가 제안했지만 해당 지역 리스크에 대한 우려가 많아 거부당했다. 하지만 삼성엔지니어링은 이미 현지에 진출해서 플랜트 건설을 성공적으로 수행한 자신감이 있었기에 파트너사로 선정하게 되었다. 한편, 일

발주처(멕시코 전력청)의 착공 전 현장 점검

본 TOA건설의 경우 해당 프로젝트 수행이 외부자금 조달(Project Financing)로 추진되기에 일본수출입은행(JBIC)의 참여 유도를 위해서는 일본 업체의 참여가 필수 사항이었다. 때문에 터미널 부문과 항만 부문으로 나누어 두 회사가 EPC사로 선정되었다.

사실, 공기가 짧았던 것도 다른 회사들이 참여를 꺼린 이유 중의 하나였다고 한다. 동일한 규모의 국내 프로젝트라면 최소 48개월에 해당하는 건설 공기가 주어지지만 멕시코 프로젝트는 건설 공기가 41개월 정도밖에 되지 않았다. 하지만 한국가스공사는 평택, 인천, 통영 기지를 건설·운영하고 있었기에 멕시코 프로젝트에 대한 건설 관리(CM)를 담당하며 삼성엔지니어링과 협업하여 짧은 공기를 맞출 수 있었다.

"무엇보다 한국 EPC사의 책임감과 능력에 존경을 표한다. 건설 공기 지연 시 밤낮을 가리지 않고 3교대로 공기 지연을 만회하고자 했던 책임감이 사업주로서는 이루 말할 수 없는 행운이다. 한국 EPC사에 감사를 표하고 싶다." 임 부장이 말을 덧붙였다.

사업의 성공적인 수행에는 또 다른 조력자가 있었다. 사업 초기였던 2008년, 미국 서

브프라임모기지 사태로 촉발된 금융위기는 PF 진행을 힘들게 만들었다. 자금 조달이 어려워 결국엔 Bridge Loan을 사용할 수밖에 없는 상황이었다. 이때 한국수출입은행이 손을 내밀었다. 세계적인 금융위기에서 쉽게 내릴 수 있는 결정은 아니었지만 한국수출입은행은 사업의 성공적인 수행을 위해 위험을 감수하고 자금을 조달할 수 있도록 직·간접적인 역할을 했다. 덕분에 금융위기 속에서도 한국가스공사와 컨소시엄 업체들은 무사히 PF를 진행할 수 있었다. 또한 대주단(Lender)을 대리하는 자문단(Technical Adviser)의 혹독한 서류 검증 및 현장 방문 등의 심사가 있었는데 최종적으로 한국가스공사의 터미널 운영 경험을 바탕으로 이들을 이해시킴으로써 터미널 운영을 위한 자금 조달이 가능할 수 있었다.

"해외 플랜트 건설 파트너 선정과 계약은 결혼과도 같다"

예기치 않은 난관들

사업 추진 중에도 많은 어려움과 난관에 봉착하였다. 먼저, 만사니요 터미널의 건설, 운영에 필요한 인허가 사항은 에너지규제위원회(CRE)로부터의 LNG 터미널 건설 운영에 대한 인허가(CRE-STORAGE PERMIT), LNG선 입항과 출항을 위한 부두(JETTY) 건설 및 운영에 대한 허가(SCT-CONCESSION), 그 지역 환경과 관련하여 환경부(SEMARNAT)에 대한 환경영향평가 승인으로 대별된다.

멕시코의 환경 및 안전 관리 분야의 법규는 국제적 수준으로

◥◤ LNG 저장탱크 지붕 야간 콘크리트 타설 공사

◢◣ LNG 부두 교량 및 접안 시설 전경

매우 선진화되어 있고 엄격했다. 만사니요 터미널 사업은 국책 사업으로 철도 이설, 도로 건설, 항만 준설 등 부지 주변 인프라 건설이 멕시코 건설교통부 소관으로 분리 시행되고 있었다. 멕시코 가스법상 인수기지 저장 시설을 건설하기 위해서는 감리기관(Verification Unit)을 고용하여 설계 및 시공에 대한 감리 및 입회를 받아야 한다. 각 단계별 감리 보고서는 인허가 기관인 CRE에 제출해야 하기 때문에 이들에 대해 작업 중단과 기술 지원(작업공정, 공법 등) 요구가 많았다. 아울러 발주처인 CFE에서도 현장에 30여 명의 직원을 상주시키면서 설계 및 시공의 모든 과정을 감독 받도록 했다.

특히 부두 건설 지역은 환경부 보호 수종인 망그로브 숲이 있었는데, 이를 먼저 제거하지 않고서는 부두 공사를 시작할 수 없었다. 그러나 발주처인 CFE는 이에 대한 환경부 승인을 받지 못해 5개월간 착공이 지연되었다. 이 때문에 건설사였던 TOA는 장비, 인력 등의 배치와 대기 기간에 대한 비용 보상을 요청했고 한국가스공사를 포함한 컨소시엄사도 CFE에 보상 청구를 했으나 CFE는 건설 초기 단계임을 강조하면서 향후 협조관계와 다른 부분에서 보상을 해주겠다는 등의 협박과 설득으로 일관하였다. 공사를 차질 없이 진행하기 위해 한국가스공사와 컨소시엄 업체들은 멕시코 환경부를 찾아갔지만 속수무책이었다. 결국 시 정부와 관변단체에서 활동하는 환경보호주의자들을 일일이 찾아다니며 설명하고 설득하며 대책을 제시하는 과정을 거친 후에야 관련 공사 진행에 대한 합의와 동의를 구할 수 있었고, 마침내 지역 주민, 환경 관련 단체 등이 함께 대책위원회를 구성하여 일부 망그로브 숲을 제거할 수 있었다.

사업부지는 발주처인 CFE가 제공하였는데, 문제는 사업부지 내에 기차가 다니고 있었고 약속한 기한까지 '철도 구간의 이설'이라는 조건이 걸려있다는 것이었다. 송출 가스배관 공사를 위해서는 반드시 사업부지 내 철로의 이설이 선결되어야만 했다. 그러나 멕시코 건설교통부는 약속한 기일까지 철로 구간을 이설하지 못했다. 이로 인한 공기 지연과 발생 비용은 명백한 발주처의 사유이고 책임이지만 발주처와의 합당한 보상 협의는 쉽지가 않았다. 지역 소송 변호사의 도움으로 충분한 논리적 자료를 작성하고 EPC사의 협조를 통해 '철도 구간 하월을 통한 배관 건설'이라는 대안을 제시하며 발주처를 설득한 끝에 합당한 보상을 받게 되었다.

문화적인 차이로 인한 오해와 갈등

건설 노동자들의 파업과 문화적인 차이로 인한 갈등 또한 골칫거리였다. 사업 당시 멕시코 강성노조인 전력노동조합원을 현지 인력으로 채용하는 것이 계약서의 조항이었다. 이 때문에 잦은 파업은 시공 기간 내내 문제를 일으켰다. 하지만 멕시코에서의 시공 경험이 많은 삼성엔지니어링이 노조대응팀을 만들어 노조의 요구 사항을 사전에 파악하여 해결하는 등 강성노조를 잘 관리했기에 큰 차질 없이 시공을 완료할 수가 있었다.

"노조 대응팀을 만들어 강성노조를 잘 관리했기 때문에

큰 차질 없이 시공할 수 있었다 "

▪️▫️ 부지조성 전 동물 구조작업(Animal Rescue)

"우리에게는 격려에 해당하는 어깨 두드림과 호탕한 목소리가 그들에게는 폭력과 고함으로 인식되는 문화적 차이가 사업 초기에는 당황스러움으로 다가왔다. 멕시코 중남부 지역 사람들은 순박하고 가족적이며 친절하지만 무시당하는 것에 대한 반감이 강하다. 그러나 아미고(친구) 문화가 강하여 한번 친해지면 친구가 된다." 임 부장은 당시를 회상했다.

이외에도 멕시코는 스페인어를 사용하기 때문에 모든 공식 문서에 스페인어를 사용해야만 했다. 이 때문에 스페인어로 된 서류는 영어로, 영어로 된 서류는 스페인어로 다시 번역해야 하는 일도 번거로웠다.

성공 의의

멕시코 만사니요 LNG 터미널 사업은 한국 건설사의 EPC 수행으로 해외 인수기지를 직접 건설·소유·운영하는 최초의 프로젝트로, 민관협력의 모범적인 사례라는 점에서 그 의의가 크다. 한국수출입은행이 전체 PF 금액의 70%에 해당하는 자금을 조달하고, 한국 기업이 62.5%(한국가스공사 25%, 삼성물산 37.5%)의 지분을 차지할 정도로 많은 부분에서 우리 기업의 노력과 땀으로 이루어진 사업이기 때문이다.

공기업(한국수출입은행, 한국가스공사)과 민간 파트너사들 모두의 소명의식과 협동으로 초기 공기 지연을 슬기롭게 극복하고 건설 부문을 정해진 기간 내에 성공적으로 완수함으로써 전 세계 LNG 시장에서 한국의 위상을 한층 더 공고히 했음은 또 다른 자랑거리라 할 만하다. 무엇보다도, 한국을 대표한다는 긍지와 자부심으로 어려운 역경 속에서도 품질과 공기를 최우선으로 여기며 안전사고 없이 완료할 수 있었던 한국 파트너사의 의지와 도전, 끈기와 노력에 아낌없는 찬사를 보낸다. 멕시코 LNG 터미널 프로젝트 성공의 노하우가 비단 한국가스공사뿐만 아니라 향후 대한민국 모든 플랜트 기업들의 해외 프로젝트 추진과 실현에 밑거름이 되고 지침이 되기를 바란다.

"대한민국 모든 플랜트 기업들의
해외 프로젝트 추진과 실현에 밑거름으로 작용하길"

LNG 부두 Unloading Arm 설치작업 완료

임효섭 한국가스공사 부장

1993년 한국가스공사에 입사한 임효섭 부장은 주로 설비 운영, 기술, 안전 관리 분야를 담당하다 사업개발부로 자리를 옮기며 해외 사업에 눈을 뜨게 되었다. 2012년 멕시코 만사니요 플랜트 건설을 성공리에 끝내고 귀국하여 인도, 우루과이, 모로코 사업을 추진하였고 현재는 자원 개발, 액화 사업 개발부장으로 근무 중이다.

프로젝트 전체를 보고 관리하는 것을 **목표로 삼아야** 한다

Q 해외플랜트 사업에 몸을 담게 된 이유와 그동안 한국가스공사에서 어떤 역할을 하셨는지 궁금합니다.

한국가스공사에 입사한 후 평택기지본부, 인천기지본부, 대구·경북지역본부 등에서 근무하며 주로 설비 운영, 기술, 안전 관리를 담당했습니다. 그러다 본사 사업개발부서로 이동하면서 해외 사업에 관심을 가지게 되었습니다. 한국가스공사 사업개발본부 신사업개발팀에서 입찰 준비를 하다가 성공적으로 수주한 후 프로젝트 회사인 KMS 부사장으로서 사업 인허가 및 공정 관리, 발주처(CFE) 계약 관리를 담당하기도 했습니다. 한국가스공사가 설립한 로컬법인(KOMEXGAS)의 법인장으로 있기도 했습니다.

Q 해외 플랜트 프로젝트에 몸담으면서 개인적으로 가장 힘들었던 때와 기뻤던 때는 언제였나요?

물론 입찰을 준비하고 진행할 때가 가장 힘들었습니다. 2년 동안 주말에도 계속 일을 했는데, 준비 과정에서 함께한 동료가 과로로 운명을 달리했을 때 특히 가장 힘들었습니다. 그럼에도 정글 같은 곳에 플랜트를 완성했을 때 가장 큰 보람을 느꼈습니다. 황무지 같은 곳에 우리가 건설한 플랜트가 자리 잡고 있는 것을 볼 때면 무에서 유를 창조했다는 생각에 뿌듯하고 큰 보람을 느낍니다.

Q 프로젝트를 성공적으로 수행하는 데 가장 중요한 것은 무엇이라 생각합니까?

여러 가지가 있겠지만 가장 중요한 것은 미래에 다가올 위험, 즉 불확실성에 잘 대처하는 것입니다. 이것은 어떤 파트너사와 함께 하느냐에 달려 있습니다. 프로젝트는 결혼과 같아서 살다보면 예상치 못한 일들이 발생합니다. 그럴 때 부부가 함께 힘을 합쳐 극복할 수 있습니다. 플랜트에서 파트너사는 바로 그런 개념입니다. 훌륭한 파트너를 만나면 어떤 사업이든 무난하게 추진할 수 있고 결과도 좋습니다.

Q 한국가스공사만의 차별화된 경쟁력은 무엇인가요?

인수기지 건설 운영 30년의 노하우라고 생각합니다. 바로 이 점이 멕시코 사업을 수주할 수 있었던 배경이 되기도 했습니다.

Q 향후에 추진하고자 하는 프로젝트가 있다면 어떤 것인가요?

현재 LNG 액화 사업을 추진하고 있는데, 국내 EPC사들이 액화 사업에 실적이 없어 진출하지 못하고 있습니다. 한국형 LNG 액화 사업을 추진하여 멕시코 사례와 같이 국내 EPC사와 새로운 해외 사업을 진행하고자 합니다.

Q 한국플랜트산업협회에 바라는 점이 있다면?

공공과 민간이 참여하는 한국형 해외 플랜트 산업이 활성화될 수 있도록 홍보 및 필요한 정책적 지원을 바랍니다. 플랜트 산업은 기자재, 건설 업체 등 여러 분야에서 함께 참여가 이루어져야 합니다. 국가 기간산업(발전, 댐, 도로 등)을 책임져온 한국가스공사처럼 경험 있는 공기업의 노하우를 적극 활용할 수 있도록 해외 플랜트 사업을 지원한다면 플랜트 수출뿐만 아니라 자원 확보, 민간 기업의 해외 진출과 일자리 창출에도 크게 기여할 수 있을 것이라 생각합니다.

기회는 주어지는 것이 아니라 만드는 것이다

앙가모스 발전소(왼쪽)와 코크란 발전소(오른쪽)

프로젝트 국가 : 칠레
프로젝트명 : Cochrane Thermoelectric Power Plant Project(칠레)
발주처 : Empresa Eléctrica Cochrane S.A.(미 AES 칠레 법인)
공사 기간 : 2013년 4월 ~ 2016년 10월(42개월)　　**계약일** : 2011년 11월 10일
계약 금액 : 9억 6,000만 불　　**사업 규모** : 266MW x 2units / EPC
현장소장 : 이창혁

기회를 만들다

"뒤늦게 중동에 뛰어들어 모든 업체가 제 살 깎아먹는 식으로 손해를 보는 것보다 블루오션, 신규 시장 개척을 위해 중남미와 CIS 국가 등, 우리나라 기업들이 많이 진출하지 않은 지역을 공략하겠다!"

이는 2009년 12월 칠레 벤타나스 석탄 화력 발전소 준공으로 당시 해외 건설 부문 대상을 수상한 포스코건설 임원이 새로운 각오를 다지는 말이었다. 그 말을 증명하듯, 포스코건설은 이듬해 캄피체, 앙가모스, 2011년에는 코크란 석탄 화력 발전소까지 잇따라 수주에 성공하였고 중남미 플랜트 강자로 입지를 견고히 하게 되었다.

포스코건설은 세계적인 경쟁력을 갖춘 포스코의 일관제철소를 건설하며 축적한 플랜트 엔지니어링 기술과 노하우를 기반으로 성장해온 글로벌 E&C(Engineering& Construction) 전문 기업이다. 1994년 출범 이래 화공, 환경, 에너지 등 다양한 부문의 플랜트 사업 기획과 EPC 프로젝트를 수행하여 세계 여러 나라의 발주처로부터 기술력을 인정받아 왔다. 그 가운데 특히, 전 세계 18개국에서 34,732MW 규모 이상의 발전소를 운영하는 미국의 에너지 전문 기업 AES사는 포스코건설의 기술력을 인정함으로써 2006년 벤타나스 석탄 화력 발전소를 시작으로 칠레에서 최근 건설된 모든 석탄 화력 발전소 건설을 포스코건설에 일임해오고 있다. 포스코건설이 2011년에 수주한 칠레 코크란(Cochrane) 석탄 화력 발전소 또한 다른 경쟁사 없이 그간의 칠레 프로젝트들을 성공적으로 완수한 것을 계기로 새롭게 수행하게 된 프로젝트였다.

> "외국 기업 중 최초로 조기 준공하는 능력을 보여준 결과,
> 발주처가 포스코건설을 코크란 석탄 화력 발전소 건설 적임자로 선택했다"

"코크란 프로젝트는 칠레의 수도인 산티아고로부터 북쪽으로 1,150km 떨어진 메히요네스(Mejillones) 지역에 석탄 화력 발전소 2기를 건설하는 사업이었어요. 입찰 방식은 아니었고 수의계약 형태였는데, 발전소 설계부터 기자재 조달 및 공사까지 필요한 모

■▪■ 해수를 취수하여 발전소 설비 냉각 및 발전소에 필요한 담수를 사용하는 취수장

든 사항을 공기에 맞춰 발전소를 완공하는 임무를 맡은 거였죠. 여기서 생산되는 전력은 칠레 북부 지역에 몰려 있는 광산 업체들의 산업용 전력으로 사용될 예정이었습니다. 사실, 2006년 벤타나스 화력 발전소 프로젝트를 수주할 때만 해도 발주처인 미국 에너지 기업 AES가 화력 발전소 건설 경험이 없는 포스코건설을 어떻게 믿을 수 있느냐며 부정적으로 보았는데, 당시 발주처 임원들을 우리가 건설한 제철소에 초청을 하여 여러 시설들을 견학시켜 주는 등 각고의 노력을 하였고 발전소 건설에 대한 기술적 사항들에 대해 지속적으로 설명하면서 의구심을 해소한 결과, 그제야 믿을 수 있겠다며 우리에게 첫 사업을 맡긴 것이 계기가 되었습니다. 당시에는 경쟁 입찰이었는데 다른 글로벌 건설사들을 당당히 제치고 칠레에서 첫 프로젝트를 수주하는 쾌거를 올렸던 것이었지요."라며 당시 현장에 있었던 직원이 칠레 코크란 프로젝트를 수주한 배경을 설명했다. 특히 앙가모스 석탄 화력 발전소 건설 중, 2010년 2월 리히터 기준 8.8 규모의 강진으로 공사가 두 달간 지연되었음에도 2011년에 칠레에 진출한 외국 기업 중 최초로 조기 준공하는 능력

270 ｜ Part.4 아메리카·아프리카

을 보여준 결과, AES가 포스코건설을 코크란 석탄 화력 발전소 건설 적임자로 선택한 것이었다.

난관의 연속

코크란 프로젝트 수주 과정은 상대적으로 수월했으나 막상 계약을 하고 공사를 진행하던 중에 예기치 않은 악재가 터졌다. 기존 보일러 공급 업체의 라이센스 만료로 인해 업체를 변경해야만 하는 상황에 부딪친 것이었다. "칠레에서 진행하는 네 번째 프로젝트였기에 어쩌면 조금은 편하게 갈 수 있을 것이라 생각했어요. 이전의 앙가모스와 동일한 설비 구성을 갖추었기 때문에 '카피 프로젝트'로 여겨질 정도였지요. 그런데 발전소 핵심 설비인 보일러 공급사가 변경되면서 설비 구성이 달라졌고 그에 따라 공기와 계약 금액은 그대로인데 공사 물량은 두 배로 늘어나게 되었던 거예요." 현장 직원이 당시 상황을 떠올리며 말했다. "보일러의 뼈대가 되는 철골 물량이 두 배로 늘어난 데다가 공기를 맞추려면 그만큼 작업 근로자들을 더 충원해야 했어요." 당시 직원들은 코크란 프로젝트를 포함하여 칠레에서 진행한 일들 가운데 이때가 가장 힘들었던 시기였다고 고백했다. "보일러 공급 업체가 바뀌면서 일정과 물량, 수익성에 차질을 빚게 되어 그때는 너무 고민이 되고 힘들었습니다." 그럼에도 불구하고 당시 소장은 해결방안을 과감히 결단하였고, 신속한 추진력과 실행력으로 수많은 난관을 극복해왔다. 새롭게 수립된 효율적 공정 관리와 인력 및 자재를 집중적으로 투입하는 돌관작업을 통해 비용을 절감해가면서 조금씩 공기를 앞당겨나갈 수 있었다고 한다.

환경적인 제약도 간과할 수 없는 문제들을 야기했다. 환태평양지진대에 속한 칠레는 리히터 규모 8 이상의 강진이 평균적으로 연 1회 이상 발생하는 지진 다발국이다. 따라서 모든 건물과 구조물은 공사 및 운영 중에 지진이 발생하더라도 충분히 견딜 수 있는 내진 설계가 필수로 요구되어 그만큼 까다로운 시공 기술력을 요구한다. 1960년에 세계 역사상 최고 수준이었던 리히터 규모 9.5의 지진이 발생했었던 칠레에 또다시 2010년

보일러는 내부에서 발생한
높은 온도와 압력의 증기로
발전기를 돌려 전기를 생산한다.

2월 27일 관측상 7번째 대지진이라 할 수 있는 리히터 규모 8.8의 지진이 남부 도시 콘셉시온 인근에서 발생했다. 진앙과 325km 정도 떨어진 산티아고에서도 규모 7 정도로 기록될 정도로 큰 지진이었다. 그러나 바로 전 2010년 1월 12일에 발생했던 아이티 지진(30만 명 이상 사망)에 비해서 상대적으로 큰 피해를 입지 않았다(300명 내외 사망).

"칠레는 남미에서 가장 소득 수준이 높고 OECD에도 가입된 나라로 정부에서 지진에 대해 철저히 대비를 시켜요. 인프라도 잘 되어있어서 웬만한 서민 주택도 내진 설계로 지어진 집들이 대부분이죠. 아이들도 어릴 적부터 학교에서 지진에 대비하는 훈련을 받고요. 당연히 석탄 화력 발전소 등 플랜트 건설에도 까다로운 지진 대비 규정들이 발목을 잡기도 했습니다."라며 칠레만의 특별한 환경 요건을 설명했다. "2010년 2월 지진이 발생한 후 많은 현지 근로자들이 한꺼번에 고향으로 내려갔어요. 남부에서 온 사람들이 많았는데, 고향집이 무너졌거나 가족들이 다쳐서 가봐야 한다고들 하더군요. 결과적으로 2주 정도 공사가 중단되었어요. 또 북쪽 지방에도 큰 지진이 한 번 있었는데 협력 업체가 굴뚝 공사를 임의로 중단한다고 해서 애를 먹었었던 기억도 나요. 굴뚝 공사는 일단 시작하면 100m 되는 높이를 Sliding Form 공법을 이용해서 20일 동안 연속 타설을 해야 하는데 지진이 또 올 것 같으니 못하겠다는 것이었어요. 그래서 지진과 관련된 기관들의 연구보고서도 제출하고 현지 교수들을 초빙해 문제없다는 것을 알리고 만약의 경우 우리가 책임지겠다고 설득해서 겨우 공사를 재개할 수 있었습니다."

발주처의 까다로운 주문과 간섭 역시 불필요하게 공기를 지연시키는 때가 많았다고 한다. "발주처 AES는 현장 매뉴얼은 물론, 본사 지침을 핑계로 수시로 안전 규정 위반이다, 환경 규정 위반이다, 간이 화장실 위생상태가 안 좋다 등등의 명목으로 작업을 중단시키기 일쑤였어요. 물론, 안전사고가 발생하면 안 되므로 우리 자체적으로도 안전 관리와 교육, 주의 의무를 다하고 있었음에도 발주처에서 공기는 지키라고 하면서도 공사 과정에 지나치게 간섭을 해서 공사에 차질을 빚는 경우가 많았습니다. 현장이 넓고 광대한데 한국인 매니저가 일일이 둘러보거나 참관하고 있을 수 없는 조건이고 포스코건설에서 채용한 현지인 관리감독자도 인정하지 않고 꼭 한국인 관리 감독하에 작업을 하라며 작업을 중단시키기도 했어요. 결국 정식으로 발주처에 공문을 보내 추후 클레임 사항으로 처리하겠다고 대응해서 완화시켰지요."라며 당시 발주처와 관련되었던 애로사항을 전했다.

현지 근로자들의 파업으로 차질을 빚은 적도 있었다. 규모가 큰 공사를 하다 보면 필히 단계별로 달성해야 하는 공정과 최종적인 공기를 달성해야 할 마일스톤(일정표)이 있다. 이 마일스톤을 앞두고 칠레 노동자들이 필히 한 번 정도는 집단 파업을 하며 추가적인 보너스를 요구하는 것이다. "파업을 하면 작업을 못하고 공기가 지연되기 마련이

🏭 굴뚝은 발전소에서 발생한 가스를 대기 중으로 배출하는 설비다.

기 때문에 피해가 커요. 처음엔 칠레 노동법도 몰라 어떻게 대응해야 할지 난감하기도 해서 발주처에 해결을 요청했더니 포스코건설이 고용했으니 알아서 해결하라는 답을 하더군요. 파업이 길어지고 공기가 지연되어 속히 결정을 해야겠기에 현지 변호사 자문도 구하고 현지 인력 충원을 담당했던 업체의 조언을 통해 적극적으로 대응해서 해결했습니다. 일단 출퇴근 차량 운행을 중지시켜 근로자들의 출근을 막은 뒤 타이어를 태우고 쇠파이프를 동원하고 돌을 던지는 행위들을 포함, 정당한 사유 없이 공사를 방해하는 것은 명백한 불법 파업임을 명시하고 전원 해고를 한 뒤 주동자들과 적극 가담한 사람들만 제외하고 나머지 모두를 동일한 조건으로 다시 고용했어요. 인근 광산 지역, 다른 플랜트 현장에서도 유사한 파업들이 많았는데 그들은 보너스를 주기로 하고 파업을 막았지만, 포스코건설 코크란 프로젝트 현장의 파업과 같은 경우는 유혈 사태 없이 현명하게 파업을 해결한 모범 사례로 평가받습니다."라며 현지 근로자들의 파업에 대처했던 에피소드를 소개했다.

▞▞ 석탄 이송 설비는 발전소의 가장 주요한 연료인 석탄을 보관하고 이송한다.

"수많은 난관을 이겨냈던 것은

소장님 이하 모든 직원들이 포기하지 않고

맡은 일을 수행한 덕분이었다"

바비큐가 더 중요해

한편, 칠레는 스페인어를 사용하기 때문에 의사소통이 원활하지는 않았지만 본사에서 강사를 초빙하여 어학 교육도 시켜주고 책자도 만들어 배포해주어서 도움이 되었다고 한다. 작업과 관련해 손짓발짓해가며 현지 근로자들에게 지시하기도 했다. 문화적인 차이도 분명 없지 않아, 일과 개인 생활을 명확히 구분하는 식이어서 공사 진행 과정에서 황당한 경우도 있었다. "매년 9월이면 칠레의 독립기념일이 있는데 명절과 같은 연휴로 온 가족이 모여 축하하고 함께 즐기는 때라고 해요. 그래서 현지 업체에 필요한 자재 주문을 하고 하루 앞당겨 기념일 전날 가져다달라고 요청했었는데 막상 당일이 되었는데 소식이 없는 거예요. 그래서 확인해보니 자기들이 바비큐 파티를 하고 있어서 가져다 줄 수 없다는 거예요. 알고 보니 독립기념일 전날 지인이나 가족끼리 모여 바비큐 파티를 하는 풍습이 있더군요. 결국, 할 수 없이 우리가 한 시간 거리를 달려가 직접 가져와야 했답니다. 한국 같으면 상상할 수도 없는 경우죠."

"주변 환경으로 말하자면, 코크란 지역은 사막 지대이기 때문에 비가 거의 오질 않아요. 공사하기에는 좋지만 항상 메마른 땅과 흙먼지만 보며 현장에서 오래 지내다 보면 심신이 지치고 적응하기 힘든 경우가 많아요. 그래서 회사에서는 정기 휴가로 한국에 다녀올 수 있게 해주고 현지 휴일에는 우리도 간혹 근처에 여행을 다녀올 수 있게 배려해주기도 했습니다. 한국은 너무 멀리 떨어져 있어 자주 오갈 수 없거든요. 비행기 왕복 운임도 300만 원 내지 비쌀 때는 400~500만 원 하니까요. 물론, 현장 캠프 안에는 각종 스포츠 시설과 편의 시설이 갖춰져 있었고 때때로 금요일이면 삼겹살 파티를 즐기기도 했어요. 길거리엔 경찰 순찰차들이 수시로 다니기 때문에 치안 상태는 괜찮은 편이었고요. 이렇

발전소 운전 시 뜨거워지는 설비에 냉각수를 공급하는 냉각탑

게 열악한 환경에서도 잘 지낼 수 있었던 것은 직원들의 생활에 불편함이 없도록 항상 세심하게 챙겨주신 소장님 덕분이었습니다. 지금이라도 다시 한번 감사의 말씀을 전하고 싶습니다."

"바비큐 파티를 하고 있어서
자재를 현장으로 가져다 줄 수 없다"

고생 끝에 거둔 커다란 성과

그렇게 3년 반, 42개월을 고군분투한 결과 코크란 프로젝트를 성공리에 완수할 수 있었다. 처음부터 커다란 난관이 닥쳤고 수많은 우여곡절과 힘겨웠던 도전이 많았지만 새로운 공법도 도입하고 효율적으로 작업할 수 있는 부분을 찾고 문제점들을 하나하나 해결해가며 끈기 있게 매진하다 보니 오히려 한 달이나 앞당겨 조기 준공을 할 수 있었고

276 | Part.4 아메리카·아프리카

시운전 또한 무난하게 마칠 수 있었다. 그 결과, 발주처에게 더욱 깊은 신뢰감을 심어준 것은 물론이다.

"포스코건설의 기술력과 성실함을 보여주면서
발주처와 협력 업체의 신뢰를 얻은 것도 또 다른 재산이 되었다"

"우선, 아무리 큰 플랜트 사업이라 할지라도 사람이 하는 일인 만큼 발주처나 협력 업체 사람들과 좋은 관계를 유지하려 노력했어요. 한국에 다녀갈 때면 인사동에 들러 기념품을 사고 한국 과자도 챙겨서 그 사람들에게 선물을 하면 작은 것임에도 그것을 기회로 좀 더 친해지고 서로 더 이해할 수 있는 계기가 되기도 했던 것 같아요. 실무적으로는 하나를 끝낸 다음 다른 하나를 개시하는 직렬식이 아니라 동시에 적용될 수 있는 것은 함께 진행하면서 병렬식으로 추진했기에 나름 공기를 많이 앞당길 수 있었던 것 같습니다. 수익적인 면에서도 처음부터 추가 비용이 발생해서 본사에서의 수익성 보장 여부 타진 등 고민이 많았지만 결과적으로는 흑자였어요. 칠레에서 했던 모든 프로젝트는 적자를 냈던 적이 한 번도 없었습니다. 우리 회사가 2013년, 2014년에 특별히 성과가 좋았는데 그때 칠레 프로젝트가 기여를 많이 했죠. 매출과 이익 측면 외에도 포스코건설의 기술력과 성실함을 보여주면서 발주처와 협력 업체의 신뢰를 얻은 것도 또 다른 재산이 되었다고

발전소 운전 시 발생하는 유해가스를 환경 기준에 맞게 정화하는 탈황 설비

봅니다. 특히, 그렇게 큰 발전소가 큰 결함 없이 운전되도록 하면서 공기를 앞당긴 업체
는 포스코건설 밖에 없었다는 말을 들을 때 큰 보람을 느낍니다."

새로운 시장으로

    2015년 12월, 코크란 석탄 화력 발전소 준공으로 전력이 부족했던 북부 지역 구리 노
천 광산에 안정적인 전력 공급을 가능케 함으로써 지역 경제는 물론, 칠레 경제 발전에
큰 기여를 한 포스코건설은 미개척지나 다름없었던 남미 플랜트 시장을 석권하고 명실
공히 세계적인 EPC 기업으로 자리매김하고 있다. 즉, 다년간 쌓아온 플랜트 건설 경험과
기술력을 바탕으로 페루, 멕시코, 콜롬비아, 브라질 등 칠레 이외의 남미 국가에서도 대
규모 플랜트 프로젝트를 수주하고 완공함으로써 발전, 제철 부문 플랜트 강자로 명성을
드높이고 있으며, 최근 총 공사금액 1조 원에 이르렀던 필리핀 마신론 석탄 화력 발전소
EPC 프로젝트 수주를 필두로 신규 동남아시아 시장을 개척하는 등 진출국 주변으로 신
성장 사업 분야 확대를 위한 힘찬 발걸음을 내딛고 있다.

"동남아시아 시장을 개척하는 등 진출국 주변으로
신성장 사업 분야 확대를 위한 발걸음을 내딛고 있다"

발전소의 가장 중요한 보일러 및 터빈 등의 설비가 위치한 파워블럭

준공일이라는
단 하루를 위해
3년 6개월을 견뎠다

조정웅 포스코 건설 과장

건축학을 전공한 조정웅 과장은 2008년 포스코건설에 입사, 사업 관리 업무 수행 중 OJT 일환으로 3개월간 칠레 앙가모스 석탄 화력 발전소 플랜트 현장에 다녀오면서 해외 플랜트 건설 프로젝트와 인연을 맺게 되었다. 해외 근무는 물론, 외국에 나가는 것도 처음이어서 처음엔 여러 가지로 두렵고 설레었으나 많은 자원과 인력이 투입되어 살아 숨 쉬는 공장을 건설하며 플랜트 현장 업무와 현지 생활이라는 소중한 경험을 할 수 있었다. 코크란 프로젝트는 스스로 해외 근무를 자청하여 참여하였고 2016년 11월 성공적인 준공을 마치고 귀국하여 현재는 새로운 프로젝트를 수립하고 추진하는 데 참여하고 있다.

Q 성공적인 비즈니스 수행을 위한 가장 중요한 요소는 무엇이라 생각하나요?

플랜트 건설은 결국 사람이 하는 것이기에 발주처 및 협력사와의 원만한 관계를 유지하는 것이 어렵지만 매우 중요하다고 생각합니다. 발주처에게는 을이고 협력사에게는 갑이 될 수도 있지만 사업 진행이 결코 일방적인 지시로만 진행되지는 않고 서로 이해해주고 부탁해야 할 일들이 반드시 생기기 마련이기 때문이죠. 어려움이 닥칠 때 평소 관계가 좋지 않으면 부탁하기도 어렵고 잘 들어주지도 않거든요. 어느 정도 친분관계가 형성되어 있어야 자신이 도울 수 있는 여력 내에서 도와줄 수 있습니다. 현장 소장님은 나름대로 발주처 임원들이나 협력 업체 소장들과 협업관계를 유지해간다면, 우리 실무진은 실무를 담당하는 사람들끼리 유대관계를 돈독히 하는 것이 중요합니다. 제 개인적으로는 한국에 다녀갈 때 인사동에 가서 자개로 만든 함이나 태극 문양 등 한국의 전통이 깃든 공예품, 한국 과자 등을 사가지고 가서 선물로 주곤 했더니 무척이나 좋아하더군요. 큰 선물이 아니더라도 그렇게 호의를 보이면서 많이 돈독해졌던 것 같습니다. 그러한 가운데 어려운 문제를 푸는 데 도움을 받은 적도 있습니다.

Q 개인적으로 가장 힘들었던 순간, 그리고 성취감을 느꼈던 때는 언제인가요?

칠레 코크란 석탄 화력 발전소 수주 계약을 끝낸 뒤 보일러 공급 업체가 바뀌는 바람에 인적, 물적 자원 소요가 증가되고 공기가 촉박해졌을 때가 가장 힘들었어요. 회사에 보고했는데 공기를 맞출 수 있느냐는 물음에 스스로 압박감을 느낄 수밖에 없었죠. 당시에는 해결책이 보이지 않아 많은 스트레스를 받았습니다. 결국 추가 원가는 일부 들었지만 공기 준수가 우선이라 판단하여 밀어붙였습니다. 공기 또한 돌관 작업 등 최대한 앞당기는 방식으로 해서 우여곡절 끝에 완공을 했었던 케이스였어요. 오히려 20일을 앞당겨 준공하여 발주처가 놀랄 정도였고, 당사의 이런 성과를 인정받아 발주처로부터 계약에 없는 상당한 보너스까지 받을 수 있었습니다. 한편, 성능 시험일에 발주처 임원을 포함, 여러 인사들이 참여해서 단계별 출력이 제대로 나오는지, 이상은 없는지를 테스트하고 통과하여 준공이 되었을 때 가장 큰 성취감을 느꼈고 무척 기뻤습니다. 그 하루를 위해 42개월을 고생했다는 느낌이 들 정도였으니까요.

Q 칠레 플랜트 시장으로 진출하고자 하는 기업에게 조언을 한다면?

어느 기업이나 해외 프로젝트에 처음 도전할 때는 두려움이나 고민이 많겠지만 실제로 부딪쳐보면 할 수 있다는 자신감이 점점 더 생길 것이라 봅니다. 특히, 칠레 북부 지역에는 광산이 많은 관계로 플랜트 수요도 많아 시장 규모가 클 뿐만 아니라, 근로자들도 상대적으로 작업 숙련도와 작업 효율이 높다는 장점도 있기 때문에, 칠레 시장에 진출할 기회가 생긴다면 과감하게 도전하길 바랍니다.

Q 한국플랜트산업협회, 정부 또는 유관기관에게 바라는 점이 있다면?

포스코건설은 여러 프로젝트를 경험하며 칠레의 법무, 세무 관련 주의할 사항들이나 규정들을 파악하고 노하우를 쌓아왔지만, 처음 진출하는 업체들은 그러한 사안들을 파악하기 쉽지 않아 리스크가 크다고 봅니다. 따라서 정부나 한국플랜트산업협회와 같은 산하단체에서 국가별로 법무, 세무 지식을 포함하여 여러 예기치 않은 리스크를 피할 수 있는 정보를 제공하고 교육을 지원해주길 바랍니다.

Q 포스코건설만의 차별점, 자랑거리가 있다면?

회사마다 다르겠지만 우리 회사는 다른 회사보다는 좀 더 수평적인 문화가 특징입니다. 임원이나 부서장 등 윗분들도 부하직원이나 아랫사람들에게 존댓말을 써주시고 의견을 개진하고 협의하는 데 있어서도 거리낌 없이 말할 수 있도록 배려해주는 문화라 하겠습니다. 의사결정 능력과 사안에 대한 리더십은 가지고 있되, 부하직원도 동료라는 의식으로 존중하는 분위기가 마음에 들고 저 또한 그러한 회사의 장점을 살리기 위해 노력을 하고 있습니다.

Q 플랜트 산업에 몸담고자 하는 청년들에게 조언 한마디 부탁드립니다.

플랜트 산업에 몸담게 되면 해외 근무를 해야 할 경우가 생기기 마련입니다. 요즘 신입사원들은 스펙도 좋고 영어도 잘하는 것 같아 다행이긴 한데, 그렇기에 기회가 있을 때 해외 근무를 적극적으로 해보면서 경험을 쌓고 경력을 쌓았으면 좋겠습니다. 건설 회사의 경력은 나이가 들어도 꽤 인정을 받는 편이거든요. 젊을 때 세계로 진출해서 세상을 보는 시야를 넓히고 힘들든 기쁘든 여러 가지 경험을 하기 바랍니다. 해외에서 일하는 것이 쉽지만은 않겠지만 기회가 왔을 때 경험해보는 것이 훗날 큰 도움이 되리라 생각합니다.

니카라과 프로젝트,
남미 진출의 교두보를 열다

프로젝트 국가 : 니카라과

프로젝트명 : 니카라과 EIB 1차 변전소 및 송전선로 건설 공사

발주처 : 니카라과 ENATREL(EMPRESA NACIONAL DE TRANSMISION ELECTRICA; 국가송전전력청)

공사 기간 : 2013년 4월 ~ 2018년 12월

계약 금액 : 1,655만 5,330불(약 184억 원)

자금원 : EIB(European Investment Bank, 유럽투자은행)

사업 개요 :
- 변전소 1기 신설(138kV, 15/20MVA)
- 변전소 3기 증설(보강)(138kV, 15/20MVA)
- 138kV, 송전선로 25.45km 신설
- 138kV, 송전선로 7.63km 보강

아프리카와 중동을 넘어 남미 대륙으로

1492년, 중세 사람들은 지구가 평평하고, 먼 바다 끝은 낭떠러지라고 믿었다. 하지만, 당시 지구 구형설을 믿었던 콜럼버스는 3척의 배를 이끌고 70일을 항해한 끝에 서양인 최초로 아메리카 대륙을 발견하였다. 이후에도 세 차례나 대서양을 건너가 북아메리카와 남아메리카를 탐험하여 그 정보를 알림으로써 유럽인들이 신대륙에 진출, 개발, 정착하는 계기를 마련했다. 그로부터 500여 년이 지난 현재는 세계화 시대, 테크놀로지의 시대라 일컬어진다. 그러나 해외 사업의 일환으로 남미 진출은 여전히 녹록지 않다. 그럼에도 불구하고, 남들이 기피하고 두려워하는 머나먼 타국에서 대한민국의 기술력을 전파하며 해외 시장 개척의 선두주자로 활약하고 있는 중견 기업 벽산파워는 남다른 도전정신으로 아프리카, 중동에 이어 남미 대륙으로 진출, 열악한 니카라과 현지에 대규모 전력 공급 사업의 일환인 변전소와 송전 시설을 건설함으로써 해외 플랜트 건설업체로서의 위상을 드높이고 있다.

벽산파워는 1979년 모기업인 (주)정우엔지니어링으로 출범, 1991년 벽산엔지니어링으로 상호를 변경하여 30여 년간 국내외 시장 개척 사업을 펼쳐왔다. 그러던 중 2009년 전력 사업 부문이 분할되면서 독립한 것이 지금의 벽산파워다. 그러나 2010년대에 들어 국내 전력 인프라가 완성 단계에 접어들어 더 이상 대규모 사업이 발주되기 힘든 여건이 형성되자, 새로운 사업 전략을 수립함과 동시에 새로운 시장을 개척하기 위한 일환으로 중남미 시장 진출을 모색, 사업 역량을 집중하게 되었다.

중남미 시장은 국내 업체들이 쉽게 접근하기 힘들다는 것이 단점이지만, 또한 그렇기에 오히려 많은 경험과 기술력을 갖춘 기업에서 도전할 만한 가치가 있는 곳이다. 국내 기업들은 비교적 거리가 가까운 동남아시아로 진출하고자 하는 경향이 있지만 벽산파워는 한발 더 나아가 타 기업이 선호하지 않는 시장을 선도적으로 공략함으로써 해외 플랜트 사업에 있어 경쟁 우위를 차지할 수 있다고 판단했다. 물론 대외경제협력기금(EDCF, Economic Development Cooperation Fund) 정보, 한국플랜트산업협회의 정책 사업 등을 통한 자력과 지원 여건 탐색 등을 거쳤고, 2012년과 2013년 현지 프로젝트에 대한

입찰, 수주 당시에는 니카라과가 정치적으로나 경제적으로 매우 안정화된 시기였기에 다른 중남미 국가들보다도 사업 여건이 상당히 좋았던 것도 계기가 되었다.

벽산파워는 니카라과에 대한 시장 조사와 사업성을 검토한 뒤 향후 지속적으로 발전할 가능성이 있다는 판단과, 국내적으로 정치·사회 상황이 점차 안정되어 가는 추세에 있음을 파악하고 과감하게 입찰을 추진하였다.

"남들이 꺼려하는 곳이 바로 우리의 블루오션이다"

다년간 쌓아온 노하우와 기술력

니카라과 건설 프로젝트는 138kV T/L EIB 송변전 EPC 사업으로서 현지 발전소에서 송전된 전력의 전압을 낮춰 다시 각 지역에 공급할 수 있는 변전소와 송전선로를 건설하는 것이었다. 장기간의 해외 플랜트 사업 경험을 쌓아온 덕분에 기술력만큼은 큰 걱정이 없었다. 다만 이러한 사업에 있어서 인력 수급 문제가 매우 중요하다. 현장에 국내 인력을 파견하면 인건비가 상승하여 경제성이 악화되기에 현지 로컬 인력과 제3국 인력을 적절히 고용하여 원활하게 공사를 추진해야만 한다. 이를 위해서는 여러 방면의 인적 네트워크를 적재적시에 활용해야만 공사에 차질을 빚지 않는다. 대부분의 중소기업은 이러한 네트워크가 갖춰지지 않았기에 인력 수급 측면에서도 경쟁력을 갖추는 데 어려움이 있다. 벽산파워는 10년 넘게 해외 사업을 추진해오면서 각 지역마다 인적 네트워크를 구축해왔기에 인력 수급 문제를 적절히 해결해나갈 수가 있었다. 기술 측면에서는 벽산파워만큼 뛰어난 컨설팅 실적을 가진 회사는 한국전력공사밖에 없다고 할 정도로 자부심이 강하다. 765kV(765,000볼트) 전압 수준을 보고 기술 역량을 따지는데, 벽산파워는 이 수준의 고압 시설 건설을 성공적으로 완수해 낸 경험이 있었다.

인적 네트워크와 뛰어난 기술력을 가지고 굳이 머나먼 타국의 오지까지 진출하려고 했던 이유는 무엇이었을까? 그것은 다름 아닌 기술력과 노하우에 입각한 자신감, 그리고 타 기업이 좀처럼 진입하기 꺼려하는 지역에 과감히 진출함으로써 차별화된 경쟁력을 갖추고 선두주자가 되고자 하는 도전정신의 발로였다. 단지 틈새시장으로만 보지 않고

🏭 니카라과 변전소 현장 전경

해외 사업의 선도적 위치에서 바라본다면 블루오션이 될 수도 있는 매력이 있었다. 또한 벽산파워가 시장을 개척하는 역할을 수행하게 되어 다른 국내 업체들의 진출 계기를 마련할 수 있을 것이란 판단도 있었다.

기술력을 제외하고 그 다음으로 중요한 것은 역시 원활한 자금 확보와 현금 흐름을 유지하는 것이다. 글로벌 은행들이 자금을 조달해주더라도 해당 국가에서 기성(공사 대금)을 적시에 융통해주지 않으면 현지 건설 기업들은 자금난을 겪게 된다. 어떤 국가는 기성을 1년에 한 번만 풀어주는 경우도 있다. 못 받은 기성이 쌓이게 되면 회사 경영에 치명적이다. 이러한 리스크를 관리하기 위해서는 첫째, 인력을 효율적으로 철저히 관리해서 불필요한 자금 유출이 발생하지 않도록 경영상의 노하우를 발휘해야 한다. 둘째, 현지 정부기관과의 인적 네트워크를 통해 자금 문제 해결에 대한 요청과 함께 친분을 유지해나가는 것이 매우 중요하다. 많은 국가를 상대하면서 때론 자금 지급을 지연하는 정부나 지자체로 인해 어려움을 겪기도 했지만, 벽산파워는 투 트랙으로 경영, 영업 관리 측면의 노하우를 쌓아 자금과 관련한 리스크를 피함과 동시에, 현금 회전이 원활하지 않을 때에도 회사 스스로 버텨낼 수 있었다.

발주처와의 신뢰 형성은 해당 사업 추진뿐만 아니라 향후 새로운 프로젝트 수주와 네트워크 관리 측면에서도 매우 중요하다. 벽산파워는 공사가 적기에 완공될 수 있도록 현지 관계자들과의 깊은 유대감을 유지하면서 그들이 높게 평가하고 있는 한국 기업의 기술력을 전수받는 데 대한 만족감을 느낄 수 있도록 시시각각 발주처의 요구 사항에 응하며 사후 관리까지 책임지는 자세로 여러 발주처와의 굳건한 신뢰를 쌓아오고 있다.

물론, 현지 사업 추진 과정과 건설 작업 과정에서 숱한 어려움을 견디고 극복해야 했음은 물론이다. 그 어떤 국가에서도 쉽게 진행되거나 순조롭게 프로젝트를 완수한 경우는 없다. 그렇기에 프로젝트를 성공적으로 완수한 후에 느끼는 보람은 더더욱 크다. 그 누구도 우리만큼 잘할 수 없다는 자신감, 그 어떤 다른 프로젝트 또한 할 수 있다는 도전정신을 갖춰나갈 수 있는 것이다.

"기술력은 기본, 경쟁력은 노하우에서 발휘된다"

난관은 바로 뒤에 있는 성공을 가리고 있을 뿐

중남미는 스페인어가 공용어이기에 영어로 사업 수행을 하는 데 많은 애로사항이 있는 지역이다. 미팅이나 관리, 서류 등 의사소통이 원활하지 않아 통역이 필요하고 모든 문서는 스페인어로 작성해서 제출하고 또다시 영어로 번역하여 본사 또는 국내외 담당자들에게 전달하는 과정을 거쳐야 한다. 그만큼 시간과 노력이 더 소요된다. 벽산파워는 좀 더 남쪽에 위치한 가이아나라는 국가에서도 컨설팅 사업을 하고 있는데 스페인어나 영어를 자유롭게 구사할 수 있는 제3국인을 조달할 수 없어 인건비가 상승하는 경우도 있었다. 제안, 입찰 시에는 현지인과 제3국인을 조달하겠다는 계획하에 인건비를 상정하였으나 실제 현장에 기술력과 언어 능력을 갖춘 인력을 조달할 수 없는 상황으로 인해 모두 한국인으로 대체, 직접비가 발생한 것이다.

당황스러웠던 것은 또 있다. 현지인들의 습성과 문화적인 차이점이었다. 현지인들은 업무를 제시간에 끝내야 한다는 관념이 상대적으로 부족하거나 약속한 날짜와 업무 스케줄을 지켜야 한다는 개념이 부족했다. 일을 하다가 정해진 시간이 되면 일손을 놓고 퇴근하는 식이었다. 여러 가지 제약과 환경적인 변수가 많은 플랜트 건설 사업에서 느슨하고 태만한 작업 과정은 발주처와 약속한 완공 날짜를 지키지 못하게 하고 경제적 효율성을 저해하는 요소이기에 큰 트러블이 발생하지 않도록 세심하고 각별한 인력 관리가 필요했다.

현지의 관습과 문화는 무엇보다 해외 사업을 준비하는 업체에게 중요한 정보다. 사전

미얀마 짜퓨 가스터미널 건설 현장과 사업수행 인력

타당성 조사에서도 꼭 고려해야 하듯이 실제 수주를 하여 현장에서 사업을 전개할 시에도 항상 감안하고 배려하고 영향 여부를 파악해가야 한다. 포스코대우와 정부가 함께 진행했던 미얀마 가스전 개발 사업에 벽산파워가 참여하여 공사를 진행하던 중 미얀마와 방글라데시와의 종교분쟁으로 사업 대상 지역이 폐허가 됨으로써 3~4개월 동안 공사가 지연된 사례가 있었다. 해외 플랜트 사업을 진행하다 보면 이처럼 예기치 못한 사고나 사태가 발생할 수 있다는 점을 항상 염두에 두어야 한다. 해당 국가나 그 주변 정세를 미리 파악하고 예측할 수 있다면 상황에 따라 리스크와 손실을 예방하거나 실제로 예기치 않은 상황이 발생하더라도 보다 신속하고 적절히 대처하는 능력을 갖출 수 있기 때문이다.

지리적 환경, 현지의 자연환경 또한 무시할 수 없는 변수다. 경제적으로 낙후한 일부 남미 국가들은 우리나라보다 30~40년 정도 뒤처진 곳도 있었다. 국가 수준이 전반적으로 높지 않은 지역이기에 사업 추진에 여러 가지 애로사항을 겪기도 한다. 현장과 가까이에 위치해 있던 화산이 폭발하여 지역 주민들이 모두 대피하고 공사도 한 달 넘게 지연되기도 했다. 니카라과 항구에 도착한 자재를 통관시키기 위해 국내 직원이 현지인을 대동하고 통관 업무를 위해 나섰지만 현지인의 건강이 좋지 않아 별 도움을 받지 못해 직원이 모든 업무를 도맡아 처리하기도 했다. 우리나라는 관세사나 세관 직원이 알아서 모두 처리해주지만 니카라과에서는 화물을 인수하고자 하는 회사의 직원이 은행, 세관 등 10곳 이상의 유관기관을 일일이 찾아다니며 서류를 작성하고 제출하고 납부해야 하기 때문이다. 온라인 시스템이 갖춰지지 않아 부두 사용료조차 직접 찾아가서 납부를 해야 했다.

교통편도 큰 고민거리였다. 자재 조달 과정 중, 브라질에서 대형 변압기를 운반해야 하는 상황에 니카라과로 직항하는 배편이 없어 육로를 택해야만 했다. 300km나 되는 길을 달리다 보니 하천이 범람하여 교량이 유실된 곳이 있었다. 발주처에 연락하여 지자체로 하여금 임시로 교량을 복구토록 요청하여 가까스로 하천을 건너왔으나, 변전소에 도착하니 오래된 정문이 좁아 대형 트레일러가 진입할 수가 없었다. 궁여지책으로 정문과 연결된 담장을 5m 정도 허물고 들어갔더니 이번에는 수백 년 된 커다란 나무에 막히고 말았다. 결국 그 나무 또한 베어내고 나서야 변압기를 현장에 운반할 수가 있었다. 산을 하나 넘으면 그 뒤에 또 다른 산이 있는 식이었다.

도전은 멈추지 않는다

이처럼, 해외 플랜트 사업은 결코 만만하거나 누구나 할 수 있는 사업이 아니다. 오직 준비된 기업, 도전정신과 끈기를 가진 기업만이 해낼 수 있는 프로젝트인 것이다. 벽산파워는 누구도 가보지 않은 미지의 나라에서 해외 플랜트 사업의 블루오션을 개척했다. 현재도 새로운 해외 플랜트 사업 현장에서 힘차게 뛰는 벽산파워는 전력사업본부와 전력IT사업본부로 구성된 부문별 기술력을 바탕으로 임직원들 모두 맡은 바 최대 역량을 발휘하며 4차 산업혁명 시대에 부합하는 사업들을 전개하기 위해 노력하고 있다. 500여 년 전 콜럼버스의 신대륙 발견이 문명과 문화 전파 및 교류를 이끌었듯, 현재 벽산파워는 국내뿐만 아니라 아프리카, 중동, 중앙아시아, 동남아시아, 남미를 비롯, 전 세계를 무대로 활발한 신사업 발굴과 도전, 개척을 이어나가고 있다. 대한민국 기술의 위상을 드높이고 개발도상국 발전에 기여하는 글로벌 기업으로 성장하는 벽산파워의 미래가 기대된다.

니카라과 변전소 공사 현장의 작업 모습

김종찬 벽산파워 본부장

벽산파워 김종찬 본부장은 대학 졸업 후 1992년 벽산파워에 입사하였다. 엔지니어로서 설계 파트에서 근무하던 중 2008년 미얀마 가스전 개발 사업을 시작으로 해외 플랜트 건설 프로젝트 부문에 참여하게 되었다. 그간 현장에서 여러 프로젝트를 추진하는 과정에서 많은 어려움을 겪기도 하고 난관을 극복하기도 했지만 지나고 보니 재미있게 일했던 시기였다고 말한다. 그래서 좌우명 또한 "결과가 좋지 않을 수도 있지만 재미를 발견하고 느끼며 일하자"이다.

도전정신이야말로 해외 플랜트 산업의 필요충분조건이다

Q 현재 진행되고 있는 또 다른 해외 플랜트 사업은 어떤 것인가요?

아프가니스탄 송변전 컨설팅을 수주하여 수행 중입니다. 아시아개발은행(ADB, Asian Development Bank)에서 발주하는 사업으로, 아프가니스탄으로부터 위쪽에 위치한 키르기스스탄과 아래쪽 파키스탄까지 경유하는 전력 계통을 연결하는 사업 중 아프카니스탄 국가 내 사업입니다. 변전과 송전 프로젝트가 함께 추진되고 있고 현재 1년 반 정도 진행된 상태이며 2021년에 준공 예정입니다. 이 사업이 성공적으로 완수되면 연계된 사업을 추가적으로 수주하고 수행하는 데 많은 도움이 되리라 예상합니다.

Q 한국플랜트산업협회로부터 사업 수주와 관련하여 지원받은 사항이 있다면 어떤 것인가요?

실질적으로 많은 도움을 받고 있습니다. 컨설팅뿐만 아니라 EPC 관련하여서도 영업망 구축을 하는 데 개별 기업이 접근하는 것보다는 대한민국 정부 산하단체를 통해 공문이 발송되면 상대 국가에서 보다 적극적으로 대응해주고 경계심을 갖지 않습니다. 타당성 조사 측면에서도 한국플랜트산업협회가 지원을 해주면 상대국에서 많은 것을 오픈해주고 협조를 해주어 관련 사업들을 리스트업하는 데 큰 도움이 됩니다. 특별히 지정된 프로젝트 외의 사업 또한 파일링해서 영업망을 구축하게 됩니다. 예를 들면 송변전 사업 프로젝트뿐만 아니라 전력 산업 전체를 스크린하고 심지어 에너지, 토목 부문까지도 영업망의 타깃이 됩니다.

Q 한국플랜트산업협회는 막연한 사업보다 특정 기업의 사업이나 부문을 지정하여 지원하지 않나요?

한국플랜트산업협회 입장에서 보면 협회가 지원한 프로젝트와 수주한 프로젝트가 일치하는 것이 좋겠지만 현실적으로는 그런 경우가 드뭅니다. 결론적으로, 모든 프로젝트가 딱 맞아떨어지는 것이 아니라 협회의 타당성 조사 지원 사업을 바탕으로 다른 프로젝트들도 함께 연계되어 진행된다고 보면 됩니다. 협회 입장에서는 지원한 사업과 수주한 사업이 일치되지 않아 카운트 및 관리가 어렵다고 하겠지만 기업 입장에서는 본래 목적과 다른 연계 프로젝트일지라도 수주하게 되면 실적에 도움이 되죠. 참고로 미얀마, 니카라과, 콜롬비아 사업과 관련하여 지원을 받았는데 모두 후속 사업들 또한 무르익어 가고 있습니다.

Q 다른 나라의 경우 기업에 대한 해외 플랜트 수주 사업 지원은 어떤가요?

일본이나 유럽은 타당성 조사를 기업의 영업망 구축을 지원하는, 기본적인 서비스로 제공합니다. 그 자체로 사업을 수주하겠다는 것이 아닌, 상대 국가의 영업 정보나 채널을 확보하여 후속 사업을 개발하기 위해 모색하는 시드머니로 생각하는 것입니다. 반면, 우리나라는 국민 세금이라는 개념이 강하기 때문에 한 건을 지원하면 한 건을 수주해야 한다는 입장인데 실질적으로 그렇게 되긴 매우 어렵습니다. 다만 한국플랜트산업협회의 지원이 중요한 것은 특정 프로젝트를 수주하지 못하더라도 다른 연계 사업과 연결되거나 새로운 채널을 확보할 수 있는 동력을 제공해준다는 점입니다. 그래서 매우 고무적이고 도움이 많이 되고 있습니다. 특히, 다른 기관들은 정보 제공이나 지원에 있어 소극적인 데 반해 한국플랜트산업협회는 직접 조사단을 꾸리고 파견해서 도움을 주려고 하는 등 매우 적극적으로 노력을 합니다. 앞으로 한국플랜트산업협회의 예산이 좀 더 확보되어서 보다 많은 기업들이 수혜를 입게 되면 좋겠습니다.

Q 벽산파워가 보는 바람직한 인재상은 어떤 것입니까?

회사의 슬로건이 '바르게, 다르게, 다 함께'입니다. 그 가운데서 특히 '다르게'라는 말을 강조하고 싶습니다. 해외 사업의 지속적인 확대, 성장을 위해서는 일 자체만을 생각하는 것만으로는 부족합니다. 특히 해외 사업 부문에서 바라는 인재상을 말하자면 '다르게' 생각하는 직원이 필요합니다. 현실에 안주하지 않고 현재 보이는 것이 시장의 전부가 아님을 깨닫는 것이 중요합니다. 시장 조사 및 영업, 관리, 수행 등 여러 가지 회사 업무 가운데에서 항상 '다르게'라는 가치를 염두에 둠과 동시에, 도전정신과 열정으로, 끈기 있게 시장을 개척하고 바라보는 마인드를 가진 직원을 원하고 있습니다.

Q 플랜트 산업에 몸담고자 하는 청년들에게 전할 조언이 있다면?

시장에 겁먹지 말라고 하고 싶습니다. 내가 보고 있는 것이 현실의 전부가 아니기에 제한적으로 생각하지 말고 도전정신을 갖추길 바랍니다. 특히, 책에서 보는 것만이 전부가 아니라는 점, 새로운 것을 접했을 때 지레 겁을 먹지 말라는 말을 하고 싶습니다. 청년의 힘과 가치는 겁먹지 않고 도전하는 것에서 나옵니다. 많은 사람들이 도전조차 하지 않고 중도에 포기하는 것을 보게 됩니다. 강한 도전정신을 갖추고 매사에 임한다면 그 어떤 어려움도 헤쳐나갈 수 있으며, 특히 해외 플랜트 산업에 있어서는 그러한 자세와 도전정신이 가장 중요합니다.

해외 프로젝트로 **동반 성장**과 **일자리 창출**을 견인하다

모잠비크 마푸토 가스 배관 건설 노선 현황도

프로젝트 국가 : 모잠비크

프로젝트명 : 모잠비크 마푸토 가스 공급 프로젝트

발주처 : 모잠비크 국영 석유가스공사(ENH, Empresa National Hidrocarbonate)

기업명 : 한국가스공사(JV법인, ENH-KOGAS, S.A)

사업 기간 : 2012년 4월 ~ (건설 14개월, 운영 20년 예상)

투자 금액 : 약 3,800만 불(약 431억 원)

사업 개요 : 배관망(약 82km 및 공급 설비) 건설 후 도시가스 판매

아프리카 진출의 교두보

1489년 바스코 다 가마의 아프리카 대륙 탐험 이후 500여 년간 포르투갈의 식민지였던 아프리카 남동부에 위치한 모잠비크. 한반도 3.2배 크기의 땅을 가진 개발도상국으로서 국민들의 삶의 질은 매우 낮지만 지하자원이 풍부한 나라이다. 1975년 포르투갈로부터 독립하자마자 마르크스-레닌주의를 표방하는 새로운 정부와 반공산당 세력 간의 내전으로 수만 명이 사망하고 난민이 발생했던 나라로서, 어찌 보면 일본으로부터 독립하자마자 내전으로 지금까지도 분단을 유지해온 우리나라와도 처지가 비슷하다. 1950년대에 우리가 그랬듯, 이곳은 아직도 3천만 명이 넘는 인구가 살고 있는 개발도상국으로서 해외 원조와 투자를 절실히 필요로 하고 있다.

한국가스공사는 2007년 6월 들어 자원 개발이 한창인 모잠비크 동쪽 해상 가스전 탐사 사업에 10%의 지분을 확보, Farm-in 계약을 체결하면서 아프리카에 진출하여 모잠비크와 사업관계를 유지하고 있었다. 그러던 중 2010년 우리 정부가 경제 협력 모색 차원에서 모잠비크를 방문한 것을 계기로 그해 11월 자원 개발 협력과 공동 사업 추진을 위해 산업부를 대표한 한국가스공사와 모잠비크 국영 석유가스공사(ENH)가 MOU를 체결함으로써 모잠비크 수도인 마푸토에 천연가스 배관을 건설하고 장기간 운영하는 사업을 시작하게 되었다. 즉, 한국가스공사가 직접 투자를 하여 가스 공급 시설을 구축한 뒤 수요처에 20년간 공급, 판매함으로써 투자 수익을 회수하는 프로젝트였다. 한국가스공사 지분 70%, ENH 지분 30%로 이루어진 계약으로서 인근 발전소와 마푸토 도시가스 수요를 감안한다면 투자비 대비 수익 회수가 매력적인 사업이었던 것이다.

자원 개발 협력 MOU의 주요 내용은 모잠비크 가스 산업에 대한 자료 교환 및 모잠비크 내 천연가스를 이용한 공동 프로젝트 개발, 하류 부문(배관, 석유화학, LNG 등) 공동 프로젝트 추진 가능성을 평가하기 위한 공동 연구 등이었다. MOU 체결 이후 후속 조치로서 모잠비크 가스 마스터플랜 수립을 위한 실무협의 및 액화 플랜트 부지와 특정 구간의 배관노선 현지 조사를 수행하였다.

2011년 2월 모잠비크 방문 시 광물자원부 장관 면담 결과, 사업 성사 가능성이 높은

소규모 프로젝트부터 시작하여 대규모 프로젝트로 진출하기로 하고 우선적으로 가스 배관을 건설하기로 합의하였다. 이후, 2013년 1월 실질적인 프로젝트 운영을 위해 ENH와 합작 법인 ENH-KOGAS, S.A를 설립하였고 이후 건설부터 착공 및 가스 공급까지 인허가 지연 등으로 다소 어려움을 겪었으나 현지 파견된 공사 직원들과 시공사 직원들의 헌신적인 노력으로 2014년 5월 성공적으로 천연가스 공급을 개시하게 되었다. 완공 이후 공급되는 천연가스는 발전용 외에 산업, 상업용(CNG 차량, 공장, 식당, 호텔, 병원 등) 수요처에 쓰이며, 현재 모잠비크 수도인 마푸토에서는 최초로 국민들이 직접 천연가스 사용 혜택을 누리고 있다.

> "직접 투자를 하여 가스 공급 시설을 구축한 뒤
> 수요처에 20년간 공급, 판매함으로써
> 투자 수익을 회수하는 프로젝트였다."

순탄치 않았던 협상과 계약 과정

"MOU 이후 타당성 조사를 거쳐 실질적인 계약으로 이끄는 과정이 결코 순조롭지만은 않았습니다. 2년간의 협상 과정 중에 우여곡절이 많았습니다."라고 모잠비크 프로젝트를 추진할 때 해외배관사업팀 소속이었던 한국가스공사 윤성식 과장은 당시를 회상하며 말을 꺼냈다. "합작 회사를 설립해서 가스를 공급하는 배관과 설비를 건설하고 운영, 판매해서 투자비를 회수하고 수익을 얻는 프로젝트였기 때문에 경제성과 투자 환경 분석 등 타당성 조사를 면밀히 해야 했죠. 당시만 해도 모잠비크라는 나라에 대해서는 잘 모르던 시기였기 때문에 직원을 한 달간 파견해서 온갖 리포트를 다 하도록 했어요. 당시 저희 팀장은 비행기를 타고 모잠비크 북부 지역까지 직접 가서 하루에 800km 이상을 차량으로 이동하면서 현장을 조사하기도 했었답니다. 그밖에 사회·경제적 환경 분석, 정치·경제 상황, 외국 기업에 대한 투자 환경이 어떠한지, 국제적으로 어떤 리스크가 있을지도 파악해야만 했습니다."

모잠비크 가스 공급 사업은 투자 사업이기는 했지만 입찰이 아닌 전략적 협력을 통해 출발한 사업으로서, 최종 투자 결정 전까지 투자 금액, 사업 모델, 추진 방법 등 모든 사항을 협상하여 결정짓는 사업 형태로 진행되었다. "서로의 필요(Needs)가 맞아야 사업을 같이할 수 있는 것인데 당시 우리 공사는 해외 사업 하류 부문에도 진출 의지가 강했고 모잠비크는 수도 마푸토에 도시가스 공급이 필요한 상황이었지요. 또 다행스러웠던 점

2016년 4월 사업 운영 중
파트너사와 지속적으로 가졌던 협상

은 당시에 모잠비크는 외국 기업이 그리 많이 들어오지 않은 상태여서 투자자가 많지 않았다는 것입니다. 사업을 같이하는 도중에 Area4 광구에서 대량의 가스가 발견되었다는 점이 특이점이라 할 수 있는데요. 아마 사업을 하기 이전에 가스가 발견되었더라면 여러 가지 이권 사업을 노리고 다른 외국 기업들이 들어와 경쟁이 매우 치열해졌을 거에요. 협상 조건도 매우 까다로워졌겠지요. 그런 점에서는 다행이죠."라며 윤 과장이 덧붙였다.

"해외 사업 프로젝트를 반드시 성사시키려 했던 의지가
최종 계약을 이끌어 내는 원동력이 되었다"

사업 초기에는 협상이 순조롭게 진행되었고 까다로운 입찰 형태가 아니면서도 수요처 확보도 책임지겠다고 했기 때문에 수익성을 포함하여 여러 면에서 판단할 때 사업성이 좋은 프로젝트였다. 하지만 최종 투자 승인을 위한 이사회를 앞두고 ENH 측에서 대량 수요처를 변경하며 가스판매 구조를 일방적으로 뒤엎고 사장 선임권 요구 등 무리한 조건들을 제시해 사업 협상이 지연되기도 했다.

하지만 한국가스공사는 수차례 모잠비크로 출장을 가서 그 배경을 살펴보고 분석하

◥◣◤ 모잠비크 마푸토 배관 건설 현장 사진

며 경제적 타당성과 합작 법인의 효율적 운영 등에 지장이 없도록 개선을 요청함으로써 관련 협상을 마무리했다. "여러 우여곡절과 사업 중단 위기가 있었지만 결국 합의를 이끌었는데, 2년이라는 협상 기간 동안 서로 수많은 안건에 대해 의견을 주고받으며 교류를 하고 우리가 먼저 다가가는 자세로 파트너십을 쌓아갔던 것이 밑바탕이 되었던 것 같습니다. 국내 LNG 기지 및 가스 공급 시설 현장으로 초청하여 선진화된 시설을 보여주는 등, 해외 사업 프로젝트를 반드시 성사시키려 했던 노력들과 의지가 최종 계약을 이끌어내는 원동력이 되었던 것 같습니다."라며 단지 계약 조건뿐만 아니라 계약 진행에 있어서 당사자 간의 이해와 설득, 협상력 또한 중요한 요소임을 강조했다.

예기치 않은 난관과 해프닝

사업 시행 과정에서도 여러 가지 난관과 애로사항이 많았다. 우선 인허가 과정이 순조롭지 않았다. 개발도상국이다 보니 행정 처리가 미숙하고 부처 간 교류와 협력체계가 갖추어지지 않아 대정부 업무가 어려웠고 사업에 필요한 인허가 과정에서도 상충되는 경우가 많았다. "건설 면허를 취득하려면 사업 주체로서 현지 법인을 설립해야 했는데, 법인설립증명서를 발급하는 담당 부처에 요청하니 오히려 사업 면허가 있어야 법인설립증명서를 줄 수 있다 해서 얼마나 황당했는지 모릅니다."라며 윤 과장이 당시 인허가 과정의 애로사항을 피력했다. 결국 공공사업부 장관을 만나 상황 설명을 하고 건설 면허를 받는 데 도움을 받고 나서야 후속 작업을 진행할 수 있었다.

"당시 도시 정비 차원에서 도로 포장을 많이 하고 있었는데 우리 사업상 메인 배관을 시내로 관통시키고 거기서 각 지관으로 갈라져 도시가스를 공급해야 했어요. 그런데 마푸토 시청 도로관리국에서는 도로를 포장한 지 얼마 되지 않아서 사업 진행이 불가하다는 답을 하더군요. 관할 부서를 찾아가 하루 종일 기다려도 책임자를 만나지 못하기 일쑤였습니다. 최종적으로 마푸토 시장을 만나 기술적인 상황을 설명해주고 국내 사례를 사진으로 보여주면서 설득해 겨우 허가를 받았어요. 그러는 통에 공기가 다소 늘어났죠."

▞◀ 모잠비크 마푸토 배관 건설 현장 사진

시공 과정에서 현지 근로자들과 관련한 에피소드도 많았다. "당시 시공사가 2백여 명의 현지 일용직들을 고용했는데 한번은 창고에 보관해 두었던 철판 자재들이 없어져서 조사해 보니 현지 근로자들이 훔쳐다가 팔아먹었던 거예요. 공구도 많이 없어져서 표시까지 해놓았는데 시장에 가보면 없어졌던 그 공구들이 버젓이 판매되고 있더랍니다. 경제 상황이 열악하다 보니 그만큼 생계형 절도 사건이 많았어요. 관공서의 경우 오전 7시 반부터 오후 3시 반까지 근무하는데, 점심시간이 따로 없어요. 현지 근로자들도 이와 마찬가지로 점심을 먹지 않고 일하니 오후쯤 되면 힘이 없어보였어요. 한국에서 파견된 근로자들만 점심을 먹는 게 미안해서 매일 200원 내지 300원 정도 하는 빵과 우유를 제공했더니 그렇게도 좋아하며 맛있게 먹더군요. 두세 개씩 먹는 사람도 많았고요.

우리 용접사들이 영어를 잘하지 못해서 '여기 파', '저기 묻어', '저거 가져와'라는 식으로 한국어로 지시하는데 착공한 지 1년 정도 지나니 모두 알아듣고 서로 협력이 되더라고요. 어느 정도 의사소통이 되다 보니 좀 더 친해졌고, 나중에 건설 프로젝트를 끝내고 운영에 들어갔을 때 그중 가장 모범적인 직원들을 선발해서 현지 정식 근로자로 채용하기도 했습니다."

"모잠비크 마푸토 시장을 만나 기술적인 상황을 설명해주고

국내 사례를 사진으로 보여주면서 설득해

겨우 허가를 받았던 적도 있어요"

모잠비크 사람들은 한국 사람들에게 특히 우호적이었는데 그런 데에는 다 이유가 있었다. 당시 모잠비크는 우리나라가 70년대에 전국적으로 추진했던 새마을운동에 많은 관심을 가지고 있었기 때문이다. 한국이 전쟁 후에 발전한 나라라는 점에서 공감했을 것이고 한국을 롤모델로 삼았기에 호감을 가졌을 것이다. 이에 대해 윤 과장은 "우리 한국인들 역시 모잠비크와 같이 독립과 내전 이후의 환경 속에서 급속도로 발전한 나라의 국민들이고, 한국가스공사가 세계적으로도 이름 있는 큰 회사라는 점에서 성실함, 전문성과 기술력을 인정했기에 보다 우호적으로 대해준 것 같습니다."라고 말했다. 또 한 가지 긍정적이었던 점은 배관 건설 작업을 하게 되면 도로를 굴착하는 과정에서 교통 흐름을

▞▚ 모잠비크 공급 관리소(IRS) 전경

방해하고 소음으로 인한 민원이 발생하게 되는데 모잠비크 사람들은 도로를 통제하고 공사를 해도 하등의 불만이나 민원을 제기하지 않았다는 점이었다. 정부에서 하는 일에 대해서는 매우 협조적이고 마치 여유가 몸에 배인 사람들과 같은 느낌마저 들었다는 것이다.

치안과 관련해서는 한국에서 여행 제한 국가로 지정할 정도로 그리 안전하지만은 않은 나라이고 정치적으로도 대통령 장기 집권으로 여야 간 다툼이 심한 나라이다. 윤 과장은 "실제로 야당 정치인이 텔레비전 뉴스에서 여당에 대한 정치적 반박 발언 이후, 이튿날 한국가스공사 직원들이 묵던 호텔 근방에서 테러로 인한 사망 사고가 발생하기도 했어요. 또한 배관을 설치하는 사업이다 보니 시내를 벗어나 일하기도 해서 다소 걱정이 되긴 했지만 현장 직원들과 함께 다니기에 안심할 수 있었습니다."라고 말하며 당시 모잠비크의 불안했던 치안 상황을 설명했다.

철저한 대비로 얻은 것들

한편, 국제기구에서 모잠비크에 지원해준 원조금을 정치권에서 엉뚱한 곳에 소모한 이유로 모잠비크에 대한 국제 지원이 끊기자 달러가 부족해지고 환율도 상승하게 되었다. 부패 또한 더 심해졌을 뿐만 아니라 공무원들의 청렴도 또한 매우 낮아 인허가 과정에서 뒷돈을 주어야만 행정 처리가 순조로운 경우가 많다고 한다. "교통경찰이 불시에 잡아 시비를 걸면 돈을 건네주었어야 한다고 하더라고요. 그러면 무슨 일이 있었냐는 듯이 바로 통과시켜줘요. 국제면허증도 소용없어요. 자재 통관이 오래 걸려 문의하면 계속 바쁘다고 버틸 때가 있어요. 그때는 급행료를 달라는 뜻인데, 그렇게 업무 처리를 할 수 없어, 수없이 문서를 보내고 요청을 해서 겨우 통관을 해요." 또한, 개발도상국이다 보니 경제 구조가 세금에 많은 의존을 하고 있고 외국 기업에 대한 세금으로 달러를 충당하려는 경향이 강해 한국가스공사에서는 세금에 대한 리스크를 별도로 대비했다.

국내 기업과의 동반 해외 진출을 위해 한국가스공사로부터 준공 실적이 있는 중소기업 설계 및 건설사를 대상으로 사업설명회를 하고 함께 현지를 방문하여 타당성 조사를 하고 EPC 계약을 맺었다. 그와 별도로 주요 자재인 배관은 모잠비크 현지에서 구매했고 나머지는 대부분 한국에서 도입했는데 그에 대한 관세, 통관 문제가 애를 먹였다. 절차 진행도 느리고 관세도 매우 높았던 것이다. 예를 들어, 한국 승합차가 한국에서 3,500만 원이라면, 모잠비크에서는 관세와 이런저런 세금이 붙어 7,000만 원이 되는 식이었다.

▲ 2014년 5월 26일 가스 공급 설비 건설 후, 시운전을 위한 가스 주입

"사전에 모잠비크의 관세와 통관 제도,
세제 정책, 외환 리스크에 대비했기 때문에
손실을 방지할 수 있었다"

달러가 부족하다 보니 반입, 반출 또한 까다로워 향후 투자금 및 이익금의 국내 송금 시 문제가 없도록 하기 위해 수차례 출장을 가야 했다. "다행히 사전에 제도 검토를 확실히 해두어 외국인 투자 승인을 받았고 중앙은행의 허가도 취득해서 해결할 수 있었어요. 또 개발도상국과 사업하다 보면 외환 리스크에도 대비해야 하는데, 초창기에 유통과 관련한 지불 통화는 현지 화폐가 아닌 달러로 결제하기로 계약했어요. 실제 3~4년 후 모잠비크에서 외환위기가 도래하여 환율이 2.5~3배로 상승했는데 미리 대비하지 않았다면 큰 손해를 보았을 거예요."

프로젝트 성공의 기쁨을 만끽하며

장기간에 걸친 타당성 조사, 협상, 계약, 법인 설립, 인허가, 착공, 시공, 그리고 여러 가지 우여곡절과 난관을 극복한 결과, 배관 건설을 2013년 4월에 시작한 이래 14개월 만에 무사히 가스를 공급할 수 있었다. 법인장과 함께 합작 법인 운영 인력 3명, 시공 감독 3명, 국내 중소기업 60명 이상의 인력, 현지 근로자 200명 이상이 동고동락하며 함께 이룬 성과였다. 모잠비크 마푸토 가스 공급 사업은 한국가스공사에서 공급 설비 분야의 첫 해외 플랜트 사업의 성공사례라는 점에서 큰 의미가 있다.

모잠비크 마푸토 가스 공급사업 준공식(2014년 9월 11일)에 참석한
아르만도 게부자 대통령이 밸브 조작을 시연하고 있다.

아르만도 게부자 대통령과 당시 공급본부장 박계선

설비 앞 기념 촬영

모잠비크 마라꾸네 지역 가스 공급 후,
현지 방송사들의 수많은 관심 속에
인터뷰 중인 한만우 합작 법인장

특히, 한국가스공사가 직접 운영사로서 사업을 이끌어갔다는 점에서도 그 의의가 크다. 한국가스공사는 공기업으로서의 사회적 책무를 다하기 위해 14개월의 건설 기간 동안 국내 중소기업과 설치, 시공, 기자재 분야에 총 13건, 2,700만 불에 달하는 계약을 체결함으로써 동반 성장과 일자리 창출을 견인하였다. 한국가스공사는 우수한 기술력과 사업 관리 능력을 기반으로 모잠비크 정부와 관련 기관으로부터 두터운 신뢰를 얻었으며, Area4 가스전 사업과 더불어 현재 ENH와 검토 중인 모잠비크 북부와 남부를 연결하는 배관 건설 프로젝트(약 2,500km) 추진에 긍정적인 역할을 할 것으로 기대하고 있다.

"국내 중소기업과 설치, 시공, 기자재 분야에 총 13건,

2,700만 불에 달하는 계약을 체결함으로써

동반 성장과 일자리 창출을 견인하였다"

해외 플랜트,
추진력과
전문성을 겸비한
인재가 필요하다

윤성식 한국가스공사 과장

윤성식 한국가스공사 과장은 2003
년에 한국가스공사에 입사하였다.
처음엔 국내 가스 공급 업무를 담당
하였고 이후 해외배관사업팀에 배
치되어 해외 인프라 사업 개발을 담
당하던 중 모잠비크 마푸토 배관사
업에 참여하여 사업 타당성 조사,
사업 추진과 계약, 법인 설립 등 2년
의 사업 준비 후, 배관 건설 및 운영
등을 위해 현지에 파견되어 4년 4개
개월간 모잠비크에서 근무했다. 국
내 복귀 후 현재는 해외사업본부에
서 유라시아 지역 내 해외 사업을
담당하고 있다.

**Q 모잠비크 프로젝트를 진행하면서 개인적으로
가장 힘들었을 때와 기뻤던 때는 언제였나요?**

여러 가지 난관과 어려움이 많았기에 한 가지만
을 뽑기가 어렵지만, 협상 과정에서 모잠비크 ENH
의 일방적 사업구조 변경 사항, 법인 설립 과정에서
모잠비크 정부 부처의 까다롭고 비협조적인 행정 절
차, 배관 건설 과정에서의 끝없는 인허가 문제 등의
난항이 기억에 남네요. 가장 보람 있고 기뻤던 때는
최초로 가스를 공급한 순간이었습니다. 그때의 기
쁨은 이루 말할 수가 없죠. 그리고 가스 공급을 하게
되면서 협상 과정에서 그렇게도 열띤 논쟁과 토론을
했던 파트너사와는 어느덧 친구가 되었어요. 이제는
우정이 넘치는 좋은 파트너가 된 거죠. 합작 법인을
직접 설립하고, 법인의 이사로서 건설과 사업 운영

을 추진해오면서 그동안 정말 많은 것을 배웠습니다.
업무가 힘들기는 하지만 즐겁게 일했습니다.

**Q 모잠비크 프로젝트를 성공적으로 수행하는 데
가장 중요했던 것은 무엇이라 생각합니까?**

프로젝트 성공 요인에는 수많은 것들이 있겠죠.
사전에 면밀한 사업 타당성 분석과 리스크 관리, 대
량 수요처 확보 등 경제성을 최대화하기 위한 다각적
분석들, 밀고 당기면서도 서로의 신뢰를 유지해가며
협상을 선점해갔던 노력들이 발판이 되어 이 모잠비
크 프로젝트를 성공적으로 착수하게 되었던 것 같
습니다. 더욱이 사업 추진 의지도 강했습니다. 계약
당사자들의 필요(Needs)가 바탕이 되었지요. 한국
가스공사는 해외 인프라 사업 진출의 발판을 마련하

기 위해 심혈을 기울여 개발, 시공을 추진하였고 모잠비크 측도 수도 마푸토 도시가스 공급 사업이라는 국책과제 수행 의지가 강했기 때문에 가능했다고 봅니다. 아울러, 우리와 함께 해외 시장으로 진출했던 국내 중소기업들 또한 본연의 사업 일환이기도 했지만 아프리카 사업을 통한 경험 축적을 위해 낯선 외국에서 많은 애를 썼는데, 그러한 헌신과 노력 없이는 성공할 수 없었을 겁니다.

Q 모잠비크 프로젝트 추진 과정 중 공기 지연 상황이 발생했을 때는 어떻게 대처했나요?

모잠비크 정부와 담당 기관의 느긋한 행정 처리와 인허가 지연으로 발생한 것이었지만 여하튼 그 과정에서 발생하는 비용 증가와 수익 손실을 방지하기 위해 보다 철저하게 시공 공정을 관리해나갔고 여러 가지 아이디어를 도모하고 적재적소에 자재와 인력 수급, 인적 네트워크를 통한 고위급 책임자 면담 등을 통해 후속 인허가 사항들을 앞당김으로써 지연되었던 공기를 다소 만회할 수 있었습니다.

Q 한국가스공사만의 차별화된 경쟁력은 무엇인가요?

국내 가스 인프라 구축과 운영의 노하우, 이제는 전 세계를 무대로 탐사와 개발 및 생산 사업을 추진하고 있는 세계적 에너지 기업으로서 LNG 구매력, 자원 개발, WGC(세계가스총회) 유치 등을 통해 더욱 쌓이고 인정받은 한국가스공사의 브랜드 파워라고 봅니다. 그 밖에 자원 보유국 및 메이저급 해외 에너지 개발 기업과의 유대관계, 시장정보 공유 노하우와 빅데이터, 공기업으로서 브랜드 가치에 따른 국가 수준의 신용등급 보유 등이 강점이라 할 수 있습니다.

Q 향후에 추진하고자 하는 프로젝트가 있다면 어떤 것인가요?

한국가스공사에서 준비하고 있거나 계획 중인 프로젝트는 상당히 많습니다. 사업 전략상 대외비이기도 하고 최종 결정이 나지 않은 프로젝트들이기에 구체적으로 언급하기는 어렵지만 "좋은 에너지, 더 좋은 세상"이라는 기업 이념을 토대로 공공성 강화와 일자리 창출, 상생과 협력을 도모하며 국민으로부터 신뢰를 얻는 기업으로서 그 위상을 높여가기 위해 국내 및 해외 천연가스 프로젝트를 책임 있게 개발하고 운영해나갈 것입니다.

Q 한국가스공사가 원하는 인재상은 어떤 것인가요?

미래 시대가 요구하는 새로운 가치를 발견하고 개척할 수 있는 인재가 필요합니다. 실무적으로는 사고와 행동을 항상 한국가스공사의 경영 환경에 부합할 수 있도록 열어놓고 소속된 분야에 필요한 전문 능력을 꾸준히 개발하면서도 강한 추진력을 갖고 설정한 목표를 완수해낼 수 있는 인재를 필요로 합니다. 참고로, 한국가스공사의 4대 인재상은 '조직의 성장을 이끌어 가는 도전적 변화 인재', '배려와 협력을 실천하는 신뢰받는 인재', '원칙과 정직을 추구하는 청렴 인재', '미래를 열어가는 창의형 글로벌 인재'입니다.

Q 해외 플랜트 산업에 몸담고자 하는 청년들에게 조언 말씀을 부탁드립니다.

젊은이들이 가진 장점인 꿈, 희망, 열정을 갖고 도전하기 바랍니다. 한국가스공사를 비롯하여 해외 플랜트 건설 분야에 몸을 담아 전 세계를 누비며 자신의 능력을 발휘하고 전문성을 키우면서 꿈을 풍요롭게 가꾸는 플랜트인이 되길 적극 응원합니다.

한국플랜트산업협회
사업 소개

1. 해외 수주 지원

(1) 한-아프리카 산업협력포럼

플랜트 유망 신흥시장으로 부상 중인 아프리카 주요 발주국 장관, 정부 고위인사 및 국영기업 CEO 등을 초청하여 한-아프리카 산업협력 포럼 개최를 통해 상호 협력방안 논의 및 프로젝트 수주를 지원합니다.

- 한-아프리카 산업협력 포럼 아프리카 주요 발주국 장관 및 정부 고위인사의 국가별 프로젝트 동향 및 전망 발표, 향후 플랜트 산업 협력 방안 논의
- 초청인사별 기업 방문 수출상담 및 산업시찰
- 환영오찬을 통한 인적 네트워크 구축 기회 제공

(2) 다자개발은행(MDB)협력 지원

세계은행 그룹(World Bank Group), 아시아 개발은행(ADB), 아시아인프라투자개발은행(AIIB) 등 주요 다자개발은행(MDB) 프로젝트 참여 활성화를 위해 MDB 프로젝트 주요 관계자 등을 초청하여 MDB 프로젝트 개발 전략에 대한 세미나 개최를 통해 MDB 프로젝트 진출 역량을 제고합니다.

• MDB 활용 PPP 사업 진출 활성화 세미나
• MDB 한국사무소 초청 플랜트 산업 해외진출 세미나
• MDB 활용 해외 프로젝트 진출 활성화 세미나 등

(3) 수주사절단 및 시장 개척단 파견

주요 협력 대상국가 및 전략적 진출 국가를 발굴·선정하여 플랜트 수주 사절단(시장조사단)을 파견, 우리 기업 홍보 및 해당국 주요 인사와의 네트워크 구축, 프로젝트 참여 방안 논의 등을 통한 플랜트 산업 진출 기반 확보 및 수주 기회를 확대합니다.

• 주요 발주처 방문 및 면담을 통한 수주상담, 발주정보 수집
• 현지 협력 포럼 개최를 통한 협력 강화
• 1:1 비지니스 상담회 개최를 통한 수출 지원

(4) 해외 프로젝트 실무역량 강화 세미나

해외 플랜트 기획 및 수행 시 핵심적으로 요구되는 금융 및 클레임 대처 방안 등에 대한 실무 역량 교육을 통해 우리 기업 실무자의 해외 플랜트 프로젝트 실무 역량 제고합니다.

- 해외 플랜트 프로젝트 클레임 대응 실무 교육 세미나
- 전력구매계약(PPA) 실무 교육 세미나
- 해외 플랜트 프로젝트 개발역량 강화 세미나 등

2. 해외 플랜트 타당성 조사(F/S) 지원

신규 프로젝트 개발로 해외 수주를 확대하고 수출 확대를 통한 플랜트 산업경쟁력 향상 및 외화 획득을 위해 해외 유망 플랜트 프로젝트에 대한 수주추진 국내 기업의 사업 타당성 조사(Feasibility Study) 비용의 일부를 지원하고 있습니다.

(1) 지원 대상

• 국내 업체가 수의계약으로 수주를 추진 중이거나 추진 예정인 해외 플랜트 및 플랜트 공정설비 프로젝트(노후 플랜트 개보수 및 현대화 사업 포함)
• 국내 업체가 공개입찰에 참여를 추진 중이거나 추진 예정인 프로젝트 중 타당성 조사를 수행할 경우, 수주 가능성이 현저히 높은 해외 플랜트 및 플랜트 공정설비 프로젝트
• 산업통상자원부장관이 지원 필요성을 인정하는 해외 전략 플랜트 프로젝트

(2) 지원내용

• 프로젝트당 2억 원 이내
• 중소기업 75%, 중견기업은 50% 이내 지원
• 신청/접수 : 연중 상시접수

(3) 지원 절차

신청서류 접수	1차 평가회의	2차 평가회의
• 수시접수(연중 상시) • 홈페이지(정보광장/공지사항/시행공고)참조	• 서류심사 통과업체 질의응답 및 1차 평가	• 최종 지원업체 선정 • 지원금액 결정

최종보고서 제출 사업비 정산서 제출	중간진행상황 보고서 제출	협약서 체결
• 최종보고서 7부 및 사업정산서 제출(조사 종료 2개월 이내)	• 중간진행상황 보고서 제출	• 협약서 체결 • 정부지원금 1차(80%) 지급

최종보고서 평가 사업비 정산 (회계법인)	최종지원금 지급	수주 통보
• 평가위원회 최종보고서 평가 70점 이상 시 '적정' • 전문회계법인 감사 실시	• 최종보고서 평가 '적정' 및 정산 완료 시, 잔액 20% 지급	• 수주 계약 시 협회에 통보 • 계약서 사본 제출

(4) 지원 실적

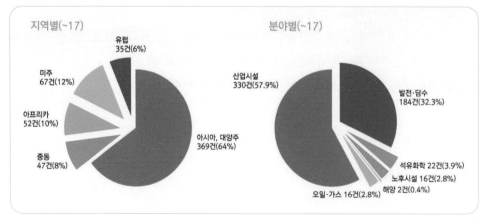

'03~'18년까지 총 51개 프로젝트, 41억 불 수주 성과 달성

3. 전문인력 양성

(1) 국가기간·전략산업직종훈련(미취업자 교육)

국가기간산업이나 국가전략산업 분야에서 인력이 부족한 직종에 대한 직업능력개발 훈련을 실시하여 기업에서 요구하는 수준의 기능인력 및 전문, 기술인력 양성을 지원합니다.

- **교육목적**

  플랜트 업계 즉시 투입 가능한 플랜트 전문 인력 양성

  플랜트 산업 전문가 육성을 통한 청년 취업 확대

- **교육대상**

  대학교(전문대 포함) 졸업자 및 졸업 예정자, 플랜트 업계 전직 희망자(실업자 중 경력자)

- **교육시간**

  10주(350시간)

- **교육과정**

  기계/배관, 전기/계장, 화공/공정, 프로젝트 매니지먼트 등

- **교육실적**

  '09년부터 '17년까지 10,138명 전문인력 양성

(2) 국가인적자원개발컨소시엄(재직자 교육)

사업주단체, 대기업 등 공동훈련센터가 기업과 컨소시엄을 구성, 자체적으로 보유한 훈련시설 및 장비를 활용하여 컨소시엄 참여기업 근로자의 직무능력 향상 교육훈련을 실시하거나 기업 현장인력을 양성하기 위한 사업입니다.

- **교육목적**

  플랜트 고급 인력부족 현상 해소 지원, 플랜트 업계 인력수요에 최적화된 직종별 전문 인력 양성

- **교육대상**

  플랜트 업계 및 관련 기업의 재직자

- **교육시간**

  과정 당 2~5일(16~35시간)

- **교육과정**

  플랜트 기계설계, 배관설계, 계측제어설계, PM전문가, CM전문가, 3D 모델링, EPC 계약실무 등

- **교육실적**

  '11년부터 '17년까지 8,831명 전문인력양성

4. 민관협력 지원

정부와 플랜트 업계 간 소통 및 민관 협력 강화를 위해 정부 정책 협력 및 지원 사업을 수행하고, 플랜트 업계의 애로사항을 수렴해 정부에 의견을 전달합니다.

(1) 플랜트 CEO 포럼

- 산업통상자원부(장관), 국내 주요 플랜트 기업, 에너지·자원 공기업, 금융기관, 기타 지원기관 대표가 참석하여 의견 교환 및 애로사항 논의를 통해 정책 지원강화 도모

▪▪ 2016년 플랜트 업계 CEO 간담회

(2) 플랜트 산업 관련 행사

- 플랜트 산업 현안, 정책 지원 방향 등 산업 주요 이슈 사항에 대한 논의를 통해 플랜트 산업의 발전 방안을 모색하기 위한 세미나, 컨퍼런스, 포럼 등 다양한 행사 개최

▪▪ 2017년 해외플랜트산업성장포럼

(3) 플랜트 산업 분야별 협의회

• 플랜트 산업의 해외 진출 확대를 위한 정보 공유, 협력 프로젝트 발굴 및 진출 방안 도출을 위한 민관 합동 지원체계 구축 및 운영

(4) 플랜트 업계 네트워킹 지원

• 회원사 간 유대관계 증진, 업계 동향 및 이슈에 대한 의견교환 및 각 현안 발생 시 관계자 간담회 개최

(5) 업계 애로사항 및 주요 현안 해소 지원

• 업계 의견 및 애로사항 수렴을 통한 정부 지원정책 건의

5. 중소형 플랜트 수주 지원

해외 마케팅 능력이 부족한 중소형 플랜트 기업에게 수출컨설팅 및 상담을 통해 수출 역량을 강화하고 수주를 확대할 수 있도록 지원합니다.

• 플랜트 설비별 전문가를 기업별 1:1 매칭하여 맞춤형 자문 지원
• 기업별 영문(또는 발주국어) 프로포잘 제작 지원 및 배포
• 배포 : 참여 기업, 해외 무역관, 대사관, 해외 유력 발주처 등
• 해외 무역관을 통한 시장조사 지원
• 해외 유망 지역 수출상담회 및 발주처 방문(동남아, CIS, 중남미, 중동 지역 등)
• 해외 발주처 및 바이어 DB제작 및 제공

'17~'18년 중소형플랜트 수출지원사업 수출상담회 성과

단위 : 백만 불

일시		국가	참여기업	수주성과	상담액
'17	4월	일본(도쿄, 오사카)	13개사	107개 바이어 미팅	82.0백만 불
	10월	태국(방콕)	10개사	67개 바이어 미팅	66.0백만 불
	11월	중동(쿠웨이트, 사우디아라비아)	6개사	137개 바이어미팅	4.5백만 불
	12월	동남아(말레이시아, 인도네시아)	9개사	105개 바이어미팅	202.2백만 불
	12월	중국(베이징)	7개사	53개 바이어미팅	13.6백만 불
'18	4월	남미(페루, 칠레)	8개사	63개 바이어 미팅	190.0백만 불
	9월	동남아(베트남, 캄보디아)	10개사	123개 바이어 미팅	14.2백만 불
	10월	아프리카 2개국(알제리, 수단)	8개사	129개 바이어 미팅	3.1백만 불
	11월	중동(UAE, 오만)	12개사	161개 바이어 미팅	22.9백만 불

한국-말레이시아 1:1 수출상담회

오만 1:1 비즈니스 상담회

6. 정보제공

플랜트 수주 현황 집계를 통한 지역별·분야별 수주통계 데이터베이스를 구축하고
해외 플랜트 전문지를 번역·제공해 플랜트 산업 정보 기반을 강화합니다.

- **프로젝트 정보은행(PiB, Project Information Bank)**
  우리 플랜트 기업의 시장 진출(수주) 활성화를 위한 정보 제공 사이트. 프로젝트 시장 현황 및 전망,
  현지 국가의 관련 정책과 제도, 에너지 개발 계획 등 유용한 정보를 보다 신속하게 기업에 제공.
  (http://pib.kopia.or.kr)

7. 연구사업

급변하는 플랜트 시장의 트렌드, 국내 플랜트 산업의 지속적 발전, 지역별, 산업별
플랜트 산업 분석, 신흥 플랜트 시장 진출에 대한 애로사항 및 기회요인 분석, 국가별
협력 전략 개발 등의 연구 및 정부 연구용역 수행을 통해 신사업 분야, 신흥시장 진출
전략 등 향후 플랜트 산업의 발전 방향 제시 및 정부 정책을 건의합니다.

  (1) 플랜트 산업 발전 방안 연구

- 해외 플랜트 시장 트렌드, 분야별·지역별 동향 및 전망, 국내외 플랜트 산업 경쟁력 분석을 통한 시장
  진출 기회요인 도출, 애로사항 분석을 통한 플랜트 산업 발전 전략 수립

  (2) 주요 현안·지역·국가별 플랜트 진출전략 연구

- 플랜트 프로젝트 금융, 프로젝트 리스크 관리 등 다양한 플랜트 산업 주요 이슈 관련 연구를 통한
  업계의 대응 역량 강화지역·국가별 해외 시장 진출전략 연구를 통한 우리 플랜트 산업의 지속적
  발전과 시장 확대 도모 및 국가별 협력 전략 개발

편집위원

한국플랜트산업협회　**박흥석** 상근부회장

임남섭 플랜트사업본부장

유현정 기획사업팀 대리

권은영 경영지원팀 주임

해외 플랜트 프로젝트 성공사례집

인쇄일	2018년 12월 3일 초판 1쇄
발행처	한국플랜트산업협회
주소	서울 강남구 테헤란로 309 삼성제일빌딩 9층
전화	02-3452-7974
홈페이지	www.kopia.or.kr
기획·제작	㈜늘품플러스
취재·편집	최효준 정해원 황진아 한채윤 이경헌
디자인	전혜영 고은미 정진영
ISBN	979-11-88024-17-9
정가	19,000원